重点大学计算机专业系列教材

C++程序设计基础

揣锦华 编著

清华大学出版社
北京

内容简介

本书基于新的C++标准，从程序设计基础知识开始，系统地介绍C++语言的基本概念、语法规则和编程技术。本书是作者结合多年的C和C++语言的教学实践经验编写而成，对每一部分的知识点和难点，都力求以比较精练的语言进行讲解，并按照由浅入深、循序渐进、前后贯穿的原则，精选了大量例题。各章在介绍C++程序设计语言的基础上，采用发散性思维方法，对相关知识进行了扩展；同时，每章配备有相应的教学案例和大量习题，既方便教师安排教学，又便于读者综合运用所学知识，进一步提高编程技能。

本书可作为高等院校计算机专业或非计算机专业的第一门程序设计语言教学用书，也可作为程序设计人员的自学参考用书。

图书在版编目(CIP)数据

C++程序设计基础/揣锦华编著.—北京：清华大学出版社，2015(2021.9重印)
(重点大学计算机专业系列教材)
ISBN 978-7-302-38355-0

Ⅰ.①C… Ⅱ.①揣… Ⅲ.①C语言－程序设计－高等学校－教材 Ⅳ.①TP312

中国版本图书馆CIP数据核字(2014)第243365号

责任编辑：郑寅堃 薛 阳
封面设计：傅瑞学
责任校对：白 蕾
责任印制：刘海龙

出版发行：清华大学出版社
网 址：http://www.tup.com.cn，http://www.wqbook.com
地 址：北京清华大学学研大厦A座 **邮 编**：100084
社 总 机：010-62770175 **邮 购**：010-83470235
投稿与读者服务：010-62776969，c-service@tup.tsinghua.edu.cn
质量反馈：010-62772015，zhiliang@tup.tsinghua.edu.cn
课件下载：http://www.tup.com.cn，010-83470236
印 装 者：北京建宏印刷有限公司
经 销：全国新华书店
开 本：185mm×260mm **印 张**：18.25 **字 数**：443千字
版 次：2015年2月第1版 **印 次**：2021年9月第9次印刷
印 数：6101～6200
定 价：37.00元

产品编号：059376-01

INTRODUCTION
出版说明

随着国家信息化步伐的加快和高等教育规模的扩大，社会对计算机专业人才的需求不仅体现在数量的增加上，而且体现在质量要求的提高上，培养具有研究和实践能力的高层次的计算机专业人才已成为许多重点大学计算机专业教育的主要目标。目前，我国共有16个国家重点学科、20个博士点一级学科、28个博士点二级学科集中在教育部部属重点大学，这些高校在计算机教学和科研方面具有一定优势，并且大多以国际著名大学计算机教育为参照系，具有系统完善的教学课程体系、教学实验体系、教学质量保证体系和人才培养评估体系等综合体系，形成了培养一流人才的教学和科研环境。

重点大学计算机学科的教学与科研氛围是培养一流计算机人才的基础，其中专业教材的使用和建设则是这种氛围的重要组成部分，一批具有学科方向特色优势的计算机专业教材作为各重点大学的重点建设项目成果得到肯定。为了展示和发扬各重点大学在计算机专业教育上的优势，特别是专业教材建设上的优势，同时配合各重点大学的计算机学科建设和专业课程教学需要，在教育部相关教学指导委员会专家的建议和各重点大学的大力支持下，清华大学出版社规划并出版本系列教材。本系列教材的建设旨在“汇聚学科精英、引领学科建设、培育专业英才”，同时以教材示范各重点大学的优秀教学理念、教学方法、教学手段和教学内容等。

本系列教材在规划过程中体现了如下一些基本组织原则和特点。

1. 面向学科发展的前沿，适应当前社会对计算机专业高级人才的培养需求。教材内容以基本理论为基础，反映基本理论和原理的综合应用，重视实践和应用环节。

2. 反映教学需要，促进教学发展。教材要能适应多样化的教学需要，正确把握教学内容和课程体系的改革方向。在选择教材内容和编写体系时注意体现素质教育、创新能力与实践能力的培养，为学生知识、能力、素质协调发展创造条件。

3. 实施精品战略，突出重点，保证质量。规划教材建设的重点依然是专业基础课和专业主干课；特别注意选择并安排了一部分原来基础比较好的优秀教材或讲义修订再版，逐步形成精品教材；提倡并鼓励编写体现重点大学计算机专业教学内容和课程体系改革成果的教材。

4. 主张一纲多本，合理配套。专业基础课和专业主干课教材要配套，同一门课程可以有多本具有不同内容特点的教材。处理好教材统一性与多样化的关系；基本教材与辅助教材以及教学参考书的关系；文字教材与软件教材的关系，实现教材系列资源配套。

5. 依靠专家，择优落实。在制订教材规划时要依靠各课程专家在调查研究本课程教材建设现状的基础上提出规划选题。在落实主编人选时，要引入竞争机制，通过申报、评审确定主编。书稿完成后要认真实行审稿程序，确保出书质量。

繁荣教材出版事业，提高教材质量的关键是教师。建立一支高水平的以老带新的教材编写队伍才能保证教材的编写质量，希望有志于教材建设的教师能够加入到我们的编写队伍中来。

教材编委会

FOREWORD

前　言

随着信息技术和计算机科学的发展，程序设计已成为现代人应该掌握的基本技能。C++语言是从C语言发展演变而来的一种面向对象的程序设计语言，C++全面兼容了C，同时提供了比C更严格更安全的语法，从这个意义上讲，C++首先是一个更好的C。虽然C++语言是从C语言发展而来的，但是C++本身也是一个完整的程序设计语言，因此，将C++作为程序设计的入门语言进行学习是完全可行的。

十多年前，本人曾出版过《C++程序设计语言》一书，近几年在具体的教学实践中，对C++程序设计的教学内容和形式有了一些新的认识和改进的想法。另外，随着C++的发展，原书内容和使用的标准也需要升级更新。2003年出版的书已使用多年，在社会上有一定的影响，广大读者对原书也提出了一些诚恳的改进意见，所以重新出版此书也实现了作者回馈热心读者的愿望。

本书基于新的C++标准，从程序设计基础知识开始，系统地介绍C++语言的基本概念、语法规则和编程技术。针对初学者的特点，力求做到深入浅出，将复杂的概念用简洁浅显的语言来讲述，使读者可以轻松地入门，循序渐进地提高。本书是作者总结多年教学实践经验编写而成，对每一部分的知识点和难点，都力求以比较精练的语言进行讲解，在介绍语法时，着重从程序设计方法学的角度讲述其意义和用途。同时，对重要的知识点都列举了必要的例题进行说明，并对例题所采用的算法和编程技术进行了深刻的分析，旨在使读者对C++编程技术不仅知其然，并知其所以然。在介绍基础知识的基础上，还选择了一些综合性较强的案例，对常用的数据结构和经典的算法进行详细的剖析，这些案例既方便教师安排教学，又便于读者综合运用所学知识，进一步提高编程技能。本书每章后面都安排有知识扩展部分，以引导读者进一步深入了解C和C++语言。另外，书中各章均配有大量的思考题和习题，方便读者练习和自我考核。

本书集众家所长，采用“传统教学＋案例教学”方式，以满足不同层次读者的需求，并运用散性思维方法，对相关知识进行扩展，意在开阔视野，培养编程兴趣，使读者在循序渐进中提高编程能力。

全书以程序设计方法贯穿始终，从语法规则到程序设计实践，力求在掌握基本程序设计方法的同时，培养读者良好的程序设计习惯，为今后的学习打下坚实的编程基础。本书的宗旨是不仅要使读者掌握 C++语言本身，而且能够对现实世界中的问题及其解决方法用 C++语言进行描述。学习程序设计的关键是要深刻领会程序设计的内涵，广学多练，培养对程序设计语言的“语感”，最终掌握程序设计的“秘笈”。

本书既可以作为高等学校计算机程序设计相关课程的教材和教学参考书，也可以作为学习程序设计人员的培训或自学教材。

本书的第 1 章至第 9 章由长安大学的揣锦华编写，第 10 章由长安大学的袁琪编写。在本书的编写过程中，编者查阅和参考了大量文献，在此对书后所列出的参考文献的作者一并表示感谢。另外，对广大读者和师生对本书诚恳的建议和意见也表示衷心的感谢。由于作者水平有限，书中难免存在不足和错误之处，恳请读者批评指正。

编　者

2014 年 10 月

CONTENTS

目 录

CHAPTER 1

第1章 程序设计基础知识

本章要点

- 计算机中数的表示与编码
- 程序设计概念
- 用程序流程图表示算法

随着信息技术的迅猛发展，计算机程序设计的运用领域越来越广泛，程序设计语言也层出不穷。那么，什么是程序设计？有哪些程序设计语言？如何进行程序设计呢？这些都是计算机程序设计初学者首先遇到的问题。

无论什么计算机程序设计语言，其程序设计的思想和方法都相差无几，关键是要深刻领会程序设计的内涵，广学多练，培养自己对程序设计语言的“语感”，逐渐掌握程序设计的“秘笈”，最终让程序设计成就你的精彩人生。

作为全书的开篇，本章从计算机中数的表示与编码开始，对程序设计的概念和所涉及的基本知识进行概括性的介绍，旨在使读者对程序设计有一个初步的认识，为后面章节的学习储备一些基础知识。下面就让我们从充满魔力的二进制数 0 和 1 开始，进入计算机程序设计的魔幻世界。

1.1 计算机中数的表示与编码

计算机最主要的功能是处理信息，如处理数值、文字、声音、图形和图像等，在计算机内部，各种信息都必须经过数字化编码后才能被传送、存储和处理。因此，掌握信息编码的概念与处理技术是至关重要的。

所谓编码，就是采用少量的基本符号，选用一定的组合原则，表示大量复杂多样的信息。信息编码的两大要素是基本符号的种类和这些符号的组合规则。例如，用 10 个阿拉伯数码表示数字，用 26 个英文字母表示英文词汇等，都是编码的典型例子。

在计算机中，广泛采用的是只用 0 和 1 两个基本符号组成的基 2 码，或称为二进制码。在计算机中采用二进制码的原因如下。

(1) 二进制码在物理上最容易实现。例如,可以只用高、低两个电平表示 0 和 1,也可以用脉冲的有无或者脉冲的正负极性表示它们。

(2) 二进制码用来表示的二进制数,其编码、计数、加减运算比较简单。

(3) 二进制码的两个符号 0 和 1 正好与逻辑命题的两个值"是"和"否",或"真"和"假"相对应,为计算机实现逻辑运算和程序中的逻辑判断提供了便利的条件。

1.1.1 进位记数制

在日常生活中,最常用的进位计数制是我们非常熟悉的十进制。在计算机程序设计中,除十进制(Decimal)外,还有二进制(Binary)、八进制(Octonary)和十六进制(Hexadecimal)等。

1. 进位计数制的表示

在采用进位计数的数字系统中,如果只用 r 个基本符号(例如 0,1,2,…,$r-1$)表示数值,则称其为基 r 数制(Radix-rNumber System),r 称为该数制的基(Radix)。如常用的十进制数,就是 $r=10$,即基本符号为 0,1,2,…,9。如取 $r=2$,即基本符号为 0 和 1,则为二进制数。

对于不同的数制,它们的共同特点如下。

(1) 每一种数制都有固定的符号集(Symbol Set):如十进制数制,其符号有 10 个,分别是 0,1,2,…,9;二进制数制,其符号有两个,即 0 和 1。

(2) 都使用位置表示法(Notation):即处于不同位置的数符所代表的值不同,其值与它所在位置的权值有关。

例如,十进制数 555.55 可表示为:

$$555.55=5\times10^2+5\times10^1+5\times10^0+5\times10^{-1}+5\times10^{-2}$$

可以看出,各种进位计数制中权的值恰好是基数的某次幂(Power)。因此,对任何一种进位计数制表示的数都可以写出按其权展开的多项式之和。任意一个 r 进制数 N 可表示为:

$$N=\sum_{i=m-1}^{-k} D_i\times r^i \qquad (1\text{-}1)$$

式中的 D_i 为该数制采用的基本符号,r^i 是权,r 是基数,m 是整数部分的最大位数,k 是小数部分的最大位数。

2. 不同进制数之间的转换

(1) r 进制数转换为十进制数

式(1-1)本身就提供了将 r 进制数转换为十进制数的方法。

例如,把二进制数 11010.101 转换成相应的十进制数。

$$\begin{aligned}&(11001.101)_B\\&=1\times2^4+1\times2^3+0\times2^2+0\times2^1+1\times2^0+1\times2^{-1}+0\times2^{-2}+1\times2^{-3}\\&=(25.625)_D\end{aligned}$$

(2) 十进制数转换为 r 进制数

这里,整数部分和小数部分的转换方法是不相同的,下面分别介绍。

① 整数部分的转换

把一个十进制的整数不断除以所需要的基数 r,取其余数(即除 r 取余法),就能够转换

成以 r 为基数的数。

例如，为了把十进制的整数转换成相应的二进制数，只要把十进制数不断除以 2，并记下每次所得余数(余数总是 1 或 0)，所有余数连起来即为相应的二进制数，这种方法称为除 2 取余法。

例如，把十进制数 25 转换成二进制数。

```
2|  25    余数
 2| 12    1 最底位
  2| 6    0
   2| 3   0
    2| 1  1
       0  1 最高位
```

所以有：$(25)_D=(11001)_B$

注意：第一位余数是低位，最后一位余数是高位。

② 小数部分转换

要将一个十进制小数转换成 r 进制小数时，可将十进制小数不断地乘以 r，并取整，这称为乘 r 取整法。

例如，将十进制数 0.625 转换成相应的二进制数。

```
     0.625   取整
  ×      2
  ---------
     1.250   1  最高位
  ×      2
  ---------
     0.500   0
  ×      2
  ---------
     1.000   1  最低位
```

所以，$(0.625)_D=(0.101)_B$

注意：如果十进制数包含整数和小数两部分，则必须先将十进制小数点两边的整数和小数部分分开，分别完成相应转换，然后再把 r 进制整数和小数部分组合在一起。

例如，将十进制数 25.625 转换成 r 进制数，只要将上例整数和小数部分组合在一起即可，即 $(25.625)_D=(11001.101)_B$。

3. 非十进制数间的转换

通常两个非十进制数之间的转换方法是采用上述两种方法的组合，即先将被转换数转换为相应的十进制数，然后再将十进制数转换为其他进制数。至于二进制、八进制和十六进制数之间的转换，由于它们之间存在特殊关系，即 $8^1=2^3$，$16^1=2^4$，因此，它们之间的转换方法比较容易，如表 1-1 所示。

表 1-1　十进制、二进制、八进制和十六进制之间的关系

十进制数 (Decimal)	二进制数 (Binary)	八进制数 (Octonary)	十六进制数 (Hexadecimal)
0	0000	0	0
1	0001	1	1
2	0010	2	2
3	0011	3	3

续表

十进制数 (Decimal)	二进制数 (Binary)	八进制数 (Octonary)	十六进制数 (Hexadecimal)
4	0100	4	4
5	0101	5	5
6	0110	6	6
7	0111	7	7
8	1000	10	8
9	1001	11	9
10	1010	12	A
11	1011	13	B
12	1100	14	C
13	1101	15	D
14	1110	16	E
15	1111	17	F

根据这种对应关系，二进制数转换到八进制数十分简单，只要将二进制数从小数点开始，整数从右向左3位一组，小数部分从左向右3位一组，最后不足3位的补零，然后根据表1-1的对应关系，即可完成转换。

例如，将二进制数10100101.01011101转换为八进制数。

010,100,101.010,111,010

2　4　5.2　7　2

所以有：$(10100101.01011101)_B=(245.272)_O$

将八进制数转换成二进制数的过程则与之正好相反。

二进制数与十六进制数之间的转换就如同二进制数与八进制数之间的转换一样，只是4位一组。

例如，将二进制数10100101.01011101转换成十六进制数。

1010,0101.0101,1101

A　5.5　D

所以有：$(10100101.01011101)_B=(A5.5D)_H$

有了进位记数制的知识，对于常用的存储单位及其换算就容易理解了。

1.1.2　二进位数在计算机内的表示

1. 机器数

在计算机中，因为只有0和1两种形式，所以数的正(Positive)、负(Negative)号也必须以0和1表示。通常把一个数的最高位定义为符号位，用0表示正，1表示负，称为数符，其余位仍表示数值。把在机器内存放的正、负号数码化的数称为机器数，把机器外部由正、负号表示的数称为真值数。

需要特别注意的是：机器数表示的范围受到字长和数据类型的限制。例如，表示一个整数，字长为8位，则最大的正数为01111111，最高位为符号位(Sign Bit)，即最大值为127。若数值超出127，就要“溢出”。

2. 数的定点和浮点表示

计算机内表示的数，主要分成整数与浮点数两种类型。

(1) 整数(Integer)的表示法

整数所表示的数据的最小单位为 1,可以认为它是小数点定在数值最低位右面的一种表示法。整数分为带符号和不带符号两类。对带符号的整数,符号位放在最高位。可以写成:

$$N = N_s N_n N_{n-1} \cdots N_2 N_1 N_0 \tag{1-2}$$

对于用 $n+1$ 位二进制位表示的带符号整数,其值的范围为 $|N| \leqslant 2^n - 1$。例如,+127 的二进制表示为:0 1 1 1 1 1 1 1。

对于不带符号的整数,所有的 $n+1$ 个 M 进制位均看成数值,此时数值表示范围为:

$$|N| \leqslant 2^{n+1} - 1 \tag{1-3}$$

在计算机中,一般用 8 位、16 位和 32 位等表示数据。定点数表示的范围和精度都较小,在数值计算时,大多数采用浮点数。

(2) 浮点数(Floating Number)的表示方法

浮点表示法对应于科学(指数)记数法,如数 110.011 可表示为:

$$N = 110.011 = 1.10011 \times 2^{+10} = 110011 \times 2^{-11} = 0.110011 \times 2^{+11}$$

在计算机中,一个浮点数由两部分构成,即阶码和尾数,阶码是指数,尾数是纯小数。其存储格式为:

阶符	阶码	数符	尾数

例如,数 110.011 的浮点数表示形式为:

0	11	0	110011

阶码只能是一个带符号的整数,用来指示尾数中的小数点应当向左或向右移动的位数,阶码本身的小数点约定在阶码最右面。尾数表示数值的有效数字,其本身的小数点约定在数符和尾数之间。在浮点数表示中,数符和阶符都各占一位,阶码的位数随数值表示的范围而定,尾数的位数则依数的精度要求而定。**应当注意:浮点数的正、负由尾数的数符确定。**

3. 带符号数的表示

在计算机中,带符号数可以用不同方法表示,常用的有原码、反码和补码。

(1) 原码

数 X 的原码记为$[X]_{原}$,如果机器字长为 n,则原码表示法规定如下。

① 最高位为符号位,正数为 0,负数为 1,其余 $n-1$ 位表示数的绝对值。

② 在原码表示中,零有两种表示形式,即$[+0]_{原}=00000000$,$[-0]_{原}=10000000$。

例如,当机器字长 $n=8$ 时:

$[+1]_{原}=00000001$;$[-1]_{原}=10000001$;

$[+127]_{原}=01111111$;$[-127]_{原}=11111111$。

(2) 反码

数 X 的反码记作 $[X]_{反}$,如机器字长为 n,反码表示法规定如下。

① 正数的反码与原码相同,负数的反码只需将其对应的正数按位求反即可得到。

② 机器数最高位为符号位，0 代表正号，1 代表负号。

③ 反码表示方式中，零有两种表示方法，即$[+0]_反=00000000$，$[-0]_反=11111111$。

例如，当机器字长 $n=8$ 时：

$[+1]_反=00000001$；$[-1]_反=11111110$；

$[+127]_反=01111111$；$[-127]_反=10000000$。

(3) 补码

数 X 的补码记做$[X]_补$，当机器字长为 n 时，补码表示法规定如下。

① 正数的补码与原码、反码相同，负数的补码等于它的反码加 1。

② 机器数的最高位是符号位，0 代表正号，1 代表负号。

③ 在补码表示中，零有唯一的编码，即$[+0]_补=[-0]_补=00000000$。

例如，当机器字长 $n=8$ 时：

$[+1]_补=00000001$；$[-1]_补=11111111$；

$[+127]_补=01111111$；$[-127]_补=10000001$。

补码的运算方便，应用比较广泛，二进制的减法就是通过补码的加法实现的。例如：

$$\begin{aligned}1-1&=[+1]_补+[-1]_补\\&=00000001+11111111\\&=00000000\end{aligned}$$

1.1.3 常用的信息编码

1. BCD(Binary-Coded Decimal)码

二-十进制 BCD 码是指每位十进制数用 4 位二进制数编码表示。由于 4 位二进制数可表示 16 种状态，所以丢弃最后 6 种状态，而选用 0000～1001 来表示 0～9 十个数符。这种编码又叫做 8421 码，如表 1-2 所示。

表 1-2 二-十进制 BCD 码

十进制	BCD 码	十进制	BCD 码
0	00000000	10	00010000
1	00000001	11	00010001
2	00000010	12	00010010
3	00000011	13	00010011
4	00000100	14	00010100
5	00000101	15	00010101
6	00000110	16	00010110
7	00000111	17	00010111
8	00001000	18	00011000
9	00001001	19	00011001
—	—	20	00100000

2. ASCII 码

使用得最多、最普遍的字符编码是 ASCII(American Standard Code for Information Interchange)，即美国信息交换标准代码，如表 1-3 所示。

表 1-3　7 位 ASCII 代码表

<table>
<tr><th rowspan="2">$d_3d_2d_1d_0$</th><th colspan="8">$d_6d_5d_4$</th></tr>
<tr><th>000</th><th>001</th><th>010</th><th>011</th><th>100</th><th>101</th><th>110</th><th>111</th></tr>
<tr><td>0000</td><td>NUL</td><td>DLE</td><td>SP</td><td>0</td><td>@</td><td>P</td><td>、</td><td>p</td></tr>
<tr><td>0001</td><td>SOH</td><td>DC1</td><td>!</td><td>1</td><td>A</td><td>Q</td><td>a</td><td>q</td></tr>
<tr><td>0010</td><td>STX</td><td>DC2</td><td>“</td><td>2</td><td>B</td><td>R</td><td>b</td><td>r</td></tr>
<tr><td>0011</td><td>ETX</td><td>DC3</td><td>#</td><td>3</td><td>C</td><td>S</td><td>c</td><td>s</td></tr>
<tr><td>0100</td><td>EOT</td><td>DC4</td><td>$</td><td>4</td><td>D</td><td>T</td><td>d</td><td>t</td></tr>
<tr><td>0101</td><td>ENQ</td><td>NAK</td><td>%</td><td>5</td><td>E</td><td>U</td><td>e</td><td>u</td></tr>
<tr><td>0110</td><td>ACK</td><td>SYN</td><td>&</td><td>6</td><td>F</td><td>V</td><td>f</td><td>v</td></tr>
<tr><td>0111</td><td>BEL</td><td>ETB</td><td>,</td><td>7</td><td>G</td><td>W</td><td>g</td><td>w</td></tr>
<tr><td>1000</td><td>BS</td><td>CAN</td><td>(</td><td>8</td><td>H</td><td>X</td><td>h</td><td>x</td></tr>
<tr><td>1001</td><td>HT</td><td>EM</td><td>)</td><td>9</td><td>I</td><td>Y</td><td>i</td><td>y</td></tr>
<tr><td>1010</td><td>LF</td><td>SUB</td><td>*</td><td>:</td><td>J</td><td>Z</td><td>j</td><td>z</td></tr>
<tr><td>1011</td><td>VT</td><td>ESC</td><td>+</td><td>;</td><td>K</td><td>[</td><td>k</td><td>{</td></tr>
<tr><td>1100</td><td>FF</td><td>FS</td><td>‘</td><td><</td><td>L</td><td>\</td><td>l</td><td>|</td></tr>
<tr><td>1101</td><td>CR</td><td>GS</td><td>—</td><td>=</td><td>M</td><td>]</td><td>m</td><td>}</td></tr>
<tr><td>1110</td><td>SO</td><td>RS</td><td>.</td><td>></td><td>N</td><td>↑</td><td>n</td><td>~</td></tr>
<tr><td>1111</td><td>SI</td><td>US</td><td>/</td><td>?</td><td>O</td><td>↓</td><td>o</td><td>DEL</td></tr>
</table>

ASCII 码的每个字符用 7 位二进制表示，其排列次序为 $d_6d_5d_4d_3d_2d_1d_0$。而一个字符在计算机内实际是用 8 位表示的，正常情况下，最高一位 d_7 为 0。在需要奇偶校验时，这一位可用于存放奇偶校验的值，此时称该位为校验位。

ASCII 码是 128 个字符组成的字符集。例如，字母 A 和 a 的 ASCII 码分别为 01000001(41H 或 65)和 01100001(61H 或 97)，字符 0 的 ASCII 码是 00110000(30H 或 48)等。

1.2　程序设计及程序设计语言

1. 什么是程序设计

计算机所做的工作就是按指定的步骤执行一系列的操作，以完成特定的任务。因此，想要计算机为我们做事，就必须为它设计出一系列的操作步骤，并用计算机语言编写为程序，这就是程序设计。

程序设计也就是大家所谓的编程，它主要包括数据结构(即数据类型)和算法(操作步骤)的设计，所以程序设计可以简单地表示为：程序设计＝数据结构＋算法，这个等式很好地说明了程序设计的内涵。

程序设计就像盖房子，数据结构就像砖、瓦，而算法就是设计图纸。若想盖房子首先必须有原料(数据结构)，但是这些原料不能自动地建成我们想要的房子，必须按照设计图纸(算法)上的说明一砖一瓦地去砌，我们才能拥有想要的房子。程序设计也一样，我们使用具有各种功能的语句或基本结构(它们不会自动排列成你要的程序代码)，依据特定的规则，将这些特定的功能语句和基本结构按照特定的顺序进行编排，形成一个有特定功能的程序代码，显然程序的功能就是算法的具体实现。

2. 程序设计语言

要使计算机按照人的意图进行工作，就必须让计算机理解人的意图，接受人向它发出的命令和信息，人和计算机之间的信息交流需要解决“交流语言”问题。程序设计语言就是人与计算机之间进行信息交流的桥梁和工具，将对某个实际问题的处理办法以及处理步骤通过程序设计语言编写成程序，告诉计算机，计算机就会按照人的意图完成指定的操作。

程序设计语言按照语言级别可以分为低级语言和高级语言。低级语言是面向机器的语言，它依赖于机器，低级程序设计语言包括机器语言和汇编语言。高级语言是面向问题过程的，它独立于具体的机器，常用的 C/C++语言、JAVA、BASIC 等都是高级语言。

(1) 机器语言

机器语言是表示成数码形式的机器基本指令集，或者是操作码经过符号化的基本指令集，由二进制代码组成。它能够被机器直接识别和执行，功效高，但使用复杂、烦琐、费时、易出差错，而且不易阅读和书写。不同类型的计算机使用不同的机器语言，所以用机器语言编写的程序移植困难。

(2) 汇编语言

汇编语言相对机器语言而言是一个进步，它使用助记符来表示指令和操作数地址，相比机器语言，汇编语言的阅读、书写和记忆要容易得多，但程序员必须了解计算机内部的结构和指令系统，一般只有训练有素的专业人员才能使用它。汇编语言也是一种面向机器，依赖于计算机硬件本身而设计的语言。

(3) 高级语言

高级语言的表示方法要比低级语言更接近于待解问题，它独立于具体的机器，用户不必了解计算机的内部结构，只需用程序说明需要计算机完成什么工作即可。其优点是学习容易、表达算法简便、使用方便、通用性强、便于推广与交流。但由于计算机不能识别和执行用高级语言编写的程序，故需要经过解释或编译之后，变成机器代码方能被执行。比较而言，高级语言编写的程序比低级语言编写的程序执行起来要慢一些。

1.3 算法及算法表示

程序设计的目的是让计算机为我们解决问题，解决问题的方法和步骤则称为算法，它是程序设计的关键，是设计程序操作步骤的依据。因此，在学习程序设计之前，有必要了解一些有关算法的基础知识。

1. 什么是算法

算法(Algorithm)是对解题方案的准确而完整的描述，是一系列解决问题的清晰指令，算法代表着用系统的方法描述解决问题的策略机制。下面举例说明计算机算法的应用。

【例 1-1】 交换两个变量 X 和 Y 的值。

问题分析：两个人要交换座位，只要各自站起来坐到对方的座位上就可以，这是直接交换。如果要交换 A 和 B 两个容器中的不同的液体，必须要借助一个空容器，即第三个容器 C，先将 A 容器中的液体倒入 C 容器中，再将 B 容器中的液体倒入 A 容器，最后将 C 容器中的液体倒入 B 容器，这是间接交换。

计算机中变量的值被放在相当于容器的存储单元中，所以计算机中交换两个变量的值时不能用直接交换，必须采用间接交换。因此，需定义一个中间变量 Z，以实现两个变量 X 和 Y 的值交换。具体算法如下。

Step1：将 X 变量的值存入 Z 变量中，$X \rightarrow Z$；

Step2：将 Y 变量的值存入 X 变量中，$Y \rightarrow X$；

Step3：将 Z 变量的值存入 Y 变量中，$Z \rightarrow Y$。

【例 1-2】 找三个数中的最大数。

问题分析：设变量 a、b 和 c 存放三个整数，将其中的最大值存放在变量 max 中。具体算法如下。

Step1：输入任意三个整数分别给 a、b 和 c 变量；

Step2：先比较 a 和 b 两个变量的值，将较大的值存放变量 max 中；

Step3：再比较 c 和 max 两个变量的值，将较大的值存放变量 max 中；

Step4：输出最大值，即 max 变量的值。

2. 算法的基本特征

一个算法应该具有以下 7 个重要的特征。

(1) 有穷性(Finiteness)

算法的有穷性是指算法必须能在执行有限个步骤之后终止。

(2) 确切性(Definiteness)

算法的每一步骤必须有确切的定义。

(3) 输入项(Input)

一个算法有 0 个或多个输入，以描述运算对象的初始情况，所谓 0 个输入是指算法本身定出了初始条件。

(4) 输出项(Output)

一个算法有一个或多个输出，以反映对输入数据加工后的结果，没有输出的算法是毫无意义的。

(5) 可行性(Effectiveness)

算法中执行的任何计算步骤都是可以被分解为基本的可执行的操作步骤，即每个计算步骤都可以在有限时间内完成。

(6) 高效性(High Efficiency)

执行速度快，占用资源少。

(7) 健壮性(Robustness)

对数据响应正确。

1.4 用程序流程图表示算法

算法描述有许多方法，如例 1-1 和例 1-2 是采用自然语言描述算法的，使用自然语言描述算法的最大优点是与人们日常习惯的语言表述方式一致，容易理解和接受。但也确实存在以下缺点。

(1) 比较冗长。

(2) 如算法中有选择或循环等,用文字表达比较麻烦,不够直观。

(3) 计算机不便处理。

因此,一般常用流程图描述算法,而用自然语言作为辅助方法。

程序流程图是用一些图框表示各种操作。用图框表示算法,具有简洁、直观、易于理解等优点。流程图中常用的标准符号如图 1-1 所示。

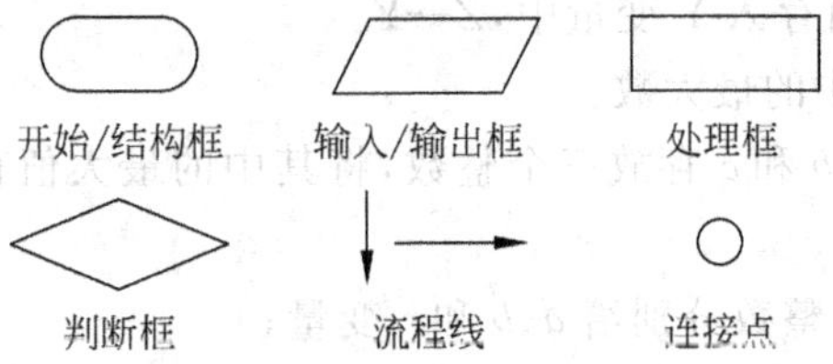

图 1-1 流程图的标准符号

其中:

(1) 开始和结束框表示流程开始或结束。

(2) 输入输出框表示数据的输入和结果的输出。

(3) 处理框表示基本处理功能的描述。

(4) 判断框表示根据测试条件是否满足,选择流程图的路径和方向。

(5) 流程线表示流程图的路径和方向。

(6) 连接点表示两个具有相同标记的"连接点"应连接成一个点。

现在采用流程图来描述例 1-1 和例 1-2 的算法,如图 1-2 和图 1-3 所示。

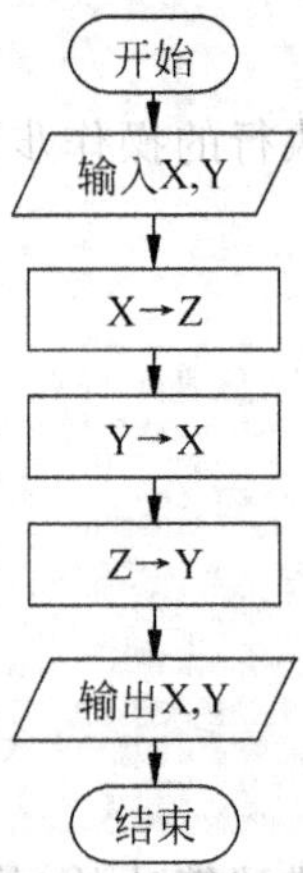

图 1-2 交换两变量值的流程图

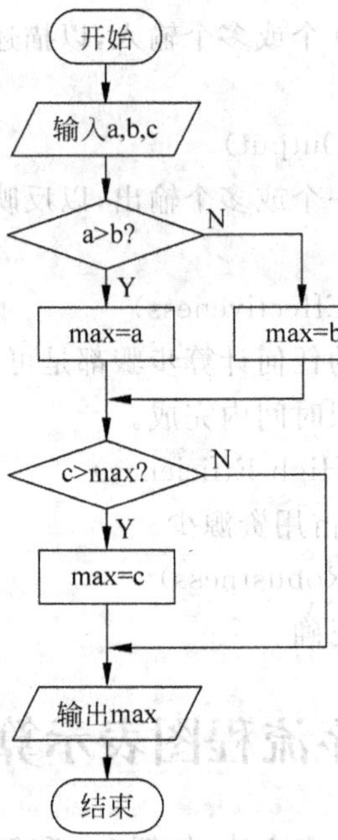

图 1-3 找三个数中最大值的流程图

算法是由一系列控制结构组成的，图 1-3 中就包含了选择控制结构。程序设计中最基本的控制结构有顺序、选择和循环，它们是构成复杂算法的基础。

1.5　程序设计方法

1.5.1　结构化程序设计

结构化程序设计(Structured Programming)由迪杰斯特拉(E. W. dijkstra)在 1969 年提出，是以模块化设计为中心，将待开发的软件系统划分为若干个相互独立的模块，这样使完成每一个模块的工作变得单纯而明确，为设计一些较大的软件打下了良好的基础。

结构化程序的基本要点如下。

(1) 采用自顶向下、逐步求精的程序设计方法。在需求分析、概要设计中，都采用了自顶向下、逐层细化的程序设计方法。

(2) 使用三种基本控制结构构造程序。任何程序都可由顺序、选择和循环三种基本控制结构组成。其特点为：每一个基本控制结构都只有一个入口和出口，且上一个的出口是下一个的入口。

下面分别对顺序结构、选择结构和循环结构这三个基本控制结构进行介绍。

(1) 顺序控制结构(Sequence Control Structure)

用顺序方式对过程分解，关键是确定各部分的执行顺序，如图 1-4 所示。

(2) 选择控制结构(Select Control Structure)

用选择方式对过程分解，关键是确定某个部分的测试条件，以决定程序的执行方向，如图 1-5 所示。

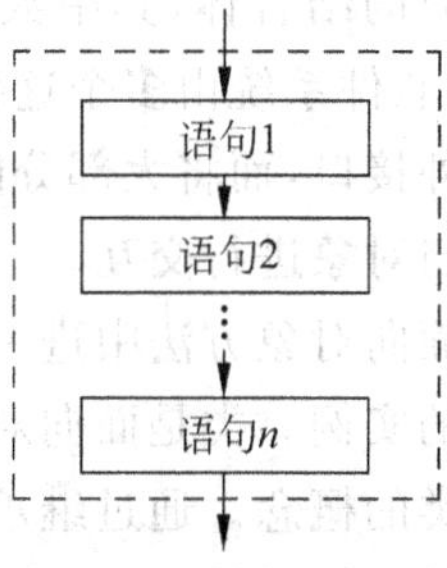

图 1-4　顺序控制结构示意图

(3) 循环控制结构(Loop Control Structure)

用循环方式对过程分解，关键是确定某个部分进行重复的开始及结束的测试条件，如图 1-6 所示。

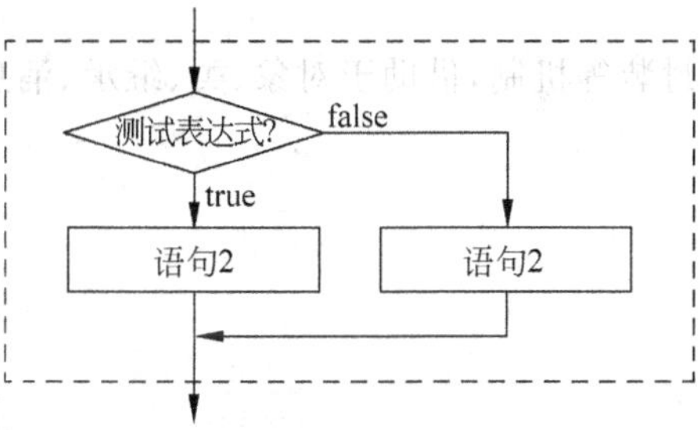

图 1-5　选择控制结构示意图

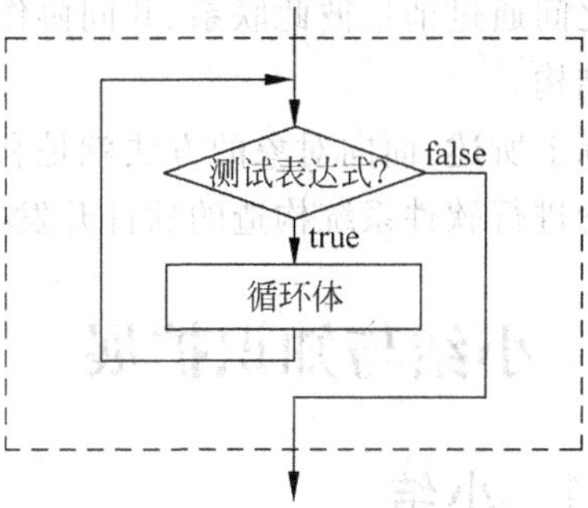

图 1-6　循环控制结构示意图

对处理过程仍然模糊的部分反复使用以上分解方法，最终将所有细节确定下来。

三种基本控制结构中，顺序控制结构是最简单的，选择和循环控制结构将在第 3 章详细介绍。

1.5.2 面向对象程序设计

面向对象程序设计(Object-oriented Programming)是程序设计的一种新方法，它汲取了结构化程序设计中最为精华的部分，面向对象程序设计是被结构化的结构化程序设计，它是软件开发的第二次变革。

要了解面向对象的概念，首先要知道什么是对象。对象在现实世界中是一个实体或者一种事物的概念。现实世界中的任何一个系统都是由若干具体的对象构成的，作为系统的一个组成部分，对象为其所在的系统提供一定的功能，担当一定的角色，所以对象可以看作是一种具有自身属性和功能的构件。

我们在使用一个对象时，并不关心其内部结构及实现方法，仅仅关心它的功能和使用方法，也就是该对象提供给用户的接口。举个例子，对电视机这个对象来说，我们并不关心电视机的内部结构或其实现原理是怎样的，只关心如何通过按钮来使用它，这些按钮就是电视机提供给用户的接口，至于电视机的内部结构原理，对用户来说是隐藏的。分析一个系统，也就是分析系统由哪些对象构成，以及这些对象间的相互关系。

在面向对象方法中，我们采用与现实世界相一致的方式，将对象定义为一组数据及其相关代码的结合体，其中数据描述了对象的属性，对数据进行处理的操作则描述了对象的功能，而软件系统由多个这样的对象构成。对象将其属性和操作的一部分对外界开放，作为它的对外接口，而将大部分的实现细节隐藏，这就是对象的封装性，外界只能使用上述定义的接口与对象进行交互。

面向对象方法中进一步引入了类的概念。所谓类，就是同样类型对象的抽象描述，对象是类的实例。类是面向对象方法的核心，对相关的类进行分析，抽取这些类的共同特性，形成基类的概念。通过继承，派生类可以包含基类的所有属性和操作，还可以增加属于自己的一些特性。另外，可以将原来一个个孤立的类联系起来，形成清晰的层次结构关系，称为类簇。

一个系统由多个对象组成，其中复杂对象可以由简单对象组合而成，称之为聚合。对象之间存在着依存关系，一个对象可以向另一个对象发送消息，也可以从其他对象接收消息，对象之间通过消息彼此联系、共同协作。对象以及对象之间的这种相互作用构成了软件系统的结构。

综上所述，面向对象的方法就是利用抽象、封装等机制，借助于对象、类、继承、消息传递等概念进行软件系统构造的软件开发方法。

1.6 小结与知识扩展

1.6.1 小结

计算机中无论是程序还是数据都是以二进制的形式存在的。因此，掌握二进制数的表示及其与其他进位制之间的转换对理解程序设计中的概念及程序设计本身都非常重要。在计算机程序设计中，除十进制、二进制外，还有八进制和十六进制等。

任意一个 r 进制数 N 按其权展开的多项式之和表示为：

$$N = \sum_{i=m-1}^{-k} D_i \times r^i$$

其实，进位制之间的转换都是依据此公式进行的。以十进制转换为二进制为例。

(1) 整数部分的转换

把一个十进制的整数不断除以基数 2，取其余数(即除 2 取余法)，就能够转换成以 2 为基数的数。

(2) 小数部分转换

将一个十进制小数转换成二进制小数时，可将十进制小数不断地乘以 2，并取整，这称为乘 2 取整法。

二进制转换到十六进制十分简单，只要将二进制数从小数点开始，整数从右向左 4 位一组，小数部分从左向右 4 位一组，最后不足 4 位的补零。二进制与八进制之间的转换就如同二进制与十六进制之间的转换一样，只是 3 位一组。

程序设计主要包括数据结构(即数据类型)和算法的设计。算法是解决问题的方法和步骤，它是设计程序操作步骤的依据。利用程序流程图可以准确而完整地描述解题的算法。

1.6.2　计算机中常用存储单位及其换算

"比特"的中文名称是位，是用以描述计算机数据量的最小单位。系统中的二进制数，每个 0 或 1 就是一位(b)。

计算机存储数据的常用单位是字节(B)。

1B=8b

例如：

1KB=1024b=2^{10}B

1MB=1024KB=2^{20}B

其中：

K(约为 10^3)1024=2^{10}，对应 10 位二进制 100 0000 0000。

M(约为 10^6)1024×1024=2^{20}，对应 20 位二进制 1 0000 0000 0000 0000 0000。

常用存储单位及其换算如下。

1KB(Kilobyte，千字节)=1024B=10^3B

1MB(Megabyte，兆字节，简称"兆")=10^6B

1GB(Gigabyte，吉字节，俗称"千兆")=10^9B

1TB(Trillionbyte，万亿字节，又称"太字节")=10^{12}B

1PB(Petabyte，千万亿字节，又称"拍字节")=10^{15}B

1EB(Exabyte，百亿亿字节，又称"艾字节")=10^{18}B

1ZB(Zettabyte，十万亿亿字节，又称"泽字节")=10^{21}B

1YB(Jottabyte，一亿亿亿字节，又称"尧字节")=10^{24}B

1BB(Brontobyte，一千亿亿亿字节)=10^{27}B

习题

1-1　填空题

(1) 在采用进位计数的数字系统中，如果只用 r 个基本符号(例如 0,1,2,…,$r-1$)表示数值，则称其为基 r 数制，r 称为该数制的____。如日常生活中常用的十进制数，就是 $r=10$，即基本符号为 0,1,2,…,9。如取 $r=2$，即基本符号为____和____，则为________数。

(2) 将十进制的整数转换成相应的二进制数，只要把十进制数不断除以____，并记下每次所得的________，所有余数连起来即为相应的二进制数。这种方法称为________________。

(3) 将一个十进制小数转换成 r 进制小数时，可将十进制小数不断地乘以____，并取整，这称为________________。

1-2　简答题

(1) 计算机中采用二进制码的原因是什么？

(2) 将下面的十进制数转换为二进制数。

426.125

6789.5

65 656

20 100 303

(3) 将下面的二进制数转换为十进制数。

1000 0000

0111 1111

1 0000 0000

1111 1111

1000 0000 0000 0000

0111 1111 1111 1111

1 0000 0000 0000 0000

1111 1111 1111 1111

(4) ASCII 码是什么？字符'0'和'6'的 ASCII 码值分别是多少？'6'的 ASCII 码值与'0'的有什么关系？

(5) 'a'和'A'的 ASCII 码值分别是多少？它们之间有什么关系？

(6) 结构化程序设计的基本结构有哪些？它们的共同特点是什么？

CHAPTER 2

C++简单程序设计 第2章

本章要点

- C++程序的基本结构和要素
- 基本数据类型及其转换
- 运算符和表达式
- 简单的输入与输出控制

C++是从C语言发展演变而来的，因此，在介绍C++之前先介绍一下C语言。C语言最初是美国贝尔实验室的Dennis · M · Ritchie在B语言基础上开发出来的。1972年在一台PDP-11计算机上实现了最初的C语言，此后十几年内，对C语言又进行不断的完善和补充，目前比较流行的C语言版本基本上都是以ANSI C为基础的。C语言具有以下优点。

(1) 语言简洁灵活；

(2) 运算符和数据结构丰富，具有结构化控制语句，程序执行效率高；

(3) 与其他高级语言相比，C语言具有可以直接访问物理地址，能进行位运算的优点；

(4) 与汇编语言相比，具有良好的可读性和可移植性。

尽管如此，C语言毕竟是一个面向过程的编程语言，因此，与其他面向过程的编程语言一样，已经不能满足运用面向对象方法开发软件的需要。

C++是在C语言基础上为支持面向对象的程序设计而研制的一个通用的程序设计语言，它是在1980年由贝尔实验室的Bjarne Stroustrup博士创建的。C++包括C的全部特征、属性和优点，同时C++添加了对面向对象编程的完全支持。

2.1 C++程序的基本结构和要素

2.1.1 一个简单的C++程序

现在，我们来看一个简单的C++程序实例。这是一个面向过程的程序，通过这个程序看一看计算机程序由什么组成,通过程序如何控制计算机的操作。

【例 2-1】 一个简单的C++程序。

```
/************************/
/* 一个简单的C++程序    */
/************************/
#include<iostream>
using namespace std;
int main()
{
    cout<<"hello! "<<endl;
    cout<<"I am a student. "<<endl;
    return 0;
}
```

1. C++程序分析

注释是对该程序进行的简单说明。上述C++程序中最前面的以"/*"开始、以"*/"结束的就是注释,例如:

```
/************************/
/* 一个简单的C++程序    */
/************************/
```

紧跟着注释的是主函数main()。main()之前的int表示main()函数返回值的类型为整数类型,函数体则用一对花括号"{}"括起来。需要特别说明的是,C++程序都是由函数构成的,在C++程序中,必须有且只能有一个名为main()的函数,因为C++程序总是从主函数main()开始执行。

花括号"{}"括起来的部分就是程序的主体,也称为主函数main()的函数体。函数体由语句组成,每条语句由分号";"作为结束符。这里只有三个语句,两个输出语句cout和一个函数返回语句return(关于函数的返回值将在第4章详细介绍)。cout是一个输出流对象,它是C++系统预定义的对象,其中包含了许多有用的输出功能。输出操作由插入运算符"<<"来表达,其功能是将紧随其后的双引号中的字符串输出到标准输出设备(通常是显示器)上。在第9章中将对输出流做详细介绍,这里,读者只要知道这段程序可以实现在显示器上输出:

```
hello!
I am a student.
```

就可以了。

程序中#include <iostream>的作用是,在编译之前,将文件iostream.h中的代码嵌入到程序中该指令所在的地方,作为程序的一部分,iostream.h文件中声明了程序所需要的输入和输出操作的有关信息。cout和"<<"操作的有关信息就是在该文件中声明的。由于这类文件常被嵌入在程序的开始处,所以称之为头文件。在C++程序中,如果使用了系统中提供的一些功能,就必须嵌入相关的头文件。

程序中的using namespace std如同名字一样,是使用名称空间(NameSpace)的意思。之所以用名称空间,是因为人类可用的词汇有限,并且不同的人写程序时所用的标识符(如变量名、函数名等)不可能都没有重名现象。随着项目的增大,名称相互冲突的可能性也将增加。另外,当使用不同厂商的类库时,也可能导致名称冲突,这些都是名称空间问题。为了解决这个问题,引入了名称空间这个概念,通过使用 using namespace xxx,你所使用的库函数或变量就是在该名称空间中定义的,这样就不会引起不必要的名称冲突了(有关名称空间的概念及其使用方法将在第 8 章节中详细介绍)。

2. C++程序的特点

通过例 2-1 可以看出,C++程序由编译预处理和程序主体两部分组成,其特点如下。

(1) 每个以符号"#"开头的行,称为编译预处理语句,编译预处理是 C++组织程序的工具(有关编译预处理的作用及其使用方法将在第 8 章详细介绍)。

(2) 一个 C++程序可以由一个或多个函数组成,且任何一个完整的 C++程序都必须包含一个且只能包含一个名为 main 的函数,程序总是从 main( )开始执行,而不管 main( )处于程序的什么位置。

(3) 函数体应由花括号"{}"括起来,函数体一般包括变量定义部分和程序功能实现部分,所有的变量要先定义后使用。

(4) 每个语句的后面都要有一个分号";"。特别需要说明的是,这里的分号必须是西文分号(;),不能是中文分号(；),对于其他符号也是一样的,都必须是西文符号。对此,初学者尤其要特别注意。

(5) 函数名 main 和关键字,如 int、cout、return 等都是由小写字母构成的。特别提示:C++程序中的标识符是大小写敏感的,所以在书写标识符的时候要注意其大小写。

3. C++程序的编辑、编译、连接、执行

C++是高级程序设计语言,需要编译之后才能够执行。编译程序的处理过程如图 2-1 所示。

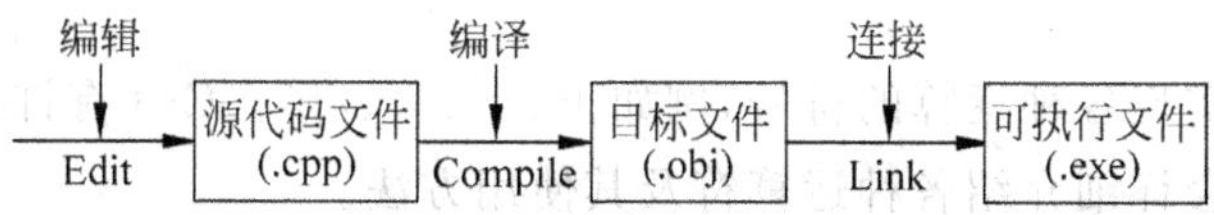

图 2-1　编译的程序的处理过程示意图

编辑完程序文本后,要将它存储为后缀为.cpp 的文件,此文件称为 C++源文件,再经过编译系统的编译,生成后缀为.obj 的目标文件,再经过连接,最后产生后缀为.exe 的可执行文件,只有.exe 文件才能被执行并运行出结果。

2.1.2　字符集

每种语言都是用一组字符来构造有意义的语句的,C++语言的字符集由下述字符构成。

(1) 英文字母:A～Z,a～z

(2) 数字字符:0～9

(3) 特殊字符:空格　!　#　%　^　&　*　_(下划线)

+　=　:　-　~　<　>　/　\

'　"　;　.　()　{}　[]

2.1.3 词法记号

词法记号是构成语句的最小单元，这里要介绍C++的标识符、关键字、文字、运算符、分隔符、空白符。

1. 标识符

标识符是程序员声明的字符序列，它命名程序正文中的一些实体，如函数名、变量名、类名、对象名等。C++标识符的构成必须遵守一些规则，这些规则如下。

(1) 以大写字母、小写字母或下划线"_"开始。

(2) 可以由大写字母、小写字母、下划线(_)或数字0～9组成。

(3) 大写字母和小写字母代表不同的字符。

(4) 不能是C++关键字。

例如，Richad、red_line、_Nol都是合法的标识符，而No. 1、1st则不是合法的标识符。

注意：标识符的命名中，C++是大小写敏感的，即大写和小写字母被认为是不同的字符。例如，标识符something、Something、SOMETHING、SomeThing都视为不同的名字。

2. 关键字

关键字是C++预定义好的标识符，这些标识符对C++编译系统有着特殊的含义。例如，int就是关键字，表示整型数据类型。C++有许多关键字，如cout、cin、char、bool、float、short、long、double、return、include、const、static等，在编辑程序代码时，它们都会以蓝色显示。

3. 文字

文字是在程序中直接使用符号表示的数据，包括数字、字符、字符串和布尔文字等。

4. 运算符

运算符是用于实现各种运算的符号，例如+、-、*、/等。C++有许多运算符，本章2.3节及后续章节中将会详细介绍各种运算符及其使用方法。

5. 分隔符

分隔符用于分隔各个词法记号或程序正文，常用的C++分隔符有：

() {} , : ;

这些分隔符不表示任何实际的操作，仅用于构造程序。例如，"{ }"用于分隔函数体，";"作为语句的分隔符，其他分隔符的具体用法会在以后相应的章节中介绍。

6. 空白

在程序编译时的词法分析阶段，将程序正文分解为词法记号和空白。空白是空格、制表符(Tab键产生的字符)、换行符(Enter键产生的字符)和注释的总称。

空白符用于指示词法记号的开始和结束位置，但除了这一功能之外，其余的空白将被忽略。因此，C++程序可以不必严格地按行书写，凡是可以出现空格的地方，都可以出现换行。例如：

```
int j;
```

与

```
int    j;
```

或与

```
int
j
;
```

都是等价的。但是尽管如此，在书写程序时，仍要力求清晰、易读。因为一个程序不只是要让机器执行，还要供人阅读，以便于修改和维护。

2.1.4　注释

注释是程序员为读者作的说明，是提高程序可读性的一种手段。一般可将其分为两种：序言注释和注解注释。前者用于程序开头，说明程序或文件的名称、用途、编写时间、编写人以及输入输出说明等；后者用于程序难懂的地方的特别注解说明。

在程序的适当位置添加一些注释以注明或说明一些信息，可以增加程序的可读性。一般可以采用以下两种形式进行注释。

1. 单行注释//

注释//之后的内容，直到换行。例如：

```
//输出学生信息
```

2. 多行注释/＊…＊/

用/＊和＊/括起来的一行或多行代码。例如：

```
/*************************/
/* 一个简单的 C++程序      */
/*************************/
```

一般习惯将注释放在需要注释代码的上方或右方。例如：

```
//输出学生信息
cout <<"学号"<< name << endl;                //输出学生学号
cout <<"姓名"<< name << endl;                //输出学生姓名
```

注释仅供阅读程序使用，是程序的可选部分。在生成可执行程序之前，C++忽略注释，并把每个注释都视为一个空格。在调试程序时，巧妙地运用注释将暂时不需编译和执行的代码段“括”起来，可以方便排查错误，快速查找问题。

2.2　基本数据类型和数据

程序中最基本的元素是数据，数据有许多种类，如数值数据、文字数据、图像数据以及声音数据等，但其中最基本的，也是最常用的是数值数据和文字数据。

确定了数据的类型，才能确定数据所占内存空间的大小和其上的操作。事实上，正是

C++语言的数据类型检查与控制机制，才奠定了 C++语言今天的地位。无论什么数据，对其进行处理时，都要先将其存放在内存中。显然，不同类型的数据在内存中存放的格式是不相同的，甚至同一类数据，为了处理方便起见，也可以使用不同的存储格式。例如，数值数据就可以分为整型、短整型、长整型、浮点型和双精度型等几种类型。文字数据可以分为单个字符和字符串。不同类型的数据所采用的运算方法也不相同。例如，整数和实数可以参加算术运算，字符串可以拼接，逻辑数据可以进行“与”、“或”、“非”等逻辑运算。因此，在程序中对各种数据进行处理之前，都要对其类型预先进行说明。这样做的目的，一是便于为这些数据分配相应的存储空间，二是说明了程序处理数据时应采用何种运算方法。

编写计算机程序的目的就是为了解决客观世界中的现实问题。为此，计算机高级语言都提供了丰富的数据类型和运算符，以供编程时使用。C++常用的数据类型如图 2-2 所示。

C++中的数据类型分为基本类型和非基本类型。基本类型是 C++编译系统内置的；非基本类型也称为用户定义数据类型，顾名思义，它们是用户自己定义的数据类型，属于复合类型。本节主要介绍基本数据类型，非基本类型将陆续在后面的章节中介绍。

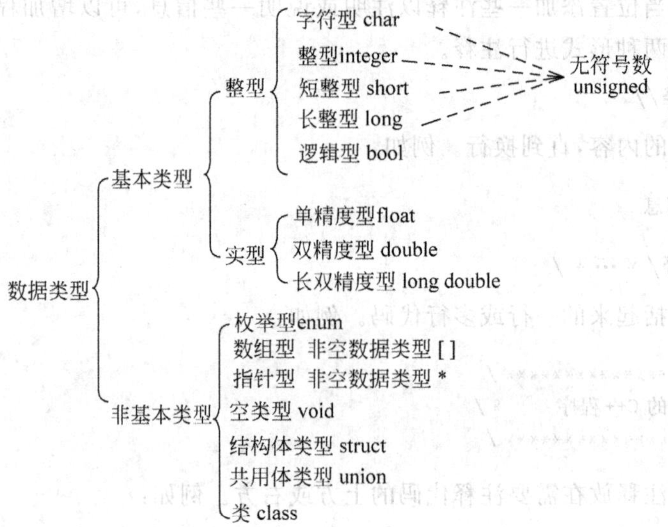

图 2-2 C++数据类型

2.2.1 基本数据类型

在依据算法编写程序时，首先要确定的就是实现算法所需要用到的数据，数据通常以变量或常量的形式出现，确定数据其实就是确定程序中的变量和常量的数据类型。

在程序中，变量是用于存储信息的，它对应于某内存空间，为了便于描述，计算机高级语言中都用变量名来表示其内存空间，并可以在变量中存储值，也可以从变量中取值。在定义变量时，说明变量名和数据类型(如 int,float)就是告诉编译器要为变量分配多少内存空间，以及变量中要存储什么类型的值。数据类型的定义确定了其内存所占空间大小，也确定了其表示范围。表 2-1 列出了基本数据类型的取值范围。

表 2-1　常用基本数据类型描述

类　型	说　明	长度	表 示 范 围	备　注
bool	逻辑型	1	true, false	常用 1 和 0
char	字符型	1	−128～127	$-2^7\sim(2^7-1)$
unsigned char	无符号字符型	1	0～255	$0\sim(2^8-1)$
short	短整型	2	−32 768～32 767	$-2^{15}\sim(2^{15}-1)$
unsigned short	无符号短整型	2	0～65 535	$0\sim(2^{16}-1)$
int	整型	4	−2 147 483 648～2 147 483 647	$-2^{31}\sim(2^{31}-1)$
unsigned int	无符号整型	4	0～4 294 967 295	$0\sim(2^{32}-1)$
float	浮点型	4	$-3.4\times10^{38}\sim3.4\times10^{38}$	7 位有效位
double	双精度	8	$-1.7\times10^{308}\sim1.7\times10^{308}$	15 位有效位

在不同的系统中，每个变量类型所占的字节数目可能有所不同，这里列出的是目前大多数编译环境中的情况。

在大多数系统中，short 表示 2 个字节，short 只能修饰 int，也就是 short int 可省略为 short。long 只能修饰 int 和 double，long int 可简称为 long。unsigned 和 signed 只能修饰 char 和 int。一般情况下，默认的 char 和 int 为 signed。实型 float 和 double 总是有符号的，不能用 unsigned 修饰。

下面通过例题来说明不同数据类型所占内存空间情况。

【例 2-2】 测试数据类型的字节数。

问题分析：C++中有一个测试数据类型长度的运算符 sizeof，专门用于测试某种数据类型在内存中所占的字节数，用法为 sizeof(类型名)或 sizeof(变量名)。程序代码如下。

```
#include <iostream>
using namespace std;
int main()
{
    int i = 2;
    char ch = 'B';                    //或:char ch = 66;
    bool t = true;
    double n = 3.14;

    cout <<"数据类型\t 字节数\n";
    cout <<"int i = "<< i <<";\t"<< sizeof(i)<< endl;
    cout <<"char ch = \'"<< ch <<"\';\t"<< sizeof(ch)<< endl;
    cout <<"bool t = "<< t <<";\t"<< sizeof(t)<< endl;
    cout <<"double n = "<< n <<";\t"<< sizeof(n)<< endl;
    return 0;
}
```

程序运行情况：

```
数据类型         字节数
int i = 2;       4
```

```
char ch = 'B';            1
bool t = 1;               1
double n = 3.14;          8
```

注意：例 2-2 的程序代码中的“\t”和“\'”是转义字符(有关转义字符的内容将在 2.5 节中介绍)，转义字符的运用是为了控制输出的格式。

2.2.2 常量

所谓常量，是指在程序运行的整个过程中其值始终不可改变的量，例如 68，3.5，'A'，"hello!"都是常量，常用的常量有以下几种。

1. 整型常量

整型常量即以数码形式出现的整数，包括正整数、负整数和零。整型常量的表示形式有十进制、八进制和十六进制。

(1) 十进制整型常量

十进制整型常量的一般形式与数学中我们所熟悉的表示形式是一样的，一般形式为：

```
[±]若干个 0~9 的数字
```

即符号加若干个 0～9 的数字，但数字部分不能以 0(零)开头，正数前边的正号可以省略。

(2) 八进制整型常量

八进制整型常量的数字部分要以数字 0(零)开头，一般形式为：

```
[±]0 若干个 0~7 的数字
```

(3) 十六进制整型常量

十六进制整型常量的数字部分要以 0x(零和 x 字母)开头，字母 x 可以大写或小写，一般形式为：

```
[±]0x 若干个 0~9 的数字及 A~F 的字母(大小写均可)
```

整型常量可以用后缀字母 L(或 l)表示长整型，后缀字母 U(或 u)表示无符号型，也可同时用后缀 L 和 U(大小写无关)。

例如，0123，－0x5af，23L 都是合法的常量形式。

2. 实型常量

实型常量又称浮点小数，在 C++中，实型常量只使用十进制表示，有一般形式和指数形式两种表示形式。

(1) 一般形式

例如：16.5，－13.5

(2) 指数形式

例如：－0.565E＋2 表示-0.565×10^{2}，34.4E－3 表示34.4×10^{-3}。

其中，字母 E 可以大写或小写。当以指数形式表示一个实数时，整数部分和小数部分可以省略其一，但不能都省略。例如，12.3 可以表示为.123E＋2 或 123.E－1，但不能写成

E+2 这种形式。

实型常量默认为 double 型，如果后缀 F(或 f)则为 float 型。

3. 字符常量

字符常量是单引号括起来的一个字符，如'a','G','?','$'等。

另外，还有一些字符是不可显示字符，也无法通过键盘输入，如响铃、换行、制表符、回车等。这样的字符常量该如何写到程序中呢？C++提供了一种称为转义字符的表示方法来表示这些字符，在程序中为了表示已经有语义的字符，如 n、t、a 等，需要在这些字符前加\进行转义。表 2-2 列出了 C++预定义的转义字符。

表 2-2　C++预定义的转义字符

字符形式	ASCII 码(十进制)	功　能
\n	10	换行，将输出位置移到下一行开头，如\n \12 \012 \xA \xa
\t	9	横向跳格，将输出位置跳到下一个制表位置
\b	8	退格，将输出位置回退一个字符
\r	13	回车，将输出位置回退到本行开头
\a	7	响铃，如\a \7　\07　\007　\x7　\x07
\\	92	反斜杠字符(\)
\'	39	单引号字符(')
\"	34	双引号字符(")
\ddd	ddd(八进制)	1～3 位八进制数所代表的字符
\xhh	hh	1～2 位十六进制数所代表的字符

由于单引号是字符的分界符，所以单引号本身就要用转义字符表示为“\'”，同理反斜杠是用来描述转义字符的，所以反斜杠本身也要用转义字符表示为“\\”，像这样的字符还有双引号，因为双引号是字符串的分界符，所以显示双引号也要用转义字符表示为“\"”。例如：

```
cout <<"\'\\n\'表示回车换行";
```

该语句执行后，在屏幕上显示：

```
'\n'表示回车换行
```

字符数据在内存中以 ASCII 码的形式存储，每个字符占 1 个字节，使用 7 个二进制位。读者可以在 ASCII 表中查找小写字母 a、大写字母 A 及数字 0 的 ASCII 码值，记住这些码值对以后编程很有好处。

下面通过例题详细说明各种常量的使用。

【例 2-3】　整型常量和实型常量的表示。

```
#include<iostream>
using namespace std;
int main()
{
    //整型常量
```

```
    int a = 3;                                   //十进制整型常量
    int b = 023;                                 //八进制整型常量
    int c = 0x3a;                                //十六进制整型常量
    int d = 0x3A;
    cout <<"整型常量:\n 赋值\t\t 输出\012";
    cout <<"a = 3,\t\ta = "<< a << endl;
    cout <<"b = 023,\t\tb = "<< b << endl;
    cout <<"c = 0x3a,\tc = "<< c << endl;
    cout <<"\144 = 0x3A,\t\x64 = "<< d << endl;

    //实型常量
    double e = 30000;                            //一般形式,大数
    double f = 0.00012;                          //一般形式,小数
    double g = 3.0E + 4;                         //指数形式,大数
    double h = 0.12e - 3;                        //指数形式,小数
    cout <<"\a\xA 实型常量: \12 赋值\t\t 输出\x0a";
    cout <<"e = 30000.0,\te = "<< e << endl;
    cout <<"f = 0.00012,\tf = "<< f << endl;
    cout <<"g = 3.0E + 4,\tg = "<< g << endl;
    cout <<"h = 0.12e - 3,\th = "<< h << endl;
    return 0;
}
```

程序运行情况:

```
整型常量:
赋值:          输出:
a = 3,         a = 3
b = 023,       b = 19
c = 0x3a,      c = 58
d = 0x3A,      d = 58

实型常量:
赋值:          输出:
e = 30000.0,   e = 30000
f = 0.00012,   f = 0.00012
g = 3.0E + 4,  g = 30000
h = 0.12e - 3, h = 0.00012
```

注意例 2-3 的程序代码中"\a"和"\144""\x64"的作用,以及"\n"和"\012""\xA""\x0a"的关系。

4. 字符串常量

字符串常量简称字符串,是用一对双引号括起来的字符序列,例如"China"、"1234"都是字符串常量。字符串与字符是不同的,字符串在内存中的存放形式是:按串中字符的排列次序顺序存放对应字符的 ASCII 码,每个字符占一个字节,并在字符串末尾添加'\0'作为结束标记。如图 2-3 所示是字符数据(十六进制码)及其存储形式举例。从图 2-3 中可以看出,字符串"a"与字符'a'是不同的,"a"占 2 个字节,而'a'只占 1 个字节。有关字符串及其应用的详细内容将在后面章节中介绍。

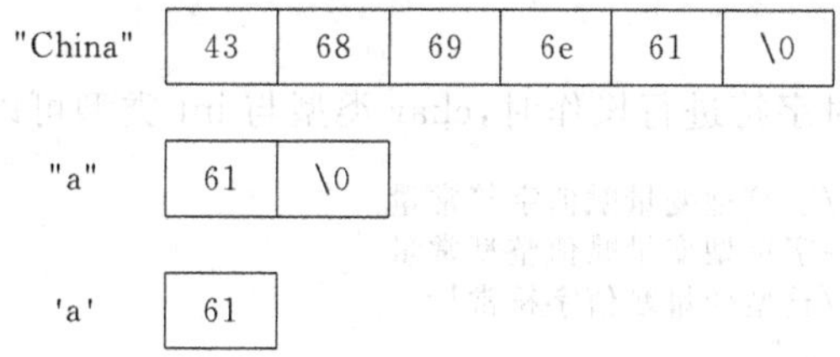

图 2-3　字符数据的存储形式

5. 布尔常量

布尔型常量只有两个。

(1) 真：true 或 1（非零都表示真，如 6,99,3.5,'a'等）。

(2) 假：false 或 0（零都表示假）。

6. 符号常量

如果程序在多个地方使用同一个常量，在 C 语言中可以用编译预处理命令 # define 定义符号常量，符号常量名一般采用大写字母。例如：

```
#define PI 3.14
```

C++有一种更好的定义符号常量的格式，像定义变量一样，在类型说明前加关键字 const。例如：

```
const double PI = 3.14;
const int N = 6;
```

符号常量的值必须在定义时指定，此后不能再被赋值，试图对符号常量进行赋值会导致编译错误。

符号常量定义后，可以在程序中多处出现。当符号常量的值需要更改时，只需在符号常量定义的位置对它进行修改即可，非常方便。在后面的例题中将有符号常量的应用，请注意观察。

2.2.3 变量和引用

1. 变量

在程序的执行过程中，其值可以变化的量称为变量，变量需要用标识符来命名。就像常量具有各种类型一样，变量也具有相应的类型。变量在使用之前需要首先声明其类型和名称。变量为什么必须声明呢？因为声明指出了要存储的数据类型和程序对存储在其中的数据所使用的名称。

在同一语句中可以声明同一类型的多个变量，变量声明的形式如下：

<类型标识符>　变量名 1,变量名 2,……,变量名 *n*;

在程序运行时，系统会给每一个声明过的变量分配内存空间，用于存放对应类型的数据，因而变量名也就是对相应内存单元的命名。在声明一个变量的同时，也可以给它赋以初值，而这实质上就是给对应的内存单元赋值。例如：

```
int i = 2;
char ch = 'B';
bool t = true;
```

```
double n = 3.14;
```

需要特别说明，当对字符进行操作时，char 类型与 int 类型可以混用。例如：

```
char ch1 = 'A';        //字符型变量赋值字符常量
char ch2 = 65;         //字符型变量赋值整型常量
int ch3 = 'A';         //整型变量赋值字符常量
cout <<"赋值\t\t 输出\n";
cout <<"char ch1 = 'A',\ta = "<< ch1 << endl;
cout <<"char ch2 = 65,\tb = "<< ch2 << endl;
cout <<"int ch3 = 'A',\tc = "<< ch3 << endl;
```

有一点值得注意，虽然 C++ 中有字符串常量，却没有字符串变量。那么，用什么类型的变量来存放字符串呢？后面的章节中将会介绍用字符型数组等来存储字符串变量。

2. 引用

程序设计语言的进化使用户从被迫解决细节问题中解脱出来，而转向允许用户花更多的时间来考虑"大的蓝图"。根据这种精神，C++包含了一个称为引用的特性。这里仅仅介绍引用的基本概念，更详细的内容在后面章节将会陆续介绍，希望读者能逐渐掌握引用的使用方法。

引用是个别名，当建立引用时，程序用另一个变量或对象（目标）的名字初始化它。自此，引用就可以作为目标的别名而使用，对引用的改动实际是对目标的改动。

引用的声明形式为：

<类型标识符>&引用名 = 目标名

其中：

(1) 类型标识符就是它所引用目标的数据类型。

(2) 引用名是为引用型变量所起的名字，它必须遵循变量的命名规则。

(3) 目标名可以是变量名，也可以是对象名（对象的详细内容将在第 6 章介绍）。

例如，引用一个整型变量：

```
int r;
int &qr = r;
```

上述声明 qr 是对整数 r 的引用。在这里，要求 r 必须已经声明或定义。

在此要特别说明的是，引用在声明时必须进行初始化，即指出该引用是哪一个目标对象的别名。而且引用一旦声明，就以对应目标的内存单元地址作为自己的地址，并且不再改变，从一而终。

引用不是值，不占存储空间，声明引用时，目标的存储状态不会改变。

【例 2-4】 引用的定义和使用。

下面的程序代码是求圆的面积和周长，注意其中引用的定义和使用。

```
#include <iostream>
using namespace std;
int main()
{
    int r = 10;
    int &qr = r;
    const double PI = 3.14;
    cout <<"圆半径:\t\tr = "<< r << endl;
```

```
    cout <<"半径 r 的引用:\tqr = "<< qr << endl;
    cout <<"圆面积:\t\tarea = "<< PI * r * qr << endl << endl;

    qr = 100;
    cout <<"半径 r 的引用:\tqr = "<< qr << endl;
    cout <<"圆半径:\t\tr = "<< r << endl;
    cout <<"圆周长:\t\tcircumference = "<< 2 * PI * r << endl;
    return 0;
}
```

程序运行情况：

```
圆半径:          r = 10
半径 r 的引用:   qr = 10
圆面积:          area = 314

半径 r 的引用:   qr = 100
圆半径:          r = 100
圆周长:          circumference = 628
```

在上述程序中，声明 qr 是对整数 r 的引用之后，无论改变 r 或 qr，实际上都是改变 r，qr 和 r 的值始终是一样的。对引用的理解如图 2-4 所示。

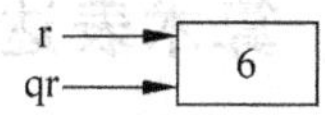

图 2-4　引用与变量的关系

注意：*引用在声明时必须初始化，否则会产生编译错误。*

另外，上述程序中定义了一个符号常量 PI：

```
const double PI = 3.14;
```

如果计算圆的面积和周长需要将 PI 从 3.14 变为 3.1416，这时只需在程序中符号常量 PI 定义的位置对它修改即可：

```
const double PI = 3.1416;
```

从上述程序中 PI 的运用，可以看到符号常量在程序设计中的作用。

2.3　运算符与表达式

在任何高级程序设计语言中，表达式都是最基本的组成部分，可以说 C++程序中的大部分语句都是由表达式构成的。

通常当需要进行某种计算时，都要首先列出算式，然后求解其值，利用 C++语言编写程序求解问题时也是这样。可以简单地将表达式理解为用于计算的公式，它由运算符（如 + - * /）、运算对象（也称操作数，可以是常量、变量等）和括号组成。执行表达式所规定的运算，所得到的结果便是表达式的值。例如，a+b、x/y 都是表达式。

表达式在使用时要注意以下几点。

(1) 一个常量或对象的标识符是一个最简单的表达式，其值是常量或对象的值。

(2) 一个表达式的值可以用来参与其他操作，即用作其他运算符的操作数，这就形成了更复杂的表达式。

(3) 包含在括号中的表达式仍是一个表达式，其类型和值与未加括号时的表达式相同。

C++语言中定义了丰富的运算符，如算术运算符、关系运算符、逻辑运算符等，有些运算符需要两个操作数，使用形式为：

<操作数 1>　　运算符　　<操作数 2>

这样的运算符称为二元运算符(或双目运算符)，例如 2＋3。还有一些运算符只需要一个操作数，称为一元运算符(或单目运算符)，例如 i++。

运算符具有优先级与结合性。当一个表达式包含多个运算符时，先进行优先级高的运算，再进行优先级低的运算。如果表达式中出现了多个相同优先级的运算，运算顺序就要看运算符的结合性了。所谓的结合性，是指当一个操作数左右两边的运算符优先级相同时，按什么样的顺序进行运算，是自左向右，还是自右向左。例如，简单的算术表达式：6＋5－2，＋(加)、－(减)都是同级运算符，那么先算 5－2，还是先算 6＋5，这就取决于算术运算符的结合性。由于算术运算符的结合性是自左向右，所以应先算 6＋5，然后再算 11－2。

下面从最简单的算术表达式开始，详细讨论 C++中各种各样的运算符和表达式。

2.3.1 算术表达式

C++中的算术运算符包括基本的算术运算符和自增、自减运算符。由算术运算符、操作数和括号构成的表达式称为算术表达式。

基本算术运算符有＋(加)、－(减或负号)、*(乘)、/(除)、%(取余)。其中“－”作为负号时为一元运算符，其余都为二元运算符。这些基本算术运算符的意义与数学中相应符号的意义是一致的。它们之间的相对优先级关系与数学中的也是一致的，即先乘除、后加减，同级运算自左向右进行，使用算术运算符要注意以下几点。

(1) 取余运算符(%)只能用于整型操作数，表达式 a%b 的结果为 a/b 的余数。例如，7%2 的结果为 1。取余运算符(%)的优先级与除(/)相同。

(2) 当除(/)用于两整型操作数相除时，其结果取商的整数部分，小数部分被自动舍弃。因此，表达式 1/2 的结果为 0，这一点需要特别注意。例如，7/2 的结果为 3。

2.3.2 自增和自减运算符

C++中的自增(++)、自减(--)运算符是使用方便且效率很高的两个运算符，它们都是一元运算符，这两个运算符都有前置和后置两种使用形式，例如：

前置形式，如++n 或--n；

后置形式，如 n++或 n--。

需要特别说明的是，这里的操作数只能是整型变量，不能是常量或表达式，例如，++5，++(n＋6)都是非法的。

无论是前置形式还是后置形式，它们的作用都是将操作数的值增 1 或减 1 后，修改该操作数在内存中的值。例如：

```
int i = 1, j = 1;
i++; ++j;                          //前后置自增运算符单独执行
cout << "i = " << i << endl;
```

```
cout <<"j = "<< j << endl;
```

上述代码可以验证，当变量 i 和 j 的值都是 1，计算表达式 i++和++j 后，表达式 i++的结果为 2，并且 i 的值也被改变为 2；表达式++j 的结果为 2，并且 j 的值也被改变为 2。

但是，当自增、自减运算的结果被用于继续参与其他操作时，前置与后置的情况就完全不同了。例如：

```
int i = 1, j = 1;
cout <<"i++ = "<< i++<< endl;     //先输出 i 当前的值 1,然后再自增
cout <<"++j = "<<++j << endl;     //先使 j 自增为 2,然后输出 j 的值 2
```

同时，上述代码可以验证，如果 i 和 j 的值仍为 1，则下列两条语句的执行结果是不一样的：

```
cout << i++;
cout <<++j;
```

第一条语句首先输出 i 当前的值 1，然后 i 自增，其值变为 2。第二条语句首先使 j 自增为 2，然后输出 j 的值 2。

下面通过例题来进一步说明各种算术运算符的作用。

【例 2-5】 测试算术运算符。

```
#include < iostream >
using namespace std;
int main()
{
//  除运算符"/"
    cout <<"除运算符/"<< endl;
    cout <<"1/2 = "<< 1/2 << endl;
    cout <<"1.0/2 = "<< 1.0/2 << endl;

    //取余运算符" % "
    cout <<"\n 取余运算符 % "<< endl;
    cout <<"17 % 10 = "<< 17 % 10 << endl;
//      cout <<"17.0 % 10 = "<< 17.0 % 10 << endl;                 //错误

//  前后置自增运算符"++"
    cout <<"\n 前后置自增运算符++"<< endl;
    int i = 2, j = 3;
//  i++;++j;
    cout <<"i:"<< i <<", i++ :"<< i++<< endl;
    cout <<"j:"<< j <<", ++j:"<<++j << endl;
    return 0;
}
```

程序运行情况：

```
除运算符"/"
1/2=0
1.0/2=0.5

取余运算符"%"
17%10=7

前后置自增运算符"++"
i:2,  i++:2
j:3,  ++j:4
```

2.3.3 赋值表达式

C++提供了几个赋值运算符，最简单的就是赋值运算符(=)。带有赋值运算符的表达式被称为赋值表达式。例如，n=m+6 就是一个赋值表达式。赋值表达式的作用就是将等号右边表达式的值赋给等号左边的变量。赋值表达式的类型为等号左边变量的类型，表达式的结果为等号左边变量被赋值后的值，运算的结合性为自右向左。请看下列赋值表达式：

```
n=1;                              //表达式的值为1
a=b=c=2;                          //等价于a=(b=(c=2))
```

这个表达式从右向左运算，在 c 被更新为 2 后，表达式 c=2 的值为 2，接着 b 的值被更新为 2，最后 a 被赋值为 2。

```
a=3+(c=4);                        //该表达式的值为7,a的值为7,c为4
a=(b=5)+(c=6);                    //表达式的值为11,a为11,b为5,c为6
```

除了"="以外，C++还提供了 10 种复合的赋值运算符：+=，-=，*=，/=，%=，<<=，>>=，&=，^=，|=。其中前 5 个运算符是赋值运算符与算术运算符复合而成的，后 5 个是赋值运算符与位运算符复合而成的。关于位运算，稍候再做介绍。这 10 种运算符的优先级与"="相同，结合性也是自右向左。现在举例说明复合赋值运算符的功能。例如：

```
b+=2;                             //等价于b=b+2
x*=y+3;                           //等价于x=x*(y+3)
x+=x-=x*x;                        //等价于x=x+(x=x-x*x)
```

如果在赋值表达式后面加上分号，便成为了赋值语句。例如：

```
b=b+2;
```

这是一个赋值语句，它实现的功能与赋值表达式相同。赋值表达式与赋值语句的不同点在于：赋值表达式可以作为一个更复杂表达式的一部分，继续参与运算，而赋值语句不能。

2.3.4 逗号表达式

在 C++中，逗号也是一个运算符，它的使用形式为：

<表达式 1>,<表达式 2>,…,<表达式 *n*>

逗号表达式的求解顺序为先求解表达式 1,再求解表达式 2,最后求解表达式 n 的值,逗号表达式的最终结果为表达式 n 的值。例如：

```
x = 2 * 5, x * 4;
```

先将 2 * 5 的结果 10 赋值给变量 x,再计算 10 * 4,表达式的最终结果为 40。

下面举例说明各种赋值运算符和逗号运算符的使用方法。

【例 2-6】 使用赋值和逗号运算符。

```
#include<iostream>
using namespace std;
int main()
{
    //赋值
    int a = 1, c = 2, n, m;
    n = 2 - (a = 3);
//    n = 2 - a = 3;                    //错误
    n += m -= a * a;
    cout << "c + 2 = " << c + 2 << endl;
//  cout << n = m = a << endl;          //错误

    a = (c = 5, c + 5, c/2);
    cout << "a = " << a << endl;        //a = 2,注意 c + 5 并没给 c 赋值
//  cout << a = (c = 5, c + 5, c/5) << endl;   //错误
//  cout << a - c + 5 << endl;

    int i = 12;
    i += i -= i * = i;
    cout << "i = " << i << endl;
    n = m = a;
    cout << "n = " << n << ", m = " << m << endl;
    return 0;
}
```

程序运行情况：

```
C + 2 = 4
a = 2
i = 0
n = 2, m = 2
```

2.3.5 关系表示式

关系运算符即比较符。关系运算符及其优先次序为：

<(小于)、<=(小于等于)、>(大于)、>=(大于等于)、==(等于)、!=(不等于)

其中 <(小于)、<=(小于等于)、>(大于)、>=(大于等于)：优先级相同(较高)；==(等于)、!=(不等于)：优先级相同(较低)

用关系运算符将两个表达式连接起来就是关系表达式,它是一种最简单的逻辑表达式。例如,以下都是表达式。

```
x > 5
x + y <= 20
c == a < b
```

注意："=="(等于)是连续的两个等号，不要误写为赋值运算符"="。

关系表达式一般用于判断是否符合某一条件，关系表达式的结果类型为 bool 类型，值只能是 true 或 false，条件满足为 true，条件不满足为 false。例如，当 x=1 时，x>5 的结果就为 false。

2.3.6 逻辑表达式

只有简单的关系比较是远不能满足编程需要的，还需要用逻辑运算符将简单的关系表达式连接起来构成较复杂的逻辑表达式。逻辑表达式的结果也为 bool 类型，值只能为 true 或 false。C++中的逻辑运算符及其优先次序为：

!（非）　　&&(与)　　||(或)

——————————————→

优先级次序　高　　　　　　　　低

(1) !（非)是一元运算符，它的作用是对操作数取反。如果操作数 a 的值为 true，则表达式!a 的值为 false；如果操作数 a 的值为 false，则表达式!a 的值为 true。

(2) &&(与)是二元运算符，它的作用是求两个操作数的逻辑与，只有当两个操作数的值都为 true 时，与运算结果才为 true，其他情况下，与运算结果均为 false。

(3) ||(或)也是二元运算符，它的作用是求两个操作数的逻辑或，只有当两个操作数的值都为 false 时，或运算结果才为 false，其他情况下，或运算结果均为 true。

逻辑运算符的运算规则可以用真值表来说明，表 2-3 给出了操作数 a 和 b 值的各种组合以及逻辑运算的结果。

表 2-3　逻辑运算符的真值表

a	b	! a	a&&b	a||b
true	true	false	true	true
true	false	false	false	true
false	true	true	false	true
false	false	true	false	false

例如，假设 a=7，b=5，x=20，y=30，则逻辑表达式(a>b)&&(x>y)的值为 false。

2.3.7 条件表达式

条件运算符(?:)是 C++中唯一的三元运算符，它能够实现简单的选择功能。条件表达式的使用形式为：

<测试表达式>?<表达式 1>:<表达式 2>

其中，测试表达式的值通常是 bool 类型，表达式 1 和表达式 2 可以是任何类型。

条件表达式的执行顺序是，先求解测试表达式，若测试表达式的值为 true，则求解表达式 1，且表达式 1 的值为条件表达式的结果；若测试表达式的值为 false，则求解表达式 2，且表达式 2 的值为条件表达式的结果。

注意：*条件运算符的优先级高于赋值运算符，低于逻辑运算符；结合方向为自右向左。*

例如，将变量 a 和 b 两个数中的最大数赋给变量 max 的表达式为：

```
max = (a > b)?a:b;
```

将变量 a、b 和 c 三个数中的最大数赋给变量 max 的表达式为：

```
max = (a > b?a:b)> c?(a > b?a:b):c;
```

显然，适当地加入一些括号，表达式的逻辑关系会更清晰一些。读者可以试试下面两个表达式是否都可以找出 a，b 和 c 三个数中的最大数，为什么？

```
max = a > b?a:b > c?a > b?a:b:c;
max =  b > c?a > b?a:b:c;
```

2.3.8 sizeof 运算符

sizeof 运算符用来计算某种数据类型在内存中所占的字节数。该操作符使用的语法形式为：

```
sizeof(类型名)
```

或

```
sizeof(表达式)
```

注意：*sizeof(表达式)仅仅计算表达式结果的类型所占的字节数，并不对括号中的表达式本身求值。*

2.3.9 位运算

一般的高级语言处理数据的最小单位只能是字节，C++语言却能对数据按二进制位进行操作。C++中提供了 6 个位运算符，可以且只能对整型数据(即 int 类型，不包括 char 类型)进行位操作。

1. 按位与(&)

按位与操作的作用是将两个操作数对应的每一位分别进行逻辑与操作。例如计算 3&5：

```
3        0 0 0 0 0 0 1 1
5(&)     0 0 0 0 0 1 0 1
--------------------------
3&5      0 0 0 0 0 0 0 1
```

可以看出，与 0 相与，具有清零的作用；与 1 相与维持不变。使用按位与操作可以将操作数中的若干位清 0(其他位保持不变)，或者取操作数中的若干指定位。请看下面两个例子。

(1) 下列语句将 char 型变量 a 的最低位清 0：

```
a = a&0xfe;
```

(2) 假设变量 c 是 char 型变量,变量 a 是 int 变量,下列语句可取出 a 的低字节,并放置于 c 中:

```
c = a&0377;
```

2. 按位或(|)

按位或操作的作用是将两个操作数对应的每一位分别进行逻辑或操作。例如,计算 3|5:

```
3        0 0 0 0 0 0 1 1
5(|)     0 0 0 0 0 1 0 1
--------------------------
3|5      0 0 0 0 0 1 1 1
```

可以看出,与 1 相或,具有置 1 的作用,与 0 相或则维持不变。使用按位或操作可以将操作数中的若干位的值置为 1(其他位保持不变)。例如,将 int 型变量 a 的低字节置 1:

```
a = a|0xff;
```

3. 按位异或(^)

按位异或操作的作用是将两个操作数对应的每一位进行异或,具体运算规则是:若对应位相同,则该位的运算结果为 0;若对应位不同,则该位的运算结果为 1。例如,计算 071 ^052:

```
071          0 0 1 1 1 0 0 1
052(^)       0 0 1 0 1 0 1 0
------------------------------
071^052      0 0 0 1 0 0 1 1
```

可以看出,与 1 相异或,具有取反的作用,与 0 相异或,维持不变。使用按位异或操作可以将操作数中的若干指定位取反,如果使某位与 0 异或,结果是该位的原值;如果使某位与 1 异或,则结果与该位原来的值相反。

例如,要使 01111010 低 4 位翻转,可以与 00001111 进行异或:

```
    0 1 1 1 1 0 1 0
(^) 0 0 0 0 1 1 1 1
--------------------
    0 1 1 1 0 1 0 1
```

4. 按位取反(~)

按位取反是一个单目运算符,其作用是对一个二进制数的每一位取反。例如:

```
025       0 0 0 1 0 1 0 1
~025      1 1 1 0 1 0 1 0
```

5. 移位

C++中有两个移位运算符——左移运算符(<<)和右移运算符(>>),它们都是二元运算符。移位运算符左边的操作数是需要移位的数值,右边的操作数是左移或右移的位数。左移是按照指定的位数将一个数的二进制值向左移位。左移后,低位补 0,移出的高位舍弃。右移是按照指定的位数将一个数的二进制值向右移位。右移后移出的低位舍弃。如果是无符号数则高位补 0;如果是有符号数,则高位补符号位。下面举例说明。

例如，假设 short a=65，现求表达式 a >> 1 的结果。变量 a 存放的 65，在内存中表示为二进制数 0000000001000001，于是右移 1 位后，即表达式 a >> 1 的值为 0000000000100000，对应 32。a >> 1 右移位操作的过程示意如下。

移位前：0 0 0 0 0 0 0 0 0 1 0 0 0 0 0 1

移位后：0 0 0 0 0 0 0 0 0 0 1 0 0 0 0 0 ~~1~~

补1位0　　　　舍弃低1位

再如，表达式 2 << 4 的值为 32。2 << 4 左移位操作的过程示意如下。

移位前：　　　　0 0 0 0 0 0 0 0 0 0 0 0 0 0 1 0

移位后：~~0 0 0 0~~ 0 0 0 0 0 0 0 0 0 0 1 0 0 0 0 0

舍弃高4位　　　　补4位0

注意：移位运算的结果是位运算表达式的值。例如，a >> 1 运算后，移位运算符左边的变量 a 的值本身并不会被改变，也就是 a >> 1 之后，变量 a 中保存的仍是 65。

【例 2-7】 运用位运算。

```
#include <iostream>
using namespace std;
int main()
{
    //字符按位与运算
    cout <<"字符按位与运算\n";
    char ch1 = 'B';                 //01000001
    ch1 = ch1&0xff;                 //11111111
    cout <<"B&0xff:\t"<< hex << ch1 << endl;

    //字符按位或运算
    cout <<"\n 字符按位或运算\n";
    char ch2 = 'A';                 //01000001
    ch2 = ch2|0x03;                 //00000011
    cout <<"A|0x03:\t"<< hex << ch2 << endl;

    //移位运算
    cout <<"\n 移位运算\n";
    int n,m;
    n = 65 >> 1;
    m = 2 << 4;
    cout <<"65 >> 1:\t"<< hex << n << endl;
    cout <<"2 << 4:\t"<< hex << m << endl;

    return 0;
}
```

程序运行情况：

```
字符按位与运算
B|0xff:     B

字符按位或运算
A|0x03:     C
```

```
移位运算
65 >> 1:    20
2 << 4:     20
```

2.3.10 运算符的优先级和结合性

一个表达式中可以有多个运算符，不同的运算符具有不同的优先级，优先级决定了运算符在表达式中运算的先后顺序。例如，算术运算符乘（*）和除（/）的优先级高于加（+）和减（-），但加（+）和减（-）的优先级又高于关系运算符（<），而关系运算符的优先级又高于逻辑运算符与（&&）和或（||）等。

运算符还具有结合性。例如，算术运算符加（+）是从左到右结合的，而赋值运算符（=）则是从右到左结合的。

表 2-4 中列出了 C++中所有运算符及其优先级与结合性，除·、*、->运算符外，大部分运算符都在本章介绍。优先级数字越小，表示运算符的优先级别越高。

表 2-4　运算符优先级

优先级	运 算 符	结合性
1	[]() .　->　后置++　后置--	左→右
2	前置++　前置--　sizeof　&　*　+(正号)　-(负号)　~　!	右→左
3	(强制转换类型)	右→左
4	•　*　->	左→右
5	*(乘)　/　%	左→右
6	+(加)　-(减)	左→右
7	<<　>>	左→右
8	<　>　<=　>=	左→右
9	==　!=	左→右
10	&	左→右
11	^	左→右
12	|	左→右
13	&&	左→右
14	||	左→右
15	?:	右→左
16	=　*=　/=　%=　+=　-=　<<=　>>=　&=　^=　|=	右→左
17	,	左→右

2.4 数据类型转换

2.4.1 赋值时的类型转换

C++允许将一种类型的值赋给另一种类型的变量，下面举例说明。

【例 2-8】 赋值时的类型转换。

程序代码如下：

```
#include<iostream>
using namespace std;
int main()
{
    //整型和实型的赋值
    int i = 3.56;                        //i 被赋值为 3
    int j = 1.8E12;                      //数值超出类型取值范围,j 不能正确赋值
    float n = 5;                         //n 被赋值为 5.0
    cout<<" int i = "<<i<<endl;
    cout<<" int j = "<<j<<endl;
    cout<<" float n = "<<n<<", n/2 = "<<n/2<<endl;

    //bool 类型的赋值
    bool t1 = 19,t2 = 0;                 //t1 被赋值为 true,t2 被赋值为 false
    cout<<" bool t1 = "<<t1<<", bool t2 = "<<t2<<endl;

    //取值范围不同类型的赋值
    short s1 = 50;
    long l1 = s1;
    cout<<" short s1 = "<<s1<<", long l1 = "<<l1<<endl;
    long l2 = 35000;
    short s2 = l2;                       //数值超出类型取值范围,s2 不能正确赋值
    cout<<" long l2 = "<<l2<<", short s2 = "<<s2<<endl;
    double d = 3.4E50;
    float f = d;                         //数值超出类型取值范围,f 不能正确赋值
    cout<<" double d = "<<d<<", float f = "<<f<<endl;
    return 0;
}
```

程序运行情况：

```
int i = 3
int j = 408702976
float n = 5, n/2 = 2.5
bool t1 = 1, bool t2 = 0
short s1 = 50, long l1 = 50
long l2 = 35000, short s2 = -30536
double d = 3.4e+050, float f = 1.#INF
```

下面结合上面的程序详细介绍初始化和赋值时的类型转换。

1. 赋值运算

赋值运算要求左值(赋值运算符左边的值)与右值(赋值运算符右边的值)的类型相同。如果类型不同,系统会自动进行类型转换,其转换的规则是将右值类型转换为左值的类型。例如：

```
int i = 3.56;                        //i 被赋值为 3
int j = 1.8E12;                      //数值超出类型取值范围,j 不能正确赋值
float n = 5;                         //n 被赋值为 5.0
cout<<" int i = "<<i<<endl;
cout<<" int j = "<<j<<endl;
cout<<" float n = "<<n<<", n/2 = "<<n/2<<endl;
```

输出 i=3 表示将一个小数赋值给整数类型变量时,小数部分被丢弃,而没有进行四舍五入。输出 j=408702976 表示整型变量 j 无法存储浮点数 1.8E12,导致 j 不能被正确赋值。

输出 n=5，n/2=2.5 表示 n 虽然被赋值为整数 5，但 n 实际为实数 5.0，因此才有 n/2=2.5，而不是 n/2=2。

2. bool 类型的赋值

将非 0 赋值给 bool 变量时，非 0 值将被转换为 true；将 0 赋值给 bool 变量时，0 值将被转换为 false。例如：

```
bool t1 = 19,t2 = 0;                    //t1 被赋值为 true,t2 被赋值为 false
cout <<" bool t1 = "<< t1 <<", bool t2 = "<< t2 << endl;
```

结果输出 t1=1 表示将非 0 值 19 转换为 true，用 1 表示；输出 t2=0 表示将 0 转换为 false，用 0 表示。

3. 取值范围不同的赋值

将一个值赋给取值范围更大的类型通常不会导致错误。例如：

```
short s1 = 50;
long l1 = s1;
cout <<" short s1 = "<< s1 <<", long l1 = "<< l1 << endl;
long l2 = 35000;
short s2 = l2;                    //数值超出类型取值范围,s2 不能正确赋值
cout <<" long l2 = "<< l2 <<", short s2 = "<< s2 << endl;
double d = 3.4E50;
float f = d;                      //数值超出类型取值范围,f 不能正确赋值
cout <<" double d = "<< d <<", float f = "<< f << endl;
```

上述代码将输出 s1=50，l1=50 表示将一个值赋给取值范围更大的类型是允许的；而输出 l2=35000，s2=−30536 和 d=3.4e050，f=1.#INF 表示无论是整型还是实型，试图将一个值赋给取值范围更小的类型都将导致不能正确赋值。

2.4.2 表达式中隐含转换

当表达式中出现了多种类型数据的混合运算时，首先需要进行类型转换，其次才进行运算，最终得到表达式的值。

在混合运算时，对于二元运算符要求两个操作数的类型一致，若参加运算的操作数类型不一致，系统将自动对数据进行转换，即隐含转换。具体的规则如下：

(1) 算术运算和关系运算转换的基本原则是：将低类型数据转换为高类型数据。类型越高的数据表示范围越大，精度也越高，所以这种转换是安全的，各种类型的高低顺序如下。

char short int unsigned long unsigned-long float double

低 ——————————————————→ 高

(2) 逻辑运算符要求参与运算的操作数必须是 bool 类型，如果操作数是其他类型，则系统自动将其转换为 bool 类型。转换方法是：非 0 数据转换为 true，0 转换为 false。

2.4.3 强制类型转换

强制类型转换又称为显式转换，是通过类型标识符和括号来实现的，其语法形式有两种：

<类型标识符>(表达式)

或

(类型标识符)<表达式>

强制类型转换的作用是将表达式结果的类型转换为类型标识符所指定的类型。例如：

```
cout << 7 % (int)2.5;              //7 % (int)2.5 等价于 7 % 2
8 <<(int)2.6;                      //8 <<(int)2.6 等价于 8 << 2
float n = 9.74, m;
int k = int(n);                    //将 float 型转换为 int 型时,只取整数部分,舍弃小数部分
m = n - k;                         //用 n 减去其整数部分,得到小数部分
```

使用强制类型转换时，应该注意：

(1) 将高类型数据转换为低类型时，数据精度会受到损失。

(2) 这种转换是暂时的、一次性的。例如，上述中 int(n)只是将 float 型变量 n 的值取出来，临时转换为 int 型，然后赋给 k。而变量 n 仍是原来的浮点类型值。

2.5　简单的输入与输出控制

2.5.1　C++的输入与输出

C++数据的输入与输出是通过 I/O 流来实现的，I/O 流输入或输出的是一系列字节。相对 C 语言的 I/O 格式控制 printf()和 scanf()函数，cout 和 cin 有明显的优势，它能够自动识别类型，使用时更灵活方便。

1. cout

当程序需要在屏幕上显示输出时，可以使用插入符(<<)向 cout 输出流中插入字符，cout 是预定义的流类对象，<<是预定义的插入符，格式如下：

cout <<表达式<<表达式 …

例如：

```
cout <<"\"This is a sample.\",he said.\n";
```

其输出结果为：

```
"This is a sample.",he said.
```

2. cin

当程序需要从键盘输入时，可以使用提取操作符(>>)从 cin 输入流中抽取字符，格式如下：

cin >>变量名>>变量名… …

cin 是预定义的流类对象，>>是预定义的提取符，cin 能够自动识别输入的数据类型。例如：

```
int a;
```

```
char c;
cin>>a>>c;
```

要求从键盘上输入两个变量的值，两数之间可以空格、Tab 键和回车进行分隔。若输入：

```
4    8↙
```

这时，变量 a 获取的值为 4，变量 c 获取的值为数字字符'8'的 ASCII 值 38(十六进制)，这是因为变量 c 的数据类型为 char。

2.5.2 通过 I/O 流控制符进行格式控制

从上面的介绍中可以看出，当用 cin、cout 进行数据的输入和输出时，无论处理的是什么类型的数据，都能够自动按照默认格式处理。但经常还是会需要设置特殊的格式。设置格式有很多方法，本节只介绍最简单的格式控制，更多内容将在第 9 章中详细介绍。

C++的 I/O 流类库提供了一些控制符，可以直接嵌入到输入输出语句中以实现 I/O 格式控制。表 2-5 中列出了几个常用的 I/O 流类库格式控制符。

表 2-5 常用的 I/O 流控制符

控制符	含义
dec	数值数据采用十进制
hex	数值数据采用十六进制
oct	数值数据采用八进制
ws	提取空白符
endl	插入换行符，并刷新流
ends	插入空字符
setw(int)	设置域宽

其中，dec、hex、oct、endl 和 ends 等控制符在头文件 iostream. h 中定义，而 setw( )和 setprecision( )是在头文件 iomanip. h 中定义的，所以使用 setw( )和 setprecision( )时，首先必须在程序的开头包含头文件 iomanip. h。

在使用 setw()时，还要特别注意以下几点。

(1) 如果一个输出量需要比 setw( )确定的字符数更多的字符，则该输出量将使用它所需要的宽度。例如：

```
float amount = 3.14159;
cout << setw(4)<< amount << endl;
```

其运行结果为：3.14159。它并不按 4 位宽度，而是按实际宽度输出。

(2) setw( )仅仅影响下一个数值输出，换句话说，使用 setw( )设置的间隔方式并不保留其效力(其他格式控制符也如此)。例如：

```
cout << setw(8)<< 10 << 20 << endl;
```

运行结果为：

```
------1020
```

运行结果中的下划线表示空格，可以看出整数 20 并没有按宽度 8 输出。setw( )的默认宽度为 0，意思是按输出数值表示的宽度输出，所以 20 就紧挨着 10 了。

【例 2-9】 使用格式控制符控制输出。

问题分析：首先用 cin 输入十进制整数 k 和实数 n 的值，然后对整数 k 按十进制、十六进制和八进制的格式输出，对实数 n 按设定的宽度输出。

注意：在使用 setw()和 setprecision()时，需要首先包含头文件 iomanip. h。

程序代码如下：

```
#include <iostream>
#include <iomanip>
using namespace std;
int main()
{
    int k;
    double n;
    cout <<"输入十进制整数 k 和实数 n 的值: ";
    cin >> k >> n;

    cout <<"\tDecimal:"<< dec << k << endl
        <<"\tHexadecimal:"<< hex << k << endl
        <<"\tOctal:"<< oct << k << endl;

    cout <<"设置域宽 setw(5):\n"<< setw(5)<< n << endl;          //5<7
    cout <<"设置域宽 setw(10):\n"<< setw(10)<< n << endl;        //10>7
    return 0;
}
```

程序运行情况：

```
输入十进制整数 k 和实数 n 的值: 1001          3.14159
Decimal:1001
Hexadecimal:3e9
Octal:1751
设置域宽 setw(5):
3.14159
设置域宽 setw(10):
   3.14159
```

2.6　C++基础知识编程案例

【例 2-10】 自增自减运算符的优先级及结合性。

```
#include <iostream>
using namespace std;
int main()
{
//  自增自减
    int i = 2, j = 3, n = 4, m = 5;
```

```
        i++;++j;
        cout<<"i:"<<i<<endl;
        cout<<"j:"<<j<<endl;
        cout<<"i++:"<<i++<<endl;
        cout<<"++j:"<<++j<<endl;
        cout<<"n--:"<<n--<<endl;
        cout<<"--m:"<<--m<<endl;
        cout<<i++ - j + (++n)<<endl;        //后置优先于前置,注意 i++中只是用到 i
        cout<<"i:"<<i<<endl;
        cout<<i++ - j++ + n<<endl;
        return 0;
}
```

程序运行情况：

```
i:3
j:4
i++:3
++j:5
n--:4
--m:4
3
i:5
4
```

【例 2-11】 位运算综合练习。

```
#include<iostream>
using namespace std;
int main()
{
    int l = 85;
    cout<<"85 的十六进制\n";
    cout<<"85(hex):"<<hex<<l<<endl;            //01010101

    //按位与运算
    cout<<"\n按位与运算\n";
    l = 85&0xf0;                               //01010101&11110000 = 01010000
    cout<<"85&0xf0:"<<hex<<l<<endl;            //01010000

    //按位异或运算
    cout<<"\n按位异或运算\n";
    l = 85^0xf0;                               //01010101^11110000 = 10100101
    cout<<"85^0xf0:"<<hex<<l<<endl;            //10100101

    //按位非运算
    cout<<"\n按位非运算\n";
    l = ~85;
    cout<<"~85:\t"<<hex<<l<<endl;              //10101010

    //负数位运算
    cout<<"\n负数位运算\n";
    int k;
```

```
    cout <<" - 8(hex):"<< hex << - 8 << endl;       //11111000
    k = - 8 <<1;
    cout <<" - 8 <<1:\t"<< hex << k << endl;        //11110000
    k = - 8 >>1;
    cout <<" - 8 >>1:\t"<< hex << k << endl;        //11111100

    return 0;
}
```

程序运行情况：

```
85 的十六进制
85( hex):     55

按位与运算
85&0xf0:     50

按位异或运算
85 ^0xf0:     a5

按位非运算
~85:          ffffffaa

负数位运算
-8( hex):      fffffff8
-8 <<1:        fffffff0
-8 >>1:        fffffffc
```

2.7　小结与知识扩展

2.7.1　小结

本章的内容主要包括三个方面：C++程序编辑、编译、连接和执行的过程，数据类型，表达式。

对于 C++程序，要明确其书写形式及其编辑、编译、连接和执行的过程。每个 C++程序都必须包含一个且只能包含一个名为 main()的函数，程序总是从 main()函数开始执行。

数据类型确定了数据在内存所占空间的大小，也确定了其表示的范围。C++中的数据类型分为基本类型和非基本类型。基本类型是 C++编译系统内置的；非基本类型也称为用户定义数据类型，属于复合类型，即由多个基本数据类型复合而成。

C++表达式由运算符、运算对象和括号组成。表达式中的运算符是关键，每个运算符都具有优先级与结合性，表达式的运算就是根据其中所包含的运算符的优先级和结合性，确定计算顺序，最终得到表达式的运算结果，运算结果的类型也就是表达式的类型。

2.7.2　C 语言的 printf( )和 scanf( )函数

printf( )和 scanf( )是 C 语言中最常用的格式输出与输入函数。

1. printf( )函数

格式输出函数的一般形式为：

```
printf("格式控制符",输出列表);
```

(1) 格式控制符

① 格式说明符：由%和格式字符组成，例如，%d 的作用是将输出的数据按指定的十进制格式输出。常见的格式字符及其含义如表 2-6 所示。

表 2-6 printf 格式控制字符

格式说明字符	含　义
d	以十进制形式输出整数(正整数不输出符号)
o	以八进制形式输出整数(不输出前导数 0)
x,X	以十六进制形式输出整数(不输出前导数 0x)
u	以无符号十进制形式输出整数
f	以小数形式输出实数，小数部分为 6 位
e,E	以指数形式输出实数，小数部分为 6 位
g,G	用 f 和 e 格式中输出宽度较短的一种格式输出实数
c	以字符形式输出单字符
s	输出以'\0'结尾的字符串

② 转义字符：例如\n，常用的转义字符见表 2-2 所示。

③ 普通字符：除格式说明符和转义字符之外的需要原样输出的字符。

(2) 输出列表

输出列表中可以有常量、变量和表达式。如果有多个数据，其顺序必须与对应的格式说明符一一对应，并且需要用逗号“,”将相邻的数据进行分隔。例如：

```
printf("x = %d y = %f\n",x,y);
cout <<"x = "<< x <"y = "<< y;
```

(3) printf( )附加的格式说明字符(如表 2-7 所示)

表 2-7 printf( )附加的格式说明字符

附加格式说明字符	含　义
l	对整数指定输出数据为 long 类型，对实数指定输出数据为 double 类型
h	对整数指定输出数据为 short 类型
m	指定输出数据的最小宽度。m 为正(负)时，输出数据右(左)对齐
.n	当输出实数时，n 指定小数位数；输出字符串时，n 指定截取字符个数
—	输出的数据在域内向左靠
+	指定有符号的正数前显示正号＋
0	输出数值时，指定左边空位置处自动用 0 填充
#	在八进制和十六进制数前显示前导符 0 或 0x

2. scanf( )函数

scanf( )函数的作用是读取从外部设备(如键盘)向计算机输入的各种数据，其格式控制字符含义如表 2-8 所示，其附加的格式控制字符的含义如表 2-9 所示。

表 2-8　scanf()格式控制字符

格式说明字符	含　义
d	以十进制形式输入整数
u	以无符号十进制形式输入整数
o	以八进制形式输入整数(不输入前导数 0)
x	以十六进制形式输入整数(不输入前导数 0x)
f(或 e)	输入实数
c	输入单字符
s	输入字符串

表 2-9　scanf( )附加的格式说明字符

附加格式说明字符	含　义
l	对整数指定输入数据为 long 类型,对实数指定输入数据为 double 类型
h	对整数指定输入数据为 short 类型
m	指定输入数据的最小宽度为 m
*	表示本输入项不赋值给相应的变量

格式输入函数的一般形式为:

scanf("格式控制符",地址列表);

(1) 格式控制符

基本上同 printf( )函数的格式控制符一致。

(2) 地址列表:由若干的地址组成,这些地址可以是变量的地址,也可以是字符串等的首地址。

【例 2-12】 使用 C 语言函数 printf( )和 scanf( )进行格式输入与输出。

```
#include <iostream>
using namespace std;
int main()
{
    int k;
    float n;
    char ch;
    printf("Input k,n,ch:");
    scanf("%d%f,%c",&k,&n,&ch);
    printf("k=%d, n=%f, ch=%c\n",k,n,ch);
    return 0;
}
```

程序运行情况:

```
Input k,n,ch:5 3.14,a
k=5, n=3.14, ch=a
```

2.7.3　C 语言的 getchar( )和 putchar( )函数

C 语言单字符输入与输出除了可以使用 scanf( )和 printf( )完成外,还可以通过

getchar( )和 putchar( )实现，举例如下。

【例 2-13】 使用 C 语言函数 getchar( )和 putchar( )实现单字符输入与输出。

```
#include <iostream>
using namespace std;
int main()
{
    char ch;
    printf("Input ch:");

    //scanf()和 printf()
    scanf("%c",&ch);
    printf("ch = %c\n",ch);

    //getchar()和 putchar()
//  ch = getchar();
//  putchar(ch);
//  putchar('\n');

    return 0;
}
```

程序运行情况：

```
Input ch:A
ch = A
```

2.7.4 数据溢出

C++中所有数据都是有类型的，每一种数据类型所占字节数是固定的。例如有符号的短整型 short，2 个字节总共 16 位，第一位为符号位，正数的第一位为 0，负数则为 1。所以，对于 short 类型的数据，最大的正数的第一位为 0，其后的 15 位全为 1（即 $2^{15}-1$），转换为十进制也就是 32 767；负数的第一位为 1，所以最小的负数为负的 2 的 15 次方（即 -2^{15}），转换为十进制也就是－32 768。因此，short 类型数据的取值范围是－32 768～32 767。

同样，int 类型占 4 个字节 32 位，取值范围是－2 147 483 648～2 147 483 647。如果超出数据类型的取值范围，数据结果将会出错，举例如下。

【例 2-14】 测试数据溢出。

```
#include <iostream>
using namespace std;
int main()
{
    short a = 32767,b;
    cout <<"Input b:";
    cin >> b;
    a = a + b;
    cout <<"sizeof = "<< sizeof(short)<< endl;
    cout <<"a = "<< a <<",b = "<< b << endl;
    return 0;
}
```

程序运行结果：

测试用例 1

```
Input b:0
sizeof = 2
a = 32767, b = 0
```

测试用例 2

```
Input b:1
sizeof = 2
a = -32768, b = 1
```

测试用例 3

```
Input b:2
sizeof = 2
a = -32767, b = 2
```

从以上运行结果可以看出,输入 b 为 0 时,输出结果正确;当 b 为 1 或 2 时,a+b 超出 short 类型数据的取值范围,出现数据溢出,输出结果错误。

习题

2-1 选择题

(1) (多项选择)下面标识符中,不合法的用户标识符为[ ]。

A. Pad　　B. a_10　　C. CHAR
D. a#b　　E. _int　　F. signed

(2) (多项选择)以下[ ]中的常数是合法的 C++语言常量。

A. -0　'\n'　2E5
B. "222"　7ff　03
C. '123'　'\678'　'{'
D. "12.50"　-0x1a1　3.e-5
E. 123e　"x-y"　03e5
F. 3e2.5　'\\'　0Xfff

(3) 以下[ ]是不正确的转义字符。

A. '\\'　　B. '\"　　C. '081'　　D. '\0'

(4) 在 C 语言中,char 型数据在内存中是以[ ]形式存储的。

A. 原码　　B. 补码　　C. ASCII 码　　D. 反码

(5) 若有以下类型标识符:

```
char w; int x; float y; double z;
```

则表达式 w*x+z-y 的结果类型为[ ]类型。

A. float　　B. char　　C. int　　D. double

(6) 若 w、x、y、z 均为 int 型变量,则执行下面语句后,w=[1],x=[2],y=[3],z=[4]。

```
w = 5; x = 4;
y = w++ * w++ * w++;
z = --x * --x * --x;
```

[1]A. 8　　B. 7　　C. 6　　D. 24

[2]A. 4　　B. 3　　C. 2　　D. 1

[3]A. 150　　B. 125　　C. 210　　D. 336

[4]A. 64　　B. 1　　C. 6　　D. 24

(7)（多项选择）设 x,y 为 float 型变量，则以下[　　]是不合法的赋值语句。

A. ++x;　　B. y=float(3);　　C. y=(x%2)/10;

D. x*=y+8;　　E. x=y=0;　　F. *x=10;

(8) 若有 w=1,x=2,y=3,z=4，则条件表达式 w>x? w:y<z? y:z 的结果为[　　]。

A. 1　　B. 4　　C. 表达式不合法　　D. 3

(9) 执行语句 cout<<"The programe's name is c:\\tools\book.txt";后的输出是[　　]。

A. The programe's name is c:tools book.txt

B. The programe's name is c:\tools book.txt

C. The programe's name is c:\\tools book.txt

D. The programe's name is c:\toolook.txt

(10) 若 a、b、c 均为 int 型变量，则执行以下语句后的 a 值为[1]，b 值为[2]。

```
a = b = c = 1;
++a||++b&&++c;
```

[1] A. 不正确　　B. 0　　C. 2　　D. 1

[2] A. 1　　B. 2　　C. 不正确　　D. 0

2-2　填空题

(1) 若采用十进制数的表示方法，则常量 077 是________，0111 是________，0x29 是________，0XAB 是________。

(2) 设 a,c,x,y,z 均为 int 型变量，请在下面对应的[ ]中写出各表达式的值。

① a=(c=5,c+5,c/2)　　[　　]

② x=(y=(z=6)+2)/5　　[　　]

③ 18+(x=4)*3　　[　　]

(3) 设 x,y,z 均为 int 型变量，且 x=3,y=−4,z=5，请在下面对应的[ ]中写出各表达式的结果。

① (x&&y)==(x||z)　　[　　]

② !(x>y)+(y!=z)||(x+y)&&(y−z)　　[　　]

③ x++−y+(++z)　　[　　]

(4) 设 x、y 和 z 均为 int 型变量，请用 C++语言描述下列命题。

① x 和 y 中有一个小于 z。　　[　　]

② x、y 和 z 中有两个为负数。　　[　　]

③ y 是奇数。　　[　　]

(5) 写出下面关系表达式的 C++语言表达式。

10 < a < 20　　[　　]

x > 10 且 y > 10　　[　　]

x > 10 或 y > 10　　[　　]

x 不等于 10　　[　　]

(6) 设 a=12,n=5,写出下面表达式运算后的 a 值。

a += a　　[　　]

a -= a　　[　　]

a * = 2 * 3　　[　　]

a/ = a + a　　[　　]

a % = (n % = 2)　　[　　]

a += a -= a *= a　　[　　]

(7) 设 a=34,b=5,c=6,写出下面逻辑表达式的值。

a + b > c&&b == c　　[　　]

a || b + c&&b - c　　[　　]

! (a > b)&&!c || 1　　[　　]

0&&(c == a)&&(c == b)　　[　　]

! (a + b == c)&&b + c/2　　[　　]

2-3　简答题

(1) 变量和引用的关系是什么？为什么引用在声明时必须进行初始化？

(2) C++中可以实现数据类型转换的情况有哪几种？

(3) 常用的 I/O 流控制符有哪些？它们的作用分别是什么？

2-4　编程题

(1) 输入苹果的单价及购买的数量,计算总价,分别显示总价的整数部分和四舍五入后的整数部分。

(2) 输入一个人的身高,计算其标准体重。标准体重的计算公式：

标准体重=(身高(厘米)−150)×0.6+48

(3) 输入 3 个不同的整数,编程找出中间的数,并输出结果。

CHAPTER 3

第3章 程序控制结构

本章要点

- 选择控制及其嵌套
- 多路选择控制 switch 语句
- 循环控制及多重循环
- break 和 continue 语句

在学习了 C++的数据类型、表达式和输入输出控制之后，就能够编写一些可以完成简单功能的程序了。

之前编写的一些程序都仅包含一些顺序执行的语句。实际上，客观世界远不是这么简单，通常解决问题的方法也不是仅用顺序步骤就可以描述清楚的。例如，有一分段函数如下，要求输入一个 x 值，求出相应的 y 值。

$$y=\begin{cases}1 & (x\geqslant 0)\\ -1 & (x<0)\end{cases}$$

这是一个很简单的选择判断算法，人工解决这个问题并不复杂，但问题是如何将这个选择判断让计算机来完成。显然，用顺序执行的语句序列是无法描述这个算法的，这里需要根据 x 值进行选择判断，以决定 y 的取值。

再举一个例子，统计某一个年级某门课程的平均成绩。这个统计算法中的一个主要部分就是进行累加，这种大量重复的相同操作显然也不适宜用顺序执行的语句来罗列，这就需要一种能控制进行重复操作，并能决定什么时候结束重复操作的程序结构。

算法是计算机解决问题的方法和步骤，它由一系列控制结构组成。在经典的结构化程序设计中，最基本的控制结构有顺序、选择和循环，它们是构成复杂算法的基础。顺序控制结构是系统预置的，即除非特别指定，计算机总是按指令编写的顺序一条一条地执行，顺序控制结构比较简单，之前的程序中已使用过，本章着重介绍选择和循环这两种控制结构。

3.1　选择控制结构

设计程序的关键是使程序具有决策能力，C++提供了多种选择型控制语句来支持程序选择决策，这些选择型控制语句构成了适合不同情况下使用的选择控制结构。例如，当某一条件满足时，程序执行某一操作；条件不满足时，执行另一个操作。又如，如何根据用户选择的菜单项执行特定的程序代码等。

下面就从最简单的 if else 语句开始，看看 C++如何使用各种不同的选择控制语句在可选择的操作中做出决定。

3.1.1　选择控制语句 if else

使用 if else 语句可以让程序根据测试表达式的值决定执行两条语句中的哪一条。这种语句对于选择其中之一很好用，其语法形式为：

```
if(测试表达式)     语句 1
else               语句 2
```

其中，语句 1 和语句 2 不仅可以是一条语句，而且可以是大括号括起来的多条语句(称为复合语句或语句块)。

if else 语句的执行顺序是：首先计算测试表达式的值，若测试表达式的值为 true，则执行语句 1；否则执行语句 2，执行流程如图 3-1(a)所示。

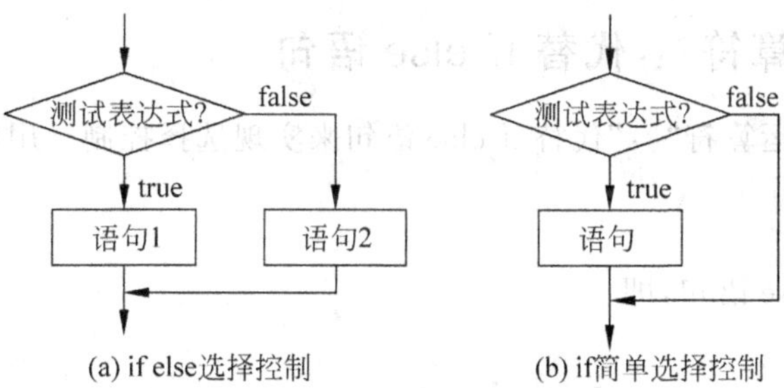

图 3-1　if else 语句控制流程图

例如，如下的程序代码：

```
if(x>=0)
    cout<<"y="<<1<<endl;
else
    cout<<"y="<<-1<<endl;
```

实现了根据 x 的取值，输出相应 y 值的功能。

另外，if 语句中的语句 2 可以为空，当语句 2 为空时，else 可以省略，其执行流程如图 3-1(b)所示，这时的语句形式如下：

```
if(测试表达式)  语句
```

例如，若 ch 字符等于字符'b'，则响铃：

```
if(ch == 'b')     cout <<'\a';
```

【例 3-1】 在两个数中找最大值。

问题分析：使用 if else 语句可以很容易地实现在两数中找最大值。假设有两个数 a 和 b，则测试表达式为 $a>b$。程序代码如下。

```
#include < iostream >
using namespace std;
int main()
{
    int a,b,max;
    cout <<"Input a,b:";
    cin >> a >> b;
    if(a > b)
        max = a;
    else
        max = b;
    cout <<"The max is :"<< max << endl;
    return 0;
}
```

程序运行情况：

```
Input a,b:4   5
The max is :5
```

3.1.2 条件运算符?:代替 if else 语句

C++中常用条件运算符“?:”代替 if else 语句来实现选择控制。用语句：

```
max = a > b?a:b;
```

替换例 3-1 中的 if else 语句，即：

```
if(a > b)
    max = a;
else
    max = b;
```

程序运行后，结果是相同的。

例 3-1 是在两个数中找最大值，如果是在三个数中找最大值，程序又如何实现呢？程序代码如下。

```
#include < iostream >
using namespace std;
int main()
{
    int a,b,c,max;
    cout <<"Input a,b,c:";
    cin >> a >> b >> c;
/*  if(a > b)        max = a;
```

```
    else            max = b;
    if(c > max)     max = c;
  */ max = (a > b?a:b)> c?(a > b?a:b):c;                     //用?:运算符实现
    cout <<"The max is :"<< max << endl;
    return 0;
}
```

请读者注意程序中用条件运算符“?:”实现的语句：

```
max = (a > b?a:b)> c?(a > b?a:b):c;
```

与 if else 语句相比，条件运算符“?:”更简洁，但对初学者不那么好理解。虽然，一般情况下条件运算符“?:”都可以代替 if else 语句，但这两种方法之间也有区别。条件表达式“?:”生成一个表达式，因此是一个值，可以将其放入另一个更大的表达式中或将其赋给变量，在三个数中找最大值的程序中就将条件表达式 a>b? a:b 放入另一个更大的表达式中，并将更大的条件表达式(a>b? a:b)>c? (a>b? a:b):c 的值赋给了 max 变量。

注意：上述程序的 if else 语句采用了紧凑格式。使用 C++语言的紧凑格式虽然可以简洁、灵活、方便地编写程序，但是使用紧凑格式要有度。例如：

```
if(a > b)max = a;
else     max = b;
if(c > max)   max = c;
```

或

```
cout <<"The max is :"
```

都是允许的。但以下代码是不允许的：

```
cout <<"The max
    is :"<< max << endl;
cout <<"The max is :"<  < max << endl;
```

初学者最好用规范的格式书写程序，因为程序的可读写性是非常重要的，真正的商业程序是绝对规范的，张三写的程序和李四的程序格式大致相同，各种标识符的命名规则一样，否则大家都看不懂其他人编写的程序。

规范的格式应包括长标识符命名、代码缩进和一对大括号范围不超过一屏幕等。

3.1.3 if else 语句的嵌套

有很多问题是一次简单的判断所解决不了的，需要进行多次判断选择。这时需要**嵌套的 if 语句**，其形式有以下两种。

形式 1：

```
if(测试表达式 1)
    if(测试表达式 2)          语句 1
    else                      语句 2
else
    if(测试表达式 3)          语句 3
```

```
  else                          语句 4
```

形式 2:

```
if(测试表达式 1)                语句 1
else if(测试表达式 2)           语句 2
    …
else if(测试表达式 n)           语句 n
else                            语句 n+1
```

可以看出,形式 1 的嵌套分别发生在 if 和 else 之后的再选择,形式 2 的嵌套则仅发生在 else 后的再选择。形式 2 的 if…else if 语句的执行流程如图 3-2 所示,读者可以依此试着画出形式 1 的 if…else 的执行流程图。

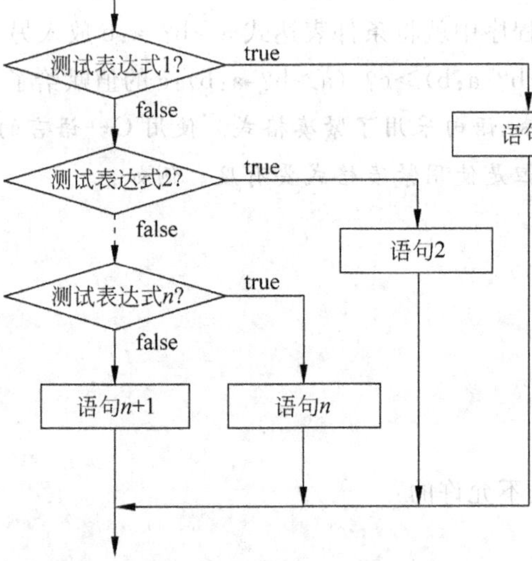

图 3-2 if…else if 语句流程图

无论是何种形式,应当注意的是 if 与 else 的配对关系,else 总是与它上面最近的 if 配对,如果省略了某一个 else,if 与 else 的数目就不一样了,这时为实现程序设计者的意图,有必要用花括号"{}"括起该层的 if 语句,以确定层次关系。例如:

```
if( )
{     if()  语句 1      }
else        语句 2
```

这时,花括号"{}"限定了内嵌 if 语句的范围,因此,这里的 else 与第一个 if 配对。另外,在多层 if 嵌套中,简化逻辑关系是非常重要的。

【例 3-2】 考试成绩分级。

问题分析:首先输入一个考试成绩(整数),通过"处理"输出相应的五分制成绩。设 90 分以上为 A,80~89 分为 B,70~79 分为 C,60~69 分为 D,60 分以下为 E。程序代码如下。

```
#include<iostream>
using namespace std;
int main()
```

```
{
    int score;
    char result;

    cout <<"请输入学生百分制成绩(0~100):";
    cin >> score;

    if(score >= 90)
        result = 'A';
    else
        if(score >= 80)
            result = 'B';
        else
            if(score >= 70)
                result = 'C';
            else
                if(score >= 60)
                    result = 'D';
                else
                    result = 'E';

    cout <<"百分制成绩"<< score <<"对应的成绩等级为: "<< result << endl;
    return 0;
}
```

程序运行情况：

```
请输入学生百分制成绩(0~100): 87 ↵
百分制成绩 87 对应的成绩等级为: B
```

上述程序是从 90 分以上为 A 开始向下筛选，直到 60 分以下为 E。也可以从 60 分以下为 E 开始向上筛选，直到 90 分以上为 A 为止。相应的程序代码如下。

```
…
if(score < 60)
    result = 'E';
else
    if(score < 70)
        result = 'D';
    else
        if(score < 80)
            result = 'C';
        else
            if(score < 90)
                result = 'B';
            else
                result = 'A';
…
```

由此可见，在测试表达式中，灵活地运用关系运算符和逻辑运算符组成高效的表达式是非常重要的，恰当的表达式不仅可以使程序逻辑关系清晰，还可以简化程序，提高程序运行效率。

3.1.4 多路选择控制语句 switch

如果在算法中需要进行多次判断选择,但都是判断同一个表达式的值,这时就没有必要在每一个嵌套的 if 语句中都计算一次表达式的值。为此,C++中有 switch 语句专门来解决这类问题。switch 语句的语法形式如下:

```
switch(测试表达式)
{
    case    常量表达式 1:                语句 1
    case    常量表达式 2:                语句 2
    …
    case    常量表达式 n:                语句 n
    default:                            语句 n + 1
}
```

switch 语句的执行顺序是:首先计算 switch 语句中的测试表达式的值,然后在 case 语句中寻找值相等的常量表达式,并以此为入口标号,开始顺序执行。如果没有找到相等的常量表达式,则从“default:”开始执行。

使用 switch 语句时应注意下列问题。

(1) switch 后面括号内的“测试表达式”的值只能是整型、字符型、枚举型。例如:

```
float f = 4.0;
switch(f)                                    //错误,测试表达式 f 的值应该为整型
{
    //…
}
```

代码中错误地用浮点型作为 switch 的表达式,将会引起编译错误。

(2) 各常量表达式的值不能相同,且次序不影响执行结果。例如,下面的代码中出现相同的常量值:

```
case 'A':    cout <<"this is A\n";
csae 65:    cout <<"this is 65\n";              //错误,'A'等值于 65
```

(3) 每个 case 语句只是一个入口标号,通常只需执行一个 case 后的语句,因此,每个 case 选择的最后应该加 break 语句,用来结束整个 switch 结构。否则,将会从入口点开始一直执行到 switch 结构的结束点。

(4) 当若干选择需要执行相同操作时,可以使多个 case 选择共用一组语句。

现在用 switch 语句重做例 3-2 考试成绩分级。程序代码如下。

```
#include <iostream>
using namespace std;
int main()
{
    int score;
```

```
    char result;
    cout <<"请输入学生百分制成绩(0～100):";
    cin >> score;

    switch(score/10)
    {
        case 10:
//              result = 'A';
        case 9:
            result = 'A';
            break;
        case 8:
            result = 'B';
            break;
        case 7:
            result = 'C';
            break;
        case 6:
            result = 'D';
            break;
        default:
            result = 'E';
    }
    cout <<"百分制成绩"<< score <<"对应的成绩等级为: "<< result << endl;
    return 0;
}
```

程序运行情况：

```
请输入学生百分制成绩(0～100): 95 ↵
百分制成绩 95 对应的成绩等级为: A
```

3.2　循环控制结构

循环控制结构是 C++ 提供的另一种决策方式，它支持程序中需要重复执行的操作。

循环一般分有限次循环和无限循环。有限次循环是指循环次数确定的循环；无限循环则是指循环次数未知的循环，无限循环的极致就是死循环。死循环是指程序的控制流程一直在重复运行某一段代码，并且无法退出的情形，在程序设计中要尽量避免死循环的发生。

C++ 中有三种循环控制语句：while，do while 和 for 语句。下面将一一讨论这些语句及其使用方法。

3.2.1　while 语句

while 语句中没有初始化和循环控制变量的更新，只有测试条件和循环体。while 语句的语法形式如下：

```
while(测试表达式) 循环体
```

while 语句的执行顺序是：首先判断测试表达式的值是否为 true，以此决定是否应当进入和执行循环体。如果测试表达式的值为 true，则执行循环体，循环体由一条语句或花括号"{}"括起来的语句块组成。执行完循环体后，程序返回测试表达式，对它进行重新计算。如果该测试表达式的值为 true，则再次执行循环体。测试和执行将一直进行下去，直到测试表达式的值为 false 时结束。如图 3-3 所示是 while 语句的执行流程图。

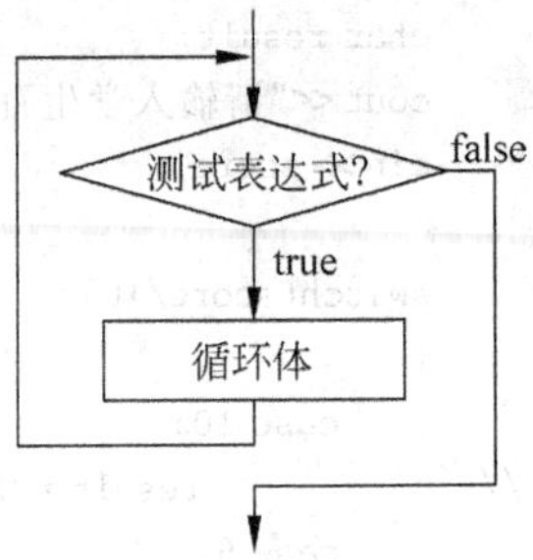

图 3-3　while 语句的执行流程图

应用 while 语句时应该注意：如果希望循环最终可以结束，循环体中的代码必须完成某种可以影响测试表达式取值的操作，否则便会造成死循环。

【例 3-3】　求自然数 1～100 之和。

问题分析：本题需要用累加算法，累加操作是一个典型的循环过程，可以用 while 语句实现。程序代码如下：

```
#include<iostream>
using namespace std;
int main()
{
    int i = 1,sum = 0;
    while(i<= 100)
    {
        sum += i;
        i++;
    }
    cout <<"sum = "<< sum << endl;
    return 0;
}
```

程序运行情况：

```
sum = 5050
```

上述程序中，累加操作被控制执行了 100 次。这里，变量 i 是关键，它控制了循环的次数，因此 i 被称为循环控制变量。循环控制变量一般在 while 语句之前定义且赋初值，这里为循环控制变量 i 赋初值 1，循环的测试表达式为 i<= 100，循环体中包含了 i++，这样每执行一次循环体，循环控制变量 i 的值都加 1，以此影响循环测试表达式的值。在循环 100 次之前(包括第 100 次)，i 虽然每次加 1，但测试表达式 i<= 100 的值一直为 true，循环继续；当循环 100 次之后，i 值加 1 后变为 101，这时测试表达式 i<= 100 的值变为 false，循环结束。

上述程序中的代码段：

```
while(i<= 100)
{
    sum += i;
    i++;
}
```

还可以用更简洁的代码替代：

```
while(i<=100)
    sum+=i++;
```

控制循环次数,实现有限次循环是初学者必须掌握的编程技巧。读者可以想想,例 3-3 中,同样是实现循环 100 次,程序代码还可以怎样编写?

3.2.2　do while 语句

do while 语句结构使循环至少执行一次。do while 语句的语法形式如下:

```
do      循环体
while{测试表达式};
```

do while 语句的执行顺序是:当程序流程执行到 do 时,立即执行循环体,与 while 语句一样,循环体由一条语句或花括号"{}"定义的语句块组成,然后判断测试表达式的值。当测试表达式的值为 true 时,继续执行循环体,当测试表达式的值为 false 时,结束循环。do-while 语句的执行流程图如图 3-4 所示。

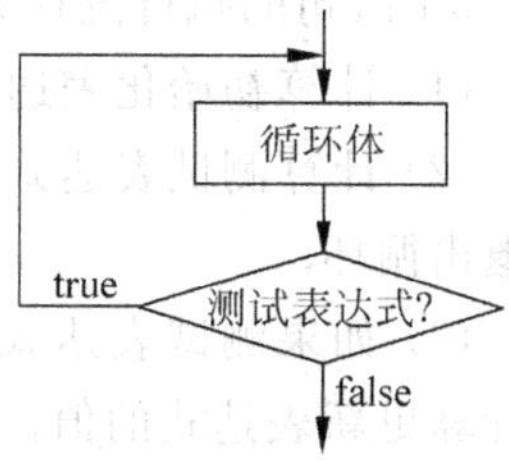

图 3-4　do while 语句执行流程图

现在用 do while 重做例 3-3 求自然数 1～100 之和,程序代码如下。

```
#include<iostream>
using namespace std;
int main()
{
    int i=1,sum=0;
    do{
        sum+=i;
        i++;
    }while(i<=100);
    cout<<"sum="<<sum<<endl;
    return 0;
}
```

同 while 语句一样,一般在 do while 语句之前也需要定义一个循环控制变量且赋初值(如上述程序中的变量 *i*),且在循环的测试表达式中包含该循环控制变量,并配合在循环体中包含类似 *i*++这样的操作更新循环控制变量的值,以此影响循环测试表达式的值,用于决定循环是否结束。

do　while 与 while 语句都可以实现循环控制结构,两者的区别是:while 语句先判断测试表达式的值,值为 true 时,再执行循环体;而 do while 语句是先执行循环体,再判断测试表达式的值。在大多数情况下,如果循环控制条件和循环体中的语句都相同,while 循环和 do while 循环的结果是相同的。但是如果一开始循环测试表达式的值就为 false,这两种循环的执行结果就不同了,do while 循环至少执行一次循环体,while 循环却一次都不执行。

在例 3-3 中,i=1; i<=100; i++三者联合,实现了循环 100 次。其实,i=0; i<100; i++也可以实现循环 100 次。同理,i=100;i>0;i--和 i=99;i>=0;i--都可以实现循环 100 次。

由此可见，循环控制的实现与程序中循环控制变量初始化、循环结束条件和循环控制变量更新三者紧密相关，它们是控制有限次循环的关键。因此，循环控制变量初始化、循环结束条件和循环控制变量更新被称为有限次循环的三要素。

3.2.3 for 语句

for 语句的使用最为灵活，它将有限次循环的三要素循环控制变量初始化、循环结束条件和循环控制变量更新集中描述，使得程序又精炼又可读。for 语句的语法形式如下：

```
for(初始化表达式;测试表达式;更新表达式)
    循环体
```

for 语句的执行流程如图 3-5 所示，具体步骤如下。

(1) 计算初始化表达式的值。

(2) 计算测试表达式的值，如果测试表达式的值为 false，则退出循环。

(3) 如果测试表达式的值为 true，则执行一次循环体，然后计算更新表达式的值。

(4) 转回(2)，求测试表达式的值，以决定是否继续执行循环体。

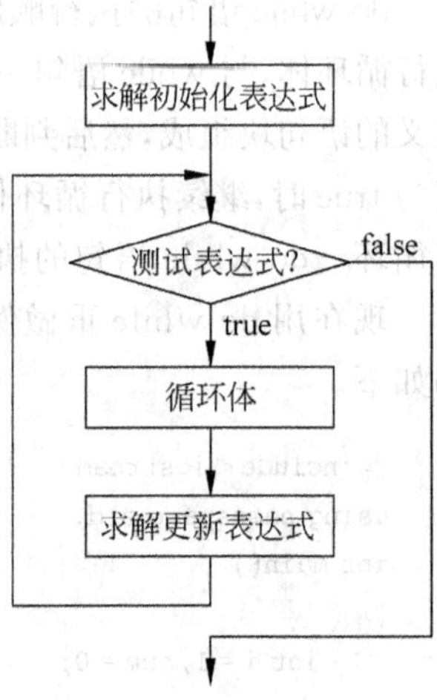

图 3-5 for 语句的执行流程图

关于 for 语句的几点说明如下。

(1) for 语句中，测试表达式是循环控制条件，所以一般不能省略。如果省略，将会出现死循环。

(2) 初始化表达式一般用于给循环控制条件赋初值，也可以是与循环控制变量无关的其他表达式。例如：

```
for(i = 1;i <= 100;i++) sum = sum + i;
```

(3) 初始化表达式和更新表达式可以是任何表达式。例如：

```
for(sum = 0,i = 1;i <= 100;i++) sum = sum + i;    //初始化表达式为逗号表达式
```

(4) 更新表达式一般用于改变循环控制条件。例如，上述代码中的更新表达式 i++，每循环一次使 i 递增，用于改变循环的条件，当 $i=100$ 时，结束循环。

(5) 如果省略初始化表达式和更新表达式，只有测试表达式，则完全等同于 while 语句。例如，下列两个程序片断完全等同：

```
① for (;i <= 60;)                    ②while(i <= 60)
      sum += i++;                          sum += i++;
```

for 循环使得所有的循环细节都可在语句中描述，简单方便，用 for 语句几乎可以解决编程中的所有循环问题。

现在用 for 语句重做例 3-3 求自然数 1～100 之和，程序代码如下：

```
#include <iostream>
using namespace std;
int main()
```

```
{
    int i,sum = 0;
    for(i = 1;i <= 100;i++)
    {
        sum += i;
    }
    cout <<"sum = "<< sum << endl;
    return 0;
}
```

上述程序中的程序段：

```
int i,sum = 0;
for(i = 1;i <= 100;i++)
{
    sum += i;
}
```

可以缩写成：

```
for(int i = 1,sum = 0;i <= 100;i++)
    sum += i;
```

没有最好，只有更好，不断地优化、精炼程序是提高编程水平的很好方法。相信有一天，你会突然发现自己编写的程序越来越专业了。

3.2.4 输入信息控制循环

输入信息控制循环通常控制的是无限循环，无限循环就是循环次数不确定的循环。当遇到利用条件反复判断确定何时结束任务的时候，借助构建无限循环和跳出循环的方法，可以有效地避免死循环，这样做的好处是比传统的解决方法编写的代码精简而且容易理解。

通常采用 while(或 do while)语句构建无限循环，在循环体内输入信息，并通过循环控制语句的测试表达式确定是否跳出循环，以实现输入信息控制循环的目的。

【例 3-4】 统计输入的字符个数。

```
#include <iostream>
using namespace std;
int main()
{
    char ch;
    int count = 0;
    cout <<"输入字符串,以#结束: ";
    while(true)
    {
        cin >> ch;
        if(ch == '#')
            break;
        count++;
    }
    cout <<"共输入"<< count <<"个字母。"<< endl;
    return 0;
}
```

程序运行情况：

```
输入字符串,以#结束:abcdefg#
共输入 7 个字母。
```

上述程序中，while 语句的测试表达式为 true，也就是循环条件始终满足，如果没有其他干预，循环将不停地继续，不会自动结束。所以在循环体中，用 cin 输入的单字符 ch 控制循环是否结束。当输入非'#'字符时，选择语句 if 的测试表达式 ch=='#'的值为 false，计数变量 count 加 1，并继续循环。再次输入单字符，直到输入'#'字符，选择语句 if 的测试表达式 ch=='#'的值变为 true，这时执行 break 语句，跳出循环。

以下的程序代码同样可以实现统计输入字符个数的功能，注意二者的区别。

```
#include <iostream>
using namespace std;
int main()
{
    char ch;
    int count = 0;
    cout <<"输入字符串,以#结束: ";
    cin >> ch;                                  //循环外输入
    while(ch!= '#')                             //以 ch!= '#'作为循环结束条件
    {
        count++;
        cin>>ch;
    }
    cout <<"共输入"<< count <<"个字符."<< endl;
    return 0;
}
```

上述程序中，巧妙地用 ch!='#'作为 while 语句的测试表达式。在 while 之前首先用 cin 输入单字符，当输入非'#'字符时，测试表达式 ch!='#'的值为 true，进入循环体，计数变量 count 加 1，再次输入单字符，并继续循环，直到输入'#'字符，测试表达式 ch!='#'的值变为 false，结束循环。

3.2.5 循环嵌套

如果要解决更大的问题，实现更复杂的算法，单循环是远远不够的。在很多情况下需要循环嵌套，即一个循环体内包含另一个完整的循环结构，构成多重循环。while、do while 和 for 三种循环语句可以自己嵌套或互相嵌套，但要求内循环必须被完全包含在外循环的循环体中。

【例 3-5】 输出乘法九九表。

*	1	2	3	4	5	6	7	8	9
1	1	2	3	4	5	6	7	8	9
2	2	4	6	8	10	12	14	16	18
3	3	6	9	12	15	18	21	24	27
4	4	8	12	16	20	24	24	32	36
5	5	10	15	20	25	30	35	40	45
6	6	12	18	24	30	36	42	48	54
7	7	14	21	28	35	42	49	56	63
8	8	16	24	32	40	48	56	64	72
9	9	18	27	36	45	54	63	72	81

问题分析：乘法九九表是一个二维表，在屏幕上输出乘法九九表相当于从上到下、从左到右，如扫描一般输出内容。其中，从上到下是输出每一行，从左到右是输出一行中的每一列。因此，需要构成双重循环，外循环控制行，内循环控制列。程序代码如下：

```
#include <iostream>
using namespace std;
int main()
{
    int i,j;

    cout<<" * \t";
    for(i=1;i<=9;i++)
        cout<<i<<"\t";

    cout<<"\n------------------------------------"
        <<"-------------------------------------------\n";

    for(i=1;i<=9;i++)
    {
        cout<<i<<"\t";
        for(j=1;j<=9;j++)
            cout<<i*j<<"\t";
        cout<<endl;
    }

    return 0;
}
```

上述程序中，for(i=1;i<=9;i++){…}是外循环，从第1行开始“遍历”每一行；for(j=1;j<=9;j++){…}是内循环，被完全包含在外循环体中，它是外循环体的一部分，对第 i 行，从第1列开始“遍历”每一列。

现在，如果想输出如下所示的乘法九九表，上述程序需要怎样修改呢？

*	1	2	3	4	5	6	7	8	9
1	1								
2	2	4							
3	3	6	9						
4	4	8	12	16					
5	5	10	15	20	25				
6	6	12	18	24	30	36			
7	7	14	21	28	35	42	49		
8	8	16	24	32	40	48	56	64	
9	9	18	27	36	45	54	63	72	81

这时，上述程序基本保持不变，只需将程序中内循环用如下代码替换即可：

```
for(j=1;j<=i;j++)
    cout<<i*j<<"\t";
```

3.3 其他控制语句

3.3.1 break 语句

break 语句只用于 switch 语句或循环体中时，作用是使程序从 switch 语句内跳出或结束循环，继续执行逻辑上的下一条语句。

3.3.2 continue 语句

continue 语句仅用于循环体中，其作用是结束本次循环，接着开始判断循环条件，决定是否继续执行下一次循环。

现在对例 3-2 考试成绩分级程序进行修改，注意程序中通过使用 while、break 和 continue 语句，实现了键盘输入信息控制循环的目的。程序代码如下。

```
#include<iostream>
using namespace std;
int main()
{
    int score;
    char result;
    while(true)
    {
        cout<<"请输入学生百分制成绩(0～100,输入-1结束):";
        cin>>score;
        if(score==-1)
            break;
        if(score<0||score>100)
        {
            cout<<"输入学生百分制成绩有错,请重新输入!"<<endl;
            continue;
        }
        switch(score/10)
        {
        case 10:
        case 9:
            result='A';
            break;
        case 8:
            result='B';
            break;
        case 7:
            result='C';
            break;
        case 6:
            result='D';
            break;
        default:
            result='E';
```

```
        }
        cout<<"百分制成绩"<< score <<"对应的成绩等级为: "
              << result << endl;
    }
    return 0;
}
```

运行这段程序可实现多次输入学生百分制成绩，并分别对其进行成绩分级，直到输入－1 结束程序。

3.3.3 goto 语句

goto 语句的作用是使程序的执行流程跳转到语句标号所指定的语句。goto 的语法形式为：

goto <语句标号>

其中"语句标号"是用来表示语句的标识符，放在语句的最前面，并用冒号(:)与语句分开。例如，上述程序中的 continue 语句就可以用 goto 语句替代，看下面的代码。

```
...
    while(true)
    {
  a1: cout<<"请输入学生百分制成绩(0～100,输入 - 1 结束):";
    cin>> score;
    if(score == - 1)
        break;
    if(score < 0||score > 100)
    {
        cout<<"输入学生百分制成绩有错,请重新输入!"<< endl;
        goto  a1;
    }
    ...
}
...
```

程序段中的 a1 为标识符，goto a1 表示转至 a1: cout<<"请输入学生百分制成绩(0～100，输入－1 结束):"处。

【例 3-6】 一元二次方程求解。

问题分析：对于一元二次方程 $ax^2+bx+c=0$，系数 a 不能为 0，否则需要重新输入系数。程序代码如下。

```
#include< iostream>
#include< math.h>
using namespace std;
int main()
{
    double a,b,c,d,x1,x2;
    cout<<"一元二次方程: ax * x + bx + c = 0\n 请输入系数 a,b,c:";
n1:cin>> a>> b>> c;
    if(a == 0)
```

```
    {
        cout <<"请重新输入系数 a,b,c:";
        goto n1;
    }
    else
    {
        d = b * b - 4 * a * c;
        if(d >= 0)
        {
            x1 = ( - b + sqrt(d))/(2 * a);
            x2 = ( - b - sqrt(d))/(2 * a);
            cout <<"x1 = "<< x1 << endl;
            cout <<"x2 = "<< x2 << endl;
        }
        else
            cout <<"此方程无解!\n";
    }
    return 0;
}
```

程序运行情况 1:

```
一元二次方程:ax * x + bx + c = 0
请输入系数 a,b,c:1  5  6
X1 = - 2
X2 = - 3
```

程序运行情况 2:

```
一元二次方程:ax * x + bx + c = 0
请输入系数 a,b,c:1  2  3
此方程无解!
```

注意:goto 语句的使用会破坏程序的结构,应该少用或不用。

3.4 程序控制编程案例

【例 3-7】 求水仙花数。如果一个三位整数的个位数、十位数和百位数的立方和等于该数自身,则称该数为水仙花数。

问题分析:要求在 100~999 的范围内寻找水仙花数,所以必须对这个范围内所有的数据进行一一检验,看是否符合水仙花数的条件。而判断一个三位整数是否为水仙花数的关键是得到这个整数 n 的百位数、十位数和个位数,假设 i 为其百位数、j 为其十位数、k 为其个位数,则:

```
i = n/100;
j = (n/10) % 10;
k = n % 10;
```

显然,这是一个已知循环次数的循环,故可以使用 for 语句。程序代码如下:

```
#include<iostream>
using namespace std;
int main()
{
    int n,i,j,k;
    for(n=100;n<=999;n=n+1)
    {
        i=n/100;                        //取出n的百位数
        j=(n/10)%10;                    //取出n的十位数
        k=n%10;                         //取出n的个位数
        if(n==i*i*i+j*j*j+k*k*k)
            cout<<n<<"="
                <<i<<"^3+"
                <<j<<"^3+"
                <<k<<"^3\n";
    }
    return 0;
}
```

程序运行情况：

```
153=1^3+5^3+3^3
370=3^3+7^3+0^3
371=3^3+7^3+1^3
407=4^3+0^3+7^3
```

【例 3-8】 输入一个年份，判断是否闰年。

问题分析：闰年的年份可以被 4 整除而不能被 100 整除，或者能被 400 整除。因此，首先输入年份存放到变量 year 中，如果表达式((year%4==0&&year%100!=0)||(year%400==0))的值为 true，则为闰年，否则就不是闰年。程序代码如下：

```
#include<iostream>
using namespace std;
int main()
{
    int year;
    bool IsLeapYear;
    cout<<"Input a year:";
    cin>>year;
    IsLeapYear=((year%4==0&&year%100!=0)||(year%400==0));
    if(IsLeapYear)
        cout<<year<<" is leap year"<<endl;
    else
        cout<<year<<" is not leap year"<<endl;
    return 0;
}
```

程序运行情况：

```
Input a year:2000
2000 is a leap year
```

【例 3-9】 计算相应图形的面积。

问题分析：首先需要构造如下的菜单。

图形类型：

1-圆形

2-长方形

3-正方形

请输入你的选择(1～3)，然后通过输入 1～3 选择不同的图形，计算相应图形的面积。程序代码如下：

```
#include<iostream>
using namespace std;
const double PI = 3.1416;
int main()
{
    int iType;
    double radius, a, b, area;
    cout <<"图形类型:\n1 - 圆形\n2 - 长方形\n3 - 正方形\n 请输入你的选择(1～3): ";
    cin >> iType;
    switch(iType)
    {
    case 1:
        cout <<"\n 圆的半径为: ";
        cin >> radius;
        area = PI * radius * radius;
        cout <<"面积为: "<< area << endl;
        break;
    case 2:
        cout <<"\n 矩形的长为: ";
        cin >> a;
        cout <<"矩形的宽为: ";
        cin >> b;
        area = a * b;
        cout <<"面积为: "<< area << endl;
        break;
    case 3:
        cout <<"\n 正方形的边长为: ";
        cin >> a;
        area = a * a;
        cout <<"面积为: "<< area << endl;
        break;
    default:
        cout <<"\n 不是合法的输入值!"<< endl;
    }
    return 0;
}
```

程序运行情况：

```
图形类型:
1 - 圆形
2 - 长方形
3 - 正方形
请输入你的选择(1～3): 1

圆的半径为: 2
面积为: 12.5664
```

【例 3-10】 输出图形：

```
        A
      A   A
    A   B   A
  A   B   B   A
A   B   B   B   A
  A   B   B   A
    A   B   A
      A   A
        A
```

问题分析：在打印机和屏幕上输出二维图形，都像“扫描”一样，从左到右、从上到下输出图形，所以一般都需要用到循环嵌套，外循环控制行，内循环控制列。程序代码如下：

```
#include<iostream>
#include<iomanip>
using namespace std;
const int N = 4;
int main()
{
    int k,n,i,j;

    do{
        cout <<"请输入菱形的行数(奇数): ";
        cin >> k;
        if(k % 2 == 0)
        {
            cout <<"输入数据有错,请重新输入!";
            continue;
        }
        else
            break;
    }while(true);

    //菱形的上三角
    n = (k + 1)/2;
    for(i = 0;i < n;i++)
    {
        for(j = 0;j < n - i - 1;j++)                //输出每行前面的空格
            cout <<"  ";
```

```
        cout << setw(N)<<'A';                    //输出左边的A

        for(j = 1;j < i;j++)                     //输出中间的B
            cout << setw(N)<<'B';

        if(i!= 0)cout << setw(N)<<'A';           //输出右边的A
        cout << endl;
    }

    //菱形的下三角
    n = n - 1;
    for(i = n;i > 0;i -- )
    {
        for(j = 0;j < n - i + 1;j++)
            cout <<"  ";

        cout << setw(N)<<'A';

        for(j = 2;j < i;j++)
            cout << setw(N)<<'B';

        if(i!= 1)cout << setw(N)<<'A';
        cout << endl;
    }
    return 0;
}
```

【例 3-11】 求 $a\sim b$ 的数段内所有的素数。

问题分析：本例题分两步考虑：首先判断给定的一个正整数 m 是否为素数，然后求数段 $a\sim b$ 内所有的素数。

(1) 判断任意给定的一个正整数 m 是否为素数。

素数是指只能被 1 和它自己整除的数。如果正整数 m 依次除以 2,3,…,$m-1$，结果都除不尽(有余数)，则 m 肯定是一个素数；反之，如果正整数 m 能被 2,3,…,$m-1$ 中的任何一个数除尽(只要除法中有一次余数为零)，则 m 肯定不是一个素数。其实数学已经证明：只要正整数 m 不能被 $2\sim\sqrt{m}$ 内的数整除，则 m 就是素数。程序代码如下：

```
#include < iostream >
#include < math.h >
using namespace std;
int main()
{
    long m;
    cout <<"Input a number:";
    cin >> m;
    double sqrtm = sqrt(m);                     //该函数包含在 math.h
    for(int i = 2;i < = sqrtm;i++)
        if(m % i == 0)                          //只要正整数 m 能被一个数整除,就退出此循环
            break;                              //此时,i <= sqrtm 或 i > sqrtm 的值肯定为 false
    if(i > sqrtm)                       //当 i > sqrtm 时,表示上述循环正常结束,没有被中断过
        cout << m <<" is prime.\n";
    else
```

```
        cout << m <<" is not prime.\n";
    return 0;
}
```

程序测试 1：

```
Input a number:53
53 is prime.
```

这时，sqrtm＝sqrt(53)＝7.28，i＝int(sqrt(53))＋1＝7＋1＝8，所以 i＞sqrtm。因此，输出 53 is prime。

程序测试 2：

```
Input a number:9
9 is not prime.
```

这时，sqrtm＝sqrt(9)＝3，当 i＝3 时，9％3＝＝0，退出循环，所以 i＝sqrtm，即 i＞sqrtm 的值为 false。因此，输出 9 is not prime.

程序测试 3：

```
Input a number:81
81 is not prime.
```

这时，sqrtm＝sqrt(81)＝9，当 i＝3 时，81％3＝＝0，退出循环，所以 i＜sqrtm，即 i＞sqrtm 的值为 false。因此，输出 81 is not prime.

(2) 求数段 a～b 内所有的素数。

因为要求找出数段 a～b 内的所有素数，所以需要对 a～b 之间的所有奇数(偶数能被 2 整除，所以肯定不是素数)都进行上述是否为素数的判断，这时只需要在上述判断素数的程序代码外加一个循环，即循环嵌套，就可以实现查找数段 a～b 内所有素数的目的。程序代码如下：

```
#include<iostream>
#include<math.h>
#include<iomanip>
using namespace std;
int main()
{
    long a,b,m;
    int i,l=0;

    cout <<"Input two number:";
    cin>> a >> b;
    cout <<"Primes from "<< a <<" to "<< b <<" is:";
    if(a % 2 == 0)
        a++;
    for(m = a;m <= b;m += 2)
    {
        double sqrtm = sqrt(m);
        for(i = 2;i <= sqrtm;i++)
            if(m % i == 0)
                break;
```

```
            if(i > sqrtm)
            {
                if(l++ % 10 == 0)                    //10 个数换行
                    cout << endl;
                cout << setw(5)<< m;
            }
        }
        cout << endl;
        return 0;
}
```

程序运行情况：

```
Input two number:2   10
Primes from 2to 10 is:
    3    5    7
```

【例 3-12】 输出三角数列。

(1) 输出以下简单的三角数列。

```
          1
        1   1
      1   2   1
    1   3   3   1
  1   4   4   4   1
1   5   5   5   5   1
          …
```

问题分析：输出这个三角数列需要双层循环，外循环控制行，内循环控制列。每一行又分为两部分，首先输出每行前面的空格，其次输出该行的数字。这个三角数列之所以比较简单是因为三角形的左右两边都是1，中间的数字正好是其所在的行号。程序代码如下：

```
#include < iostream >
#include < iomanip >
using namespace std;
const int N = 4;
int main()
{
    int n,i,j;
    cout <<"请输入三角数列的行数: ";
    cin >> n;
    for(i = 0;i < n;i++)
    {
        for(j = 0;j < n - i - 1;j++)         //输出每行前面的空格
            cout <<"";

        cout << setw(N)<< 1;                 //输出左边的 1,此宽度是上面的 2 倍

        for(j = 1;j < i;j++)                 //输出中间的数
            cout << setw(N)<< i;

        if(i!= 0)cout << setw(N)<< 1;        //输出右边的 1
```

```
        cout << endl;
    }
    return 0;
}
```

(2) 输出以下杨辉三角数列。

```
                1
              1   1
            1   2   1
          1   3   3   1
        1   4   6   4   1
      1   5   10  10  5   1
                ...
```

问题分析：杨辉三角数列与上面介绍的三角数列差不多，只是杨辉三角数列中间的数字的规律比较复杂。程序代码如下：

```
#include <iostream>
#include <iomanip>
using namespace std;
int main()
{
    int n,i,j,c;
    cout <<"请输入扬辉三角的行数: ";
    cin >> n;

    for(i = 0;i < n;i++)
    {
        for(j = 0;j < n - i - 1;j++)          //输出每行前面的空格
            cout <<"  ";
        cout << setw(6)<< 1;                  //输出左边的 1

        for(j = 1,c = 1;j <= i;j++)           //输出右边的各数
        {
            c = c * (i - j + 1)/j;
            cout << setw(6)<< c;
        }

        cout << endl;
    }
    return 0;
}
```

3.5　小结与知识扩展

3.5.1　小结

在经典的结构化程序设计中，最基本的控制结构有顺序、选择和循环，它们是构成复杂算法的基础。

(1) 顺序控制结构比较简单,它是系统预置的,是指按程序编写的顺序一条一条地执行语句。

(2) 选择控制结构根据测试表达式的值决定程序的执行方向,常用的语句有以下两种。

① 基本的 if else 选择语句,其形式如下:

```
if(测试表达式)              语句 1
else                       语句 2
```

② switch 语句用于多路选择,其形式如下:

```
switch(测试表达式)
{
    case    常量表达式 1:  语句 1
    case    常量表达式 2:  语句 2
    …
    case    常量表达式 n:  语句 n
    default:              语句 n + 1
}
```

(3) 循环控制结构支持程序中需要重复执行的操作,循环分有限次循环和无限循环。

有限次循环就是循环次数确定的循环,构造有限次循环的三要素为循环控制变量初始化、循环结束条件和循环控制变量更新。for 语句的形式如下:

```
for(初始化表达式;测试表达式;更新表达式)
    循环体
```

它将有限次循环的三要素集中描述,使用更灵活,程序更精练。

无限循环就是循环次数不确定的循环。当遇到利用条件反复判断确定何时结束任务的时候,借助构建无限循环和跳出循环的方法,可以有效地避免死循环。构建无限循环通常采用 while 语句,其形式如下:

```
while(测试表达式)
    循环体
```

或 do while 语句,其形式如下:

```
do
    循环体
while(测试表达式);
```

一般采用在循环体内输入信息,再通过选择控制语句的测试表达式确定是否跳出循环。

3.5.2 字符函数库

C++从 C 语言继承了一个与字符相关的、非常方便的函数软件包,它可以简化诸如确定字符是否为大写字母、数字、标点符号等操作。这些函数的原型都是在 cctype 头文件中定义的。常用的字符函数如表 3-1 所示。

表 3-1 常用的字符函数

函数名称	返回值
isalnum()	如果参数是字母或数字，函数返回 true
isalpha()	如果参数是字母，函数返回 true
iscntrl()	如果参数是控制字符，函数返回 true
isdigit()	如果参数是数字，函数返回 true
isgraph()	如果参数是除空格之外的打印字符，函数返回 true
islower()	如果参数是小写字母，函数返回 true
isprint()	如果参数是打印字符，函数返回 true
ispunct()	如果参数是标点符号，函数返回 true
isspace()	如果参数是标准空白字符，如空格、回车、制表符等，函数返回 true
isupper()	如果参数是大写字母，函数返回 true
isxdigit()	如果参数是十六进制数字，函数返回 true
tolower()	如果参数是大写字母，则函数返回其小写字母，否则返回该参数
toupper()	如果参数是小写字母，则函数返回其大写字母，否则返回该参数

使用这些函数比使用逻辑运算符更方便。例如，测试字符变量 ch 是不是字母字符的代码：

```
if((ch>='a'&&ch<='z')||(ch>='A'&&ch<='Z')         //使用逻辑运算符 && 和 ||
if(isalpha(ch))                                   //使用 isalpha()
```

【例 3-13】 字符函数的使用。

```
#include <iostream>
#include <cctype>
using namespace std;
int main()
{
    int space=0,digits=0,chare=0,punct=0,others=0;
    char ch;
    cout<<"请输入一个字符串,以@结束: ";
    cin.get(ch);
    while(ch!='@')
    {
        if(isalpha(ch))                          //如果是字母
            chare++;
        else if(isspace(ch))                     //如果是空格
            space++;
        else if(isdigit(ch))                     //如果是数字
            digits++;
        else if(ispunct(ch))                     //如果是标点符号
            punct++;
        else                                     //如果是其他字符
            others++;
        cin.get(ch);
    }
    cout<<chare<<" letters,"
```

```
            << space <<" space,"
            << digits <<" digits,"
            << punct <<" punctuations,"
            << others <<" others.\n";
    return 0;
}
```

习题

3-1 选择题

(1) 设 i、j、k 均为 int 型变量，则执行完以下 for 循环语句后，k 的值是[　　]。

```
for(i = 0, j = 10; i <= j; i++, j--)
    k = i + j;
```

A. 100　　B. 10　　C. 12　　D. 7

(2) while(!x)中的(!x)与下列条件[　　]等价。

A. x==0　　B. x==1　　C. x!=1　　D. x!=0

(3) 若 x、y 是 int 型变量，则执行以下语句后，x 的值为[　　]、y 的值为[　　]。

```
for(y = 1, x = 1; y <= 50; y++)
{    if(x >= 10)break;
         if(x % 2 == 1)
            {x += 5;continue;}
        x -= 3;
}
```

[1] A. 1　　B. 6　　C. 7　　D. 10

[2] A. 6　　B. 2　　C. 4　　D. 8

3-2 简答题

(1) if(x=3)和 if(x==3)两条语句的差别是什么？

(2) 简述 break 语句在循环语句和 switch 语句中的作用。

(3) 用流程图表示求解以下问题的算法。

① 找出两数之间不能被 2 和 3 整除的数。

② 找出三个数 a、b、c 中最大的数。

③ 求 1+2+3+…+100。

④ 求 $n!$。

⑤ 求两个数 m 和 n 的最大公约数和最小公倍数。

3-3 阅读下列程序，写出程序运行结果

(1) 程序代码如下：

```
#include <iostream>
using namespace std;
int main()
{
    int m, sum = 0;
```

```
    for(m = 10;m <= 100;m++)
    {
        if(m % 3 == 0||m % 2 == 0) continue;
            cout << m <<"\t";
    }
    cout << endl;
    return 0;
}
```

程序的运行情况：

(2) 程序代码如下：

```
#include <iostream>
using namespace std;
int main()
{
    int m = 8,n = 12,r,p,temp;
    if(m > n)
    {
        temp = m;
        m = n;
        n = temp;
    }
    p = n * m;
    while(m!= 0)
    {
        r = n % m;
        n = m;
        m = r;
    }
    cout << n << endl;
    cout << p/n << endl;
    return 0;
}
```

程序的运行情况：

3-4　阅读下列程序说明和程序代码，填空完成程序

(1) 下列程序的作用是求以下算式中 X、Y、Z 的值，请填入正确的内容。

$$XYZ+YZZ=532$$

程序代码如下：

```
#include <iostream>
using namespace std;
int main()
{
    int x,y,z,i,result = 532;
    for(x = 1; __①__ ;x++)
        for(y = 1; __②__ ;y++)
            for(z = __③__ ; __④__ ;z++)
            {
```

```
            i = (  ⑤  ) + (100 * y + 10 * z + z);
            if(i == result)
                cout << "x = " << x << "   y = " << y << "   z = " << z << endl;
        }
    return 0;
}
```

(2) 有 1020 个西瓜，第一天卖一半多两个，以后每天卖剩下的一半多两个，问几天以后能卖完？完成下列程序。

```
#include <iostream>
using namespace std;
int main()
{
    int day,x1,x2;
    day = 0;x1 = 1020;
    while(  ①  )
    {     x2 =  ②  ;x1 = x2;day++;     }
    cout << "day = " << day << endl;
    return 0;
}
```

(3) 根据以下函数关系，对输入的每个 x 值，计算出相应的 y 值。请在程序中填空。

$$y = \begin{cases} 0 & x < 0 \\ x & 0 \leqslant x < 10 \\ 10 & 10 \leqslant x < 20 \\ -0.5x + 20 & 20 \leqslant x < 40 \\ -2 & 40 \leqslant x \end{cases}$$

```
#include <iostream>
using namespace std;
int main()
{
    int x,c;
    float y;
    cin >> x;
    if(  ①  )c = -1;
    else c =  ②  ;
    switch  ③
    {
        case  ④  :y = 0;break;
        case 0:y = x;break;
        case 1:y = 10;break;
        case 2:
        case 3:y = -0.5 * x + 20;break;
        default:  ⑤  ;
    }
    cout << "y = " << y << endl;
    return 0;
}
```

3-5 编程题

(1) 有一函数：

$$y=\begin{cases}-1 & (x<0)\\ 0 & (x=0)\\ 1 & (x>0)\end{cases}$$

编程实现输入一个 x 的值，输出 y 的值。

(2) 编程求1000之内的所有"完数"。所谓"完数"是指一个数恰好等于它的因子之和。例如6是完数，因为6=1+2+3。

(3) 打印三个相邻的字母。

(4) 猴子吃桃问题：有一天，猴子摘了一些桃子，吃了一半，觉得不过瘾，就多吃了一个。以后每天如此，到第十天想吃时，发现就只剩下一个桃子。请计算第一天猴子摘的桃子的个数。

(5) 小学生算术加法测试：随机自动生成10道小学生算术加法试题(100以内)，学生每做对一道加10分，并给出"正确"信息；做错时，提示"错误，再做一遍"，最后给出学生的测试成绩(使用cstdlib.h中的函数rand())。

(6) 换硬币：将一个1元人民币换成5分、2分、1分的硬币，有多少种换法？

(7) 谁打烂了玻璃：有四个孩子踢球，不小心打烂了玻璃，老师问是谁干的？

A说：不是我

B说：是C

C说：是D

D说：他胡说

现已知三个孩子说的是真话，一个孩子说谎。根据这些信息，编程找出打烂玻璃的孩子。

(8) 输入某天的日期，如20151226，计算这天是当年的第几天。

CHAPTER 4

第4章 函 数

本章要点

- 函数的定义与调用
- 函数中参数的传递方式
- 函数的嵌套调用及递归函数的运用
- 内联函数、带默认值的函数、函数重载、函数模板

大多数实用的C++程序远比我们所能想象的更大、更复杂。为了使大型程序便于开发和管理,可以采用更好的策略,将一个大型程序按功能模块划分成一个主模块(主函数)和若干个子模块(子函数),每一块完成相对独立的易于实现的功能,合理分解模块后,由多人同时开发。因此,函数是大型复杂程序设计的重要手段。

C++语言中的函数一般分为三种,一是主函数(即 main()函数);二是系统提供的标准函数,又称库函数,标准函数由系统定义,在程序中可以直接调用;三是用户自定义的函数,即我们通常说的子函数。

使用函数不仅可以提高程序设计的效率,还可以大大减少相同程序段的重复编写、编辑和编译。本章主要介绍自定义函数的设计和使用。

4.1 函数的定义与调用

在编辑一个大型程序时,即使各个函数的前后顺序不同,程序执行的开始点永远是主函数。主函数按照调用与被调用的关系调用子函数,子函数如果与其他子函数又存在调用与被调用的关系,当然还可以再调用其他子函数。

在一对调用与被调用关系中,把调用其他函数的函数称为主调函数,被其他函数调用的函数称为被调函数。在一个较为复杂的大型程序中,一个函数很可能同时扮演两种不同的角色——主调函数与被调函数,既调用别的函数又被另外的函数调用。

4.1.1　函数定义

1. 函数定义的语法形式

函数定义的一般语法形式为：

```
<类型标识符><函数名>(形式参数表)
{
    语句序列
}
```

一个完整的函数定义由两部分组成，即函数头与函数体。函数头是指上述格式中的<类型标识符><函数名说明符>(形式参数表)。其中，函数名可由函数设计者定义，可以是任何一个不重复的合法的标识符(唯一的例外是主函数必须命名为 main)。函数体是指上述格式中被一对花括号“{}”括起的复合语句部分。该函数所实现的功能由相应的复合语句完成。下面举例说明如何在程序中定义函数。

【例 4-1】 求 $n!$。

问题分析：定义一个子函数 factorial()实现求阶乘功能。在主函数中，提示用户输入一个整数 n，然后通过调用 factorial(n)完成求 $n!$，最后输出结果。程序代码如下。

```
#include<iostream>
using namespace std;
int factorial(int m);                          //原型声明
int main()
{
    int n;
    cout<<"Input n :";
    cin>>n;
    cout<<n<<"!= "<<factorial(n)<<endl;  //函数调用作为表达式出现在语句中
    return 0;
}

int factorial(int m)
{
    int i,result = 1;
    for(i = 1;i <= m;i++)
        result * = i;
    return result;
}
```

程序运行情况：

```
Input n:5
5!= 120
```

2. 函数的返回值及其类型

函数头部分的类型标识符规定了函数的返回值类型。函数的返回值是返回给主调函数的处理结果，由函数体中的 return 语句带回。例如：

```
return result;
```

或

```
return (result);
```

return 后也可以是一个表达式，该表达式的结果必须是一个确定的值，且类型必须与函数返回类型一致。例如：

```
return result + 2;
```

无返回值的函数不必有 return 语句，这时函数的类型标识符必须为 void。通常在函数只包含输出语句或函数已将结果输出的情况下，函数可以省略 return 语句，因为结果已输出，没有什么需要再返回主调函数了。

3. 形式参数

形式参数(简称"形参")是用来实现主调函数与被调函数之间数据联系的，通常将函数所处理的数据、影响函数功能的因素等作为形参。函数头部分的形参表内容如下：

类型 1 形参名 1，类型 2 形参名 2，……，类型 *n* 形参名 *n*

其中，类型 1，类型 2，……，类型 n 是类型标识符，表示形参的数据类型(如 int，double，float，char，bool 等)。形参名 1，形参名 2，……，形参名 n 是形式参数的名称，同其他自定义标识符一样，它们必须是合法的标识符。对于无形参的函数，其形参表的内容应该为空，但代表函数的小括号对"()"不能省略。

函数在没有被调用的时候，其形参只是一个符号，它标志着在形参出现的位置应该有一个什么类型的数据，只有在函数被调用时，才由主调函数将实际参数(简称"实参")赋予形参。从这一点上说，C++中的函数与数学中的函数概念极其相似。例如，数学中的一元二次函数形式为：

$$f(x)=3x^2+5x-2$$

这个函数只有当自变量 x 被赋予确定的值以后，才能计算出函数的值。例如，$x=1$，$f(1)=6$。

4.1.2 函数调用

函数一般应遵守先定义后调用的原则。否则，应在主调函数中或所有函数之前进行函数原型声明。

1. 函数原型声明

函数原型声明的形式为：

<类型标识符><函数名>(形式参数表)；

例如：

```
int factorial(int m);
```

在进行函数原型声明时，需要注意以下几点。

(1) 函数原型声明是一个独立的语句，其后要加分号"；"。

(2) 声明时,形式参数表中可以省略形参名,即只有类型名。例如:

```
int factorial(int);
```

(3) 如果是在所有函数之前声明了函数原型,那么该函数原型在本程序文件中的任何地方都有效,也就是说在本程序文件中的任何地方都可以依照该原型调用相应的函数。如果是在某个主调函数内部声明了被调函数原型,那么该原型就只能在这个函数内部有效。

2. 函数的调用形式

声明了函数原型之后,便可以按如下形式调用子函数:

<函数名>(实参名1,实参名2,……,实参名*n*)

实参列表中应给出与函数原型中形参个数相同、类型相符的实参,每个实参都可以是常量、变量或表达式三者之一,实参与实参之间用逗号作为分隔符,逗号在这里不是顺序求值运算符。函数调用可以作为一条语句,这时函数没有返回值;函数调用也可以出现在表达式中,这时就必须有一个明确的返回值。例如,例4-1中的函数调用:

```
cout << n <<"!= "<< factorial(n)<< endl;
```

3. 函数调用及返回的过程

一个C++的源程序经过编译以后,形成与源程序主名相同但后缀为.exe的可执行文件,存放在外存储器中。当该.exe可执行程序被运行时,首先从外存将程序代码装载到内存的代码区,然后从函数main()的起始处开始执行。程序在执行过程中,如果遇到了对其他函数的调用,则暂停当前函数的执行,保存下一条指令的地址(即返回地址,作为从子函数返回后继续执行的入口点),并保存现场(主要是一些寄存器的内容),然后转到子函数的入口地址,执行子函数。当遇到return语句或者子函数结束时(没有return语句),则恢复之前保存的现场,并从先前保存的返回地址开始继续执行。图4-1说明了函数调用和返回的过程,图中的标号标明了程序的执行顺序。

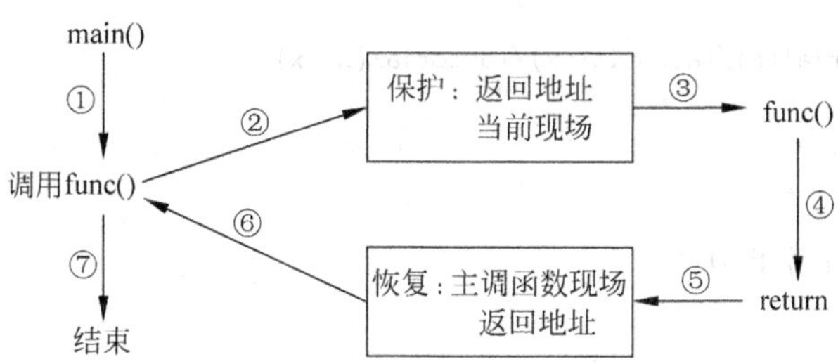

图4-1　函数调用和返回示意图

尽管多个函数的定义是平行的,但是函数的调用允许嵌套。如果函数1调用了函数2,函数2再调用函数3,便形成了函数的嵌套调用。

【例4-2】 求N事件中每次取2,4,6,8的组合数,即:

$$\frac{N!}{X!\,(N-X)!}$$

设$N=10,X=2,4,6,8$。

问题分析：这个问题需要反复利用两个公式：

(1) $N!$

(2) $N!/X!/(N-X)!$

设计两个函数：求整数的阶乘的函数 factorial()和求组合数的函数 comb()。由主函数 main 调用函数 comb()，函数 comb()又调用函数 factorial()。程序代码如下。

```
#include<iostream>
using namespace std;
int factorial(int n);                           //函数原型声明
long comb(int n,int x);                         //函数原型声明
int main()
{
    int i,x;
    do
    {
        cout<<"请输入事件数(大于等于 10):";
        cin>>i;
    }while(i<10);
    for(x=2;x<10;x+=2)
        cout<<"C("<<i<<","<<x<<")="<<comb(i,x)<<endl;
    return 0;
}
int factorial(int n)
{
    for(int i=1,result=1;i<=n;i++)
        result*=i;
    return result;
}
long comb(int n,int x)
{
    return factorial(n)/factorial(x)/factorial(n-x);
}
```

程序运行情况：

```
请输入事件数(大于等于 8):11
C(11,2)=55
C(11,4)=330
C(11,6)=462
C(11,8)=165
```

4.2 函数的参数传递

函数的参数用于在调用函数与被调用函数之间进行数据传递。在函数定义时，函数名后面括号内的参数称为形式参数，简称形参。在函数被调用时，函数名后面括号内的参数称为实际参数，简称实参。

当函数未被调用时,C++编译系统并没有给函数的形参分配相应的内存空间,函数的形参更不会有实际的值,只有在函数被调用时,C++编译系统才为形参分配实际的存储空间,并将实参与形参结合。实参可以是常量、变量或表达式,其类型必须与形参相符。

函数的参数传递指的就是形参与实参结合(简称"形实结合")的过程。在实际的程序设计中,参数传递的方式有许多种,如数值传递、引用传递和地址传递。本章只介绍数值传递和引用传递这两种方式,地址传递将在第 7 章中介绍。

4.2.1 数值传递

数值传递是指当发生函数调用时,编译系统为形参分配相应的存储空间,并且直接将实参的值复制给形参,这样形参和实参就各自拥有不同的存储单元,且形参是实参的副本。因此,数值传递的过程是参数值的单向传递过程,一旦形参获得了与实参相同的值就与实参脱离关系,以后无论形参发生什么改变,都不会影响到实参。

【例 4-3】 从键盘输入两个整数,使用数值传递交换两数。

```
#include<iostream>
using namespace std;
void change(int a,int b);
int main()
{
    int x,y;
    cout<<"Input x,y:";
    cin>>x>>y;
    cout<<"Before change"<<endl;
    cout<<"x = "<<x<<"      y = "<<y<<endl;
    change(x,y);
    cout<<"After change"<<endl;
    cout<<"x = "<<x<<"      y = "<<y<<endl;
    return 0;
}
void change(int a,int b)
{
    int t;
    t = a;
    a = b;
    b = t;
}
```

程序运行情况:

```
Input x,y:5          8
Before change
x = 5      y = 8
After change
x = 5      y = 8
```

程序分析:从上面的程序运行结果可以看出,并没有达到交换的目的。程序执行函数 main()中的函数调用语句 change(x,y)后,编译系统将实参 x 中的值 5 传递给形参 a,将实参y中的值10传递给形参b，在函数change()中，a、b中的值完成了互换，但返回主函数后，实参x、y中的值不受形参a、b的影响，并未进行交换，所以x还等于5，y还等于10。这是因为采用的传递方式不合乎问题的要求。在单向值传递方式中，形参值虽然进行了交换，但这些改变对实参不起任何作用。

显而易见，数值传递时，参数的传递方式是实参单向复制其值给形参，如果想使子函数中对形参所做的任何更改也能及时反映给主函数中的实参，即希望形参与实参的影响是互相的或双向的，又该怎么办呢？这就需要改变参数的传递方式，即采用引用传递方式。

4.2.2 引用传递

用引用作为形参的函数调用，称为引用传递。先来复习一下引用的概念及用法。

引用是某一个变量的别名，一个引用一旦被初始化后，就不能改变关联对象。例如：

```
int r;
int &qr = r;
```

这里声明qr是对整型变量r的引用，即qr是r的别名，以后无论对r或对qr操作，实际上都是对r的操作。

引用作为形参的情况与变量的引用稍有不同。这是因为，形参的初始化不在类型说明时进行，而是在执行主调函数中的调用语句时，才为形参分配内存空间，同时用实参来初始化形参，这样引用类型的形参就通过形实结合成为实参的一个别名，对形参的任何操作就会直接作用于实参，同样对实参的任何操作也就会直接作用于形参。

现在，使用引用传递重做例4-3交换两数的例题，实现两数的真正互换。程序代码如下。

```
#include<iostream>
using namespace std;
void change(int &a, int &b);
int main()
{
    int x, y;
    cout<<"Input x, y:";
    cin>>x>>y;
    cout<<"Before change"<<endl;
    cout<<"x = "<<x<<"    y = "<<y<<endl;
    change(x, y);
    cout<<"After change"<<endl;
    cout<<"x = "<<x<<"    y = "<<y<<endl;
    return 0;
}
void change(int &a, int &b)
{
    int t;
    t = a;
    a = b;
    b = t;
}
```

程序运行情况：

```
Input x,y:5        8
Before change
x = 5      y = 8
after   change
x = 8      y = 5
```

程序分析：现在子函数 change()的两个参数都是引用，当被调用时，它们分别被初始化成为 a 和 b 的别名。因此，在子函数 change()中将两个形参的值进行交换后，交换的结果可以影响实参 x 和 y，实现了两数的真正互换。

4.3　递归函数

递归函数又称为自调用函数，其特点是在函数内部直接或间接地自己调用自己，即调用自身。

所谓直接调用自身，就是指在一个函数的函数体中出现了对自身的调用语句，例如：

```
void func1(void)
{
    ...
    func1();                              //func1 调用 func1 自身
    ...
}
```

所谓间接自身调用，就是一个函数 func1 调用另一个函数 func2，而函数 func2 中又调用了函数 func1，于是构成间接递归。下面的例子中函数 func1 就是通过函数 func2 实现间接递归。

```
void func1(void)
{
    ...
    func2();                              //func1 调用 func2
    ...
}
void func2(void)
{
    ...
    func1();                              //func2 调用 func1
    ...
}
```

递归算法的实质是将原问题分解为新问题，而解决新问题时又用到了原问题的解法。按照这一原则分解下去，每次出现的新问题都是原问题简化的子集，而最终分解出来的问题，是一个已知解的问题，这便是有限的递归调用。只有有限的递归调用才是有意义的，无限的递归调用永远得不到解，没有实际意义。为了防止自调用过程无休止地继续下去，在函数内必须设置某种条件(通常用 if 语句表示)，当条件满足时，终止自调用过程，并使用 return 语句返回主调函数。

下面举例说明递归过程的两个阶段。

第一阶段：递推。将原问题不断分解为新的子问题(即规模不断变小)、逐渐从未知向已知推进，最终达到已知的条件，即递归结束的条件，这时递推阶段结束。例如，求 5! 可以这样分解：

5!=5×4!　4!=4×3!　3!=3×2!　2!=2×1!　1!=1×0!　0!=1

未知————————————————————→已知

第二阶段：回归。从已知的条件出发，按照递推的逆过程，逐一求值回归，最后达到递推的开始处，结束回归阶段，完成递归调用。例如，求 5! 的回归阶段如下：

5!=5×4!=120　4!=4×3!=24　3!=3×2!=6　2!=2×1!=2　1!=1×0!=1　0!=1

未知←————————————————————已知

下面通过例题详细说明递归函数的编写方法。

【例 4-4】 使用递归函数求 $n!$ 的值。

问题分析：计算 $n!$ 的公式如下：

$$n!=\begin{cases}1 & (n=0)\\ n(n-1)! & (n>0)\end{cases}$$

这是一个典型的递归公式，在描述 $n!$ 算法时，又用到了 $(n-1)!$，即 $n!=n(n-1)!$，递归结束的条件是 $n=0$，即 $0!=1$。程序代码如下。

```
#include<iostream>
using namespace std;
int factorial(int n);
int main()
{
    int n;
    cout<<"Input n :";
    cin>>n;
    cout<<n<<"!= "<<factorial(n)<<endl;
    return 0;
}
int factorial(int n)
{
    int result;
    if(n= =0)
        result=1;                        //递归的结束条件
    else
        result=n*factorial(n-1);         //参数减 1 进行递归调用
    return result;
}
```

程序运行情况：

```
Input n :5
6!= 120
```

上述程序中，在主程序中输入一个整数值 n，通过调用递归函数实现求 $n!$。

【例 4-5】 有 5 个人坐在一起，问第 1 个人多少岁，他说比第 2 个人大 2 岁。问第 2 个人多少岁,他说比第 3 个人大 2 岁。问第 3 个人多少岁,他说比第 4 个人大 2 岁。问第 4 个人多少岁,他说比第 5 个人大 2 岁。最后问第 5 个人,他说是 12 岁。请问第 1 个人多少岁?

问题分析:这也是一个递归问题,每一个人的年龄都比其后那个人的年龄大 2,即:

```
age(1) = age(2) + 2
age(2) = age(3) + 2
age(3) = age(4) + 2
age(4) = age(5) + 2
age(5) = 12
```

可以用公式表示如下:

$$\text{age}(n)=\begin{cases}12 & (n=5)\\ \text{age}(n+1)+2 & (n<5)\end{cases}$$

程序代码如下。

```
#include<iostream>
using namespace std;
int age(int n);
int main()
{
    cout<<"第一个人的年龄为"<<age(1)<<"岁"<<endl;
    return 0;
}
int age(int n)
{
    int result;
    if(n==5)  result=12;                    //递归的结束条件
    else  result=age(n+1)+2;                //以参数加 1 的方式继续递归
    return result;
}
```

程序运行情况:

```
第一个人的年龄为 20 岁
```

采用递归函数编写程序的关键是通过分析问题,找到递归变化的规律,总结并归纳出递推公式和递归结束条件,然后使用选择语句实现递推和结束递归。

4.4 函数探幽

4.4.1 默认参数值的函数

在函数定义中通过赋值运算就可指定默认参数值。一旦程序在调用该函数时,如果给出实参,则用实参初始化形参;如果没有给出实参,则 C++编译系统自动以预先赋值的默认参数值作为传入数值。一般情况下都将调用该函数时经常用到的常数作为默认参数值,这样在调用时就无须每次都写出该值了。指定默认参数值可以使函数的使用更为简单,同时也增强了函数的可重用性。

【例 4-6】 求 x 的 n 次方。

问题分析：求 r 的 n 次方实际就是将 n 个 x 相乘，如定义以下函数。

```
int power(int x, int n)
{
    for(int i = 1, result = 1; i <= n; i++)
        result * = x;
    return result;
}
```

当然，求 x 的 n 次方也可以用以下公式表示：

$$x^n = \begin{cases} 1 & (n = 0) \\ x & (n = 1) \\ x \cdot x^{n-1} & (n > 1) \end{cases}$$

显然，这也是一个递归问题，所以也可以用递归函数实现。

在设计求 x 的 n 次方的递归函数 int power(int x,int n)时，因为 $n=2$ 时，即求 x 的平方最常用，所以设计该函数的第二个形参的默认值为 2。程序代码如下。

```
#include <iostream>
using namespace std;
int main()
{
    int power(int x, int n = 2);
    int x, n;
    cout <<"Input x, n:";
    cin >> x >> n;

    cout << x <<"^"<< n <<" = "<< power(x, n)<< endl;
    cout << x <<"^2 = "<< power(x)<< endl;

    return 0;
}
int power(int x, int n = 2)                     //第二个形参具有默认值
{
    if(n == 0)
        return 1;
    else if(n == 1)
        return x;
    else
        return (power(x, n - 1) * x);
}
```

程序运行情况：

```
Input x, n:2    5
2 ^5 = 32
2 ^2 = 4
```

在上述程序中，在调用函数 power()时，当给定两个实参 2 和 5 时，函数通过形实结合，

完成计算 2^5 的功能。当只给定一个实参 2 时，函数的第一个形参 x 被赋予实参 2，函数的第二个形参 n 则自动取默认值 2，函数完成计算 2^2。

需要特别说明的是：默认形参值必须按从右向左的顺序定义，即在有默认值的形参右面，不能出现无默认值的形参。这是因为在调用时，实参对形参的初始化是按从左向右的顺序进行的。例如：

```
void try(int j = 3, int k)                    //非法
void try(int j, int k = 2, int m)             //非法
void try(int j, int k = 7)                    //合法
void try(int j, int k = 2, int m = 3)         //合法
void try(int j = 3, int k = 2, int m = 3)     //合法
```

另外，具有默认参数值的函数也可以进行函数原型声明，但必须采用局部函数原型声明。例如：

```
int main()
{
    int power(int x, int n = 2);              // 局部默认形参值
    …
    return 0;
}
int power(int x, int n = 2)                   //形参具有默认值
{
    …
}
```

4.4.2 内联函数

所有函数被调用时都会产生一些额外的开销，主要是系统栈的保护、代码的传递、系统栈的恢复以及参数传递等。对于一些函数体很小，但又经常使用的函数，由于被调用的频率非常高，这种额外开销也就很可观，有时甚至会对运行效率产生本质的影响。内联函数的引入很好地解决了这个问题。

内联函数在定义时使用关键字 inline 区别于一般函数，其语法形式为：

```
<inline><类型标识符><函数名>(含类型说明的形参表)
{
    函数体
}
```

关键字 inline 是一个编译命令，编译程序在遇到这个命令时将记录下来，在处理内联函数的调用时，编译程序就试图产生扩展码。例如：

```
int main()
{
    …
    test(1)
    …
    test(2)
    …
```

```
    test(3)
    …
}
inline test(int n)
{
    for(int i = 0;i <= n;i++)
        cout << "test!";
    cout << endl;
}
```

当程序中出现 test(1)、test(2)和 test(3)的函数调用时，编译程序就会将其扩展为如下的程序代码：

```
int main()
{
    …
    for(int i = 0;i <= 1;i++)
        cout << "test!";
    cout << endl;
    …
    for(int i = 0;i <= 2;i++)
        cout << "test!";
    cout << endl;
    …
    for(int i = 0;i <= 3;i++)
        cout << "test!";
    cout << endl;
    …
}
```

显然，内联函数不是在调用时发生转移，而是在编译时将函数体嵌入到每一个调用语句处，这样就相对节省了参数传递、系统栈的保护与恢复等的开销。

从使用者的角度来看，内联函数在语法上与一般函数没有什么区别，只是在编译程序生成目标代码时才区别处理。但需要特别注意：

(1) 内联函数体内一般不能有复杂的循环语句和 switch 语句。

(2) 内联函数声明和定义前都必须加关键字 inline。

(3) 内联函数不能进行异常接口声明。

如果违背了上述中的任一项，编译程序就会无视关键字 inline 的存在，像处理一般函数一样处理它，不生成扩展代码。因此，只有很简单而使用频率很高的函数才被说明为内联函数。内联函数会扩大目标代码，使用时要谨慎。

【例 4-7】 找最大值。

```
#include <iostream>
#include <iomanip>
using namespace std;
inline int max(int a,int b);
int main()
```

```
{
    int a,b,c,d,result;
    cout <<"Input a,b,c:";
    cin >> a >> b >> c;
    d = max(a,b);
    result = max(d,c);
    //编译时两次调用处均被替换为 max 函数体语句
    cout <<"The biggest of"
        << setw(5)<< a
        << setw(5)<< b
        << setw(5)<< c <<" is "<< result << endl;
    return 0;
}
inline int max(int a,int b)
{
    if(a > b)
        return a;
    else
        return b;
}
```

程序运行情况：

```
Input a,b,c:210    150    10
The biggest of   210   150   20   is   210
```

例 4-7 将简单的在两数中找最大值的函数定义为内联函数，提高了整个程序的运行效率。

4.4.3 函数重载

函数的重载也称多态函数。C++编译系统允许为两个或两个以上的函数取相同的函数名，但是形参的个数或者形参的类型至少有一个不同，编译系统会根据实参和形参的类型及个数的最佳匹配，自动确定调用哪一个函数，这就是所谓的函数重载。例 4-8 说明了 C++的这一特性。

【例 4-8】 使用函数重载实现两个数据或三个数据的相加。

问题分析：无论是两个数据相加，还是三个数据相加，所进行的都是加法运算，只是相加数据的个数不同而已，这种情况很适合用函数重载。因此，设计通过重载 add( )函数实现两个数据或三个数据的相加。程序代码如下。

```
#include < iostream >
using namespace std;
int add(int x,int y)
{
    return x + y;
}
int add(int x,int y,int z)
{
    return x + y + z;
```

```
}
int main()
{
    int x,y,z;
    cout <<"Input x,y,z:";
    cin>> x>> y>> z;
    cout <<"x + y = "<< add(x,y)<<"\nx + y + z = "<< add(x,y,z)<< endl;
    return 0;
}
```

程序运行情况：

```
Input x,y,z:1    3    5
x + y = 4
x + y + z = 9
```

以上运行结果显示，对除参数个数不同外，其他都相同的两个函数 int add(int x,int y)和 int add(int x,int y,int z)，C++会自动按参数个数确定需调用的函数。

对于没有重载机制的 C 语言，每个函数必须有其不同于其他函数的名称，即使操作是相同的，仅仅数据的类型不相同，也需要定义名称完全不同的函数，这样就显得重复且效率低下。例如，定义求平方函数，就必须对整数的平方、浮点数的平方以及双精度数的平方分别用不同的函数名：

```
int iadd(int x,int y);
float fadd(float x,float y);
double dadd(double x,double y);
```

程序在调用这三个不同类型的函数时，是以名字加以区别的，需要记住并区别它们的名称，如 iadd()、fadd()和 dadd()。显然，这样就造成了代码的重复，使用起来也不方便，更不利于代码的维护。

对于具有重载机制的 C++语言，允许功能相近的函数在相同的作用域内以相同函数名定义，因而使函数方便使用、便于记忆，也使程序设计更加灵活。仍以例 4-7 来说，在 C++中只要用一个函数名即可，如 add()，然后以赋给此函数的参数类型来决定是欲计算 int 类型、float 类型，还是计算 double 类型的数据的平方。在 C++中的定义形式为：

```
int add(int x,int y);
float add(float x,float y);
double add(double x,double y);
```

以下是使用函数重载实现任意类型的两数相加的例题及程序代码。

【例 4-9】 使用函数重载实现任意类型的两数相加。

```
#include<iostream>
using namespace std;
int add(int x,int y)
{
    cout <<"int:    2 + 3 = ";
    return x + y;
}
```

```
float add(float x,float y)
{
    cout <<"float:      3.56f + 1.23f = ";
    return x + y;
}
double add(double x,double y)
{
    cout <<"double:      2.53 + 6.42 = ";
    return x + y;
}

int main()
{
    cout << add(2,3)<< endl;
    cout << add(2.53,6.42)<< endl;
    cout << add(3.56f,1.23f)<< endl;
    return 0;
}
```

程序运行情况：

```
int:     2 + 3 = 5
double: 2.53 + 6.42 = 8.95
float:  3.56f + 1.23f = 4.79
```

程序运行结果说明，C++会自动按参数类型确定需调用的函数。

需要特别说明的是，绝不可以定义两个具有相同名称、相同参数类型和相同参数个数，只是函数返回值不同的重载函数。例如，以下函数定义是 C++不允许的：

```
int add(int x,int y);
float add(int x,int y);
double add(int x,int y);
```

由此可见，C++是按函数的参数表分辨相同名称的函数的。如果参数表完全相同，编译系统会认为是说明错误。

4.4.4　函数模板

对于程序员来说，通常希望所设计的算法可以处理多种数据类型。但是即使这一算法被设计为重载函数也只是使用相同的函数名，函数体仍然要分别定义。如例 4-9 中的函数：

```
int add(int x,int y)
{
    return x + y;
}
float add(float x,float y)
{
    return x + y;
}
double add(double x,double y)
{
```

```
    return x + y;
}
```

观察以上三个函数有如下特点：只有参数类型不同，返回值类型不同，功能则完全一样。类似这样的情况，可以使用函数模板以避免函数体的重复定义。

函数模板可以用来创建一个通用功能的函数，以支持多种数据类型，简化了重载函数的函数体设计。它的最大特点是把函数所使用的数据类型作为参数。

函数模板的定义形式是：

```
<template><typename 标识符>
<类型标识符><函数名>(形式参数表)
{
    …
}
```

其中，首部开头中的标识符代表所声明的函数模板中的类型名。另外，Class 也可以用 typename 替代。

现在使用模板函数重做例 4-9，实现任意类型的两数相加。

```
#include<iostream>
using namespace std;
template<typename T>
T add(T a,T b)
{
    T sum;
    sum = a + b;
    return sum;
}
int main()
{
    int x,y;
    double m,n;
    cout <<"Input int x,y:";
    cin>> x >> y;
    cout <<"x + y = "<< add(x,y)<< endl;
    cout <<"Input double m,n:";
    cin>> m >> n;
    cout <<"m + n = "<< add(m,n)<< endl;
    return 0;
}
```

程序运行情况：

```
Input int x,y:2    4
x + y = 6
Input double m,n:3.5    6.8
m + n  = 10.3
```

上述程序中，当调用函数 add()时，编译系统从实参的类型推导出函数模板的类型参数 T。例如，当调用 add(x,y)时，由于实参 x 及 y 为 int 类型，所以推导出模板中的类型参数 T 为 int，而类型参数 T 的含义确定后，编译器将以函数模板为样板生成如下函数：

```
int add(int x,int y)
{
    return x + y;
}
```

同样，对于调用 add(m,n)，由于实参 m 及 n 为 double 类型，所以推导出模板中的类型参数 T 为 double。接着，编译器将以函数模板为样板生成如下函数：

```
double add(double x,double y)
{
    return x + y;
}
```

4.5 使用 C++系统函数

C++不仅可以根据需要自定义函数，而且 C++的系统库中提供了几百个常用函数供程序员使用。

由前面已学习的知识可知，调用函数之前必须先声明函数原型，系统函数的原型声明全部由系统提供，并且已分类存在于不同的头文件中，程序员需要做的事情就是用 include 指令嵌入相应的头文件，然后便可以使用系统函数。例如，要使用基本输入输出流函数 cin()和 cout()函数就必须用 include 指令嵌入头文件 iostream。若要用到数学函数，如求绝对值函数 abs()、fabs()、三角函数 sin()、cos()、tan()、求平方根函数 sqrt()、对数值函数 log()、指数函数 exp()等就要嵌入头文件 math. h。同样，要使用输入/输出格式控制函数 setw()、setprecision()就要嵌入头文件 iomanip。

【例 4-10】 从键盘输入一个角度值，通过调用系统函数求出该角度的正弦值、余弦值和正切值。

问题分析：系统提供的求正弦值函数 sin()、余弦值函数 cos()和正切值函数 tan()的说明都在头文件 math. h 中；输出域宽控制函数 setw()、输出精度控制函数 setprecision()的说明在头文件 iomanip. h 中。因此，需要用到这些系统函数时，就必须将该函数所属的头文件以＃include ＜头文件名＞或＃include “头文件名”形式写在程序代码开始部分。程序代码如下。

```
#include<iostream>
#include<math.h>
#include<iomanip>
using namespace std;
const double PI = 3.14159265;
int main()
{
    double n,w;
    cout<<"输入角度值 n: ";
    cin>>n;
    w = n * PI/180;
    cout<<"sin("<<n<<") = "<<setw(10)<<sin(w)<<endl;
    cout<<"cos("<<n<<") = "<<setw(10)<<cos(w)<<endl;
    cout<<"tan("<<n<<") = "<<setw(10)<<tan(w)<<endl;
    return 0;
}
```

程序运行情况：

```
输入角度值n: 30
sin(30) =        0.5
cos(30) =  0.866025
tan(30) =   0.57735
```

显然，充分利用系统函数，可以大大减少编程的工作量，提高程序的运行效率和可靠性。在使用系统函数时，应该注意以下两点。

(1) 了解所使用的C++开发环境提供了哪些系统函数。不同的编译系统提供的系统函数有所不同，即使是同一软件公司的编译系统，如果版本不同，系统函数也会略有差别。因此，程序员应该查阅编译系统的库函数参考手册或联机帮助，以便准确掌握函数的功能、参数、返回值和使用方法。

(2) 明确欲使用的系统函数的声明在哪个头文件中，这些可以在库函数参考手册或联机帮助中搜索到。

4.6 函数编程案例

【例 4-11】 输入一个8位的二进制数，将其转换为十进制数后再输出。对于非法输入(除0和1以外的任何字符)应给出提示信息。

问题分析：将二进制转换为十进制，只要将二进制数的每一位乘以该位的权，然后相加。例如，$11010011_2=1\times(2^7)+1\times(2^6)+0\times(2^5)+1\times(2^4)+0\times(2^3)+0\times(2^2)+1\times(2^1)+1\times(2^0)=211_{10}$。同理，如果输入00001101，则应输出13。

可以直接引用例4-6中的函数power()来求2的各次方。程序代码如下。

```
#include<iostream>
using namespace std;
int power(int x,int n);
int main()
{
    int i = 8;
    int Value = 0;
    char ch;
    bool Flag = true;
    cout <<"输入一个8位的二进制数:";
    while(i>0)
    {
        cin>> ch;
        if(ch!= '1'&&ch!= '0')
        {
            cout <<"这不是一个二进制数!不能正确转换"<< endl;
            Flag = false;
        }
        if(ch== '1')
            Value = Value + int(power(2,i-1));
        i--;
    }
    if(Flag)
```

```
        cout <<"十进制值为: "<< Value << endl;
    return 0;
}
int power(int x, int n)
{
    if(n == 0)
        return 1;
    else if(n == 1)
        return x;
    else
        return (power(x, n - 1) * x);
}
```

输入符合要求时(仅有字符 0 和 1),程序运行情况:

```
输入一个 8 位的二进制数:11010011
十进制值为: 211
```

输入不符合要求时(含有除 0 和 1 以外的任何字符),程序运行情况:

```
输入一个 8 位的二进制数:110lao11
这不是一个二进制数!不能正确转换
```

【例 4-12】 求两数的最大公约数和最小公倍数。

求最大公约数和最小公倍数是 C++语言编程学习中的一个重点和难点,其算法除了可以使用常用的辗转相除法外,还可以用递归调用法和数学定义法等。

1. 辗转相除法

辗转相除法(又名欧几里得法)计算两个正整数 a,b 的最大公约数和最小公倍数依赖于下面的定理:

$$\gcd(a,b)=\begin{cases}a & b=0\\ \gcd(b,a \bmod b) & b\neq 0\end{cases}$$

根据这一定理可以采用函数嵌套调用和递归调用形式进行求两个数的最大公约数和最小公倍数,现分别叙述如下。

(1) 只有主函数

问题分析:设两数为 a,b,其中 a 做被除数,b 做除数,r 为余数。其算法过程如下:

① 大数放在 a 中,小数放在 b 中;

② 求 a/b 的余数 r;

③ 若 $r=0$,则 b 为最大公约数;

④ 如果 $r!=0$,则把 b 的值给 a、r 的值给 b;

⑤ 返回到第二步。

程序代码如下。

```
#include <iostream>
using namespace std;
int main()
{
```

```
    int a,b,r,p,temp;
    cout<<"Input a,b:";
    cin>>a>>b;
    p=a*b;
    if(b>a)
    {
        temp=a;
        a=b;
        b=temp;
    }
    while(b!=0)
    {
        r=a%b;
        a=b;
        b=r;
    }
    cout<<"a,b的最大公约数是: "<<a<<endl;
    cout<<"a,b的最小公倍数是: "<<p/a<<endl;
    return 0;
}
```

(2) 函数嵌套调用

问题分析：定义 divisor()函数完成求两个数的最大公约数，定义 multiple()函数完成求两个数的最小公倍数，在主函数 main()中输入两个正整数 a 和 b，通过分别调用 divisor()和 multiple()实现求两数的最大公约数和最小公倍数。程序代码如下。

```
#include<iostream>
using namespace std;
int divisor(int a,int b);
int multiple(int a,int b);
int main()
{
    int a,b;
    cout<<"Input a,b:";
    cin>>a>>b;
    cout<<"a,b的最大公约数是: "<<divisor(a,b)<<endl;
    cout<<"a,b的最小公倍数是: "<<multiple(a,b)<<endl;
    return 0;
}

int divisor(int a,int b)
{
    int r,temp;
    if(b>a)                        //通过比较,保证a为大数,b为小数
    {
        temp=a;
        a=b;
        b=temp;
    }
    while(b!=0)                    //通过循环求两数的余数,直到余数为0
```

```
    {
        r = a % b;
        a = b;
        b = r;
    }
    return a;                          //返回最大公约数到调用函数处
}
int multiple(int a, int b)
{
    return a * b/divisor(a,b);         //a,b 的最小公倍数等于 a,b 乘积除以它们的最大公约数
}
```

程序运行情况：

```
Input a,b:6    8
a,b 的最大公约数是:2
a,b 的最小公倍数是:24
```

(3) 函数递归调用

设 $b\neq 0$，则得求最大公约数的函数 gcd(a,b)为：

$$\text{gcd}(a,b)=\begin{cases} b & a\%b==0 \\ \text{gcd}(b,a \bmod b) & a\%b!=0 \end{cases}$$

以上公式满足编写递归函数的条件，现在用递归函数实现求最大公约数。程序代码如下。

```
#include<iostream>
using namespace std;
int gcd(int a, int b);
int main()
{
    int a,b;
    cout<<"Input a,b:";
    cin>>a>>b;
    cout<<"a,b 的最大公约数是: "<<gcd(a,b)<<endl;
    cout<<"a,b 的最小公倍数是: "<<a * b/gcd(a,b)<<endl;
    return 0;
}
int gcd(int a, int b)
{
    if(a % b == 0)
        return b;
    else
        return gcd(b,a % b);
}
```

2. 穷举法

穷举法(也叫枚举法)求两个正整数的最大公约数的解题步骤为：从两个数中较小数开始由大到小列举，直到找到公约数立即中断列举，得到的公约数便是最大公约数。

问题分析：对两个正整数 a,b 如果能在区间$[0,a]$或$[0,b]$内找到一个整数 temp 同时

被 a 和 b 所整除，则 temp 即为最大公约数。程序代码如下。

```
#include<iostream>
using namespace std;
int divisor(int a,int b);
int main()
{
    int a,b;
    cout<<"Input a,b:";
    cin>>a>>b;
    cout<<"a,b的最大公约数是: "<<divisor(a,b)<<endl;
    cout<<"a,b的最小公倍数是: "<<a*b/divisor(a,b)<<endl;
    return 0;
}
int divisor(int a,int b)
{
    int temp;
    temp=(a>b)?b:a;                //用条件运算表达式求出两个数中的最小值
    while(temp>0)                  //只要找到一个数能同时被a,b所整除,则中止循环
    {
        if(a%temp==0&&b%temp==0)
            break;
        temp--;                    //如不满足if条件则变量自减,直到能被a,b所整除
    }
    return temp;                   //返回满足条件的数到主调函数处
}
```

4.7 小结与知识扩展

4.7.1 小结

使用函数可以节省编写相同程序段的时间，避免重复编辑和编译的工作，更重要的是便于将复杂的问题合理分解成若干个子问题，分别解决。

在使用函数进行程序设计时，必须要明确两点：一是函数调用及返回的过程，二是数据如何传递。

函数调用及返回的过程也称为函数调用机制。如果程序在执行过程中遇到对其他函数的调用，则暂停当前函数的执行，保存下一条指令的地址（即返回地址），并保存现场，然后转到子函数的入口地址，执行子函数。当遇到 return 语句或者子函数结束时（没有 return 语句），则恢复之前保存的现场，并从先前保存的返回地址开始继续执行。

数据传递是指在不同的函数间传递数据，传递方向有两个：

(1) 通过函数参数实现数据从主调函数向被调函数的传递，即参数的形实结合。

(2) 通过被调函数的返回语句 return，将被调函数处理的结果返回主调函数。

数据传递通常都是单向的，且 return 语句一般只能返回一个数据。但如果采用引用传递或后面将介绍的地址传递，就可以实现将被调函数中更多的信息带回主调函数。

4.7.2　main( )函数

C++的设计原则是把函数作为程序的构成模块。main( )函数称为主函数，一个 C++程序总是从 main( )函数开始执行的。

1. main( )函数的形式

在最新的 C99 标准中，只有以下两种定义方式是正确的。

(1) 无参数形式

```
int main( )
{
    …
    return 0;
}
```

(2) 带参数形式

```
int main(int argc,char * argv[])
{
    …
    return 0;
}
```

int 指明了 main( )函数的返回类型，函数名后面的圆括号内一般包含传递给函数的信息，没有参数或 void 表示没有给函数传递参数。关于带参数的 main()形式，将在第 8 章中介绍。

浏览老版本的 C 代码，会发现程序常常以如下形式开始：

```
main()
{
    …
}
```

C90 标准允许这种形式，但是 C99 标准不允许。因此，即使你当前的编译器允许，也不要这么写。

你还可能看到过另一种形式：

```
void main()
{
    …
}
```

有些编译器允许这种形式，但是还没有任何标准考虑接受它。C++之父 Bjarne Stroustrup 在他的主页上明确地表示：void main( )的定义从来就不存在于 C++或者 C。所以，编译器不必接受这种形式，并且很多编译器也不允许这么写。

坚持使用标准的意义在于：当你把程序从一个编译器移到另一个编译器时，照样能正常运行。

2. main( )函数的返回值

main( )函数的返回值类型是 int 型，而程序最后的 return 0 正与之遥相呼应，这里 0 就是 main()函数的返回值。那么这个 0 返回到哪里呢？它返回给操作系统，表示程序正常退出。因为 return 语句通常写在程序的最后，不管返回什么值，只要到达这一步，就说明程序已经运行完毕。其实，main()函数的返回值对程序本身没有用处，而 return 的作用不仅在于返回一个值，还在于结束函数。

习题

4-1 简答题

(1) C++中为什么要使用函数？

(2) C++中的函数分为哪几种？

(3) 什么是主调函数？什么是被调函数？二者之间有什么关系？如何调用一个函数？

(4) 函数原型中的参数名与函数定义中的参数名以及函数调用中的参数名必须一致吗？为什么？

(5) 函数调用时，实参与形参之间的数值传递和引用传递有何区别？

(6) 什么是内联函数？它有哪些特点？

(7) 重载函数时有何要求？

(8) 什么情况下使用函数模板？

4-2 分析下列程序运行后的输出结果，并上机验证。

(1) 程序代码如下。

```
#include<iostream>
int func(int a,int b);
using namespace std;
int main()
{
    int k=4,m=1,p;
    p=func(k,m);
    cout<<"p="<<p<<endl;
    k=p+m;
    p=func(k,m);
    cout<<"p="<<p<<endl;
    return 0;
}
int func(int a,int b)
{
    int m=0,i=2;
    i+=m+1;
    m=i+a+b;
    return(m);
}
```

程序运行情况：

(2) 程序代码如下。

```
#include<iostream>
using namespace std;
void fCircle(double &area,double &circumference,double r)
{
    const double PI=3.1415926;
```

```
    area = PI * r * r;
    circumference = 2 * PI * r;
}
int main()
{
    double r,a,c;
    cout <<"输入圆半径: ";
    cin >> r;
    fCircle(a,c,r);
    cout <<"面积 = "<< a <<",周长 = "<< c << endl;
    return 0;
}
```

程序运行情况：

(3) 程序代码如下。

```
#include <iostream>
using namespace std;
void func(double x,int &part1,double&part2)
{
    part1 = int(x) + 1000;
    part2 = (x + 1000 - part1) * 100;
}
int main()
{
    int n;
    double x,f;
    x = 1002.0703;
    func(x,n,f);
    cout <<"Part1 = "<< n <<";Part2 = "<< f << endl;
    return 0;
}
```

程序运行情况：

(4) 程序代码如下。

```
#include <iostream>
using namespace std;
int func(int a)
{
    int  b = 0,c = 4;
    b++;c--;
    return (a + b + c);
}
int main()
{
    int  a = 2;
    for(int j = 0;j < 3;j++);
        cout << func(a + j)<< endl;
    return 0;
}
```

程序运行情况：

4-3　阅读下列程序说明和 C++ 程序代码，填空完成程序。

(1) 下列程序的功能是通过函数调用计算 $S=1+1/2!\ +1/3!\ +\cdots+1/n!$，请填空完成程序,并上机运行验证。

程序代码如下。

```
#include <iostream>
using namespace std;
double fun(int n)
{
    double s = 0.0,fac = ___①___;
    for(int j = 1;___②___;j++)
    {
        fac = ___③___;
        s = ___④___;
    }
    return ___⑤___;
}
int main()
{
    cout << fun(6)<< endl;
    return 0;
}
```

完成程序后,程序的运行结果应为:

```
1.71806
```

(2) 下列程序的功能是通过函数计算任一输入的整数的各位数字之和(例如,1782 的各位数字之和是 1+7+8+2=18)。通过函数调用计算任意输入的 5 个整数的各位数字之和。请填空完成程序,并上机运行验证。

程序代码如下。

```
#include <iostream>
using namespace std;
int iSwsum(int iNum);
int main()
{
    int iCount,iNum,iTotal;
    iCount = 5;
    iTotal = 0;
    cout <<"输入一个 5 位的整数: "<< endl;
    cin >> iNum;
    cout <<"整数的各位之和是:"<< ___①___ << endl;
    return 0;
}
int iSwsum(int iNum)
{
    if(___②___)  iNum = - iNum;
    int iSum = 0;
    do
```

```
    {
        iSum + = ___③___;
        iNum = iNum/10;
    }while( ___④___ ) ;
    return( ___⑤___ ) ;
}
```

完成程序后，运行结果样例应为：

```
输入一个 5 位的整数: 12345
整数的各位之和是:15
```

(3) 下列程序的功能是通过函数判断任一整数是否为回文数。回文数即左读右读都相同的数(例如 12321)。并通过函数调用求出 10～200 之间的数 n，它满足 n,n^2,n^3 均为回文数。请填空完成程序，并上机运行验证。

程序代码如下。

```
#include <iostream.h>
void main()
{
    bool bSame(long lOld) ;
    long lNum;
    for(lNum = 11; ___①___ ;lNum++)
    if( ______②______ )
        cout <<"n = "<< lNum <<"   n * n = "<< lNum * lNum
                <<"   n * n * n = "<< lNum * lNum * lNum << endl;
}
bool bSame(long lOld)
{
    long copy_lOld,lNew;
    copy_lOld = lOld;   lNew = 0;
    while(lOld)
    {
        lNew = lNew * 10 + lOld % 10;
        lOld = ___②___ ;
    }
    if( ___③___ )
        return true;
    else
        ____④____ ;
}
```

完成程序后，运行结果应为：

```
n = 11   n * n = 121   n * n * n = 1331
n = 101   n * n = 10201   n * n * n = 1030301
n = 111   n * n = 12321   n * n * n = 1367631
```

4-4 编程题

(1) 编写一个函数，把华氏温度转换为摄氏温度，公式为 $C=(F-32)\times 5/9$。公式中 F 代表华氏温度，C 代表摄氏温度。在主函数中提示用户输入一个华氏温度，并完成输入，由函数完成转化功能。

(2) 编写名为 sphere(float &a,float &v,float r)的函数，实现在给定一个球体的半径 r 之后，返回该球体的体积 v 和表面积 a。

(3) 编写一个函数求满足以下条件的最大的 n：

$$1^2+2^2+3^2+\cdots+n^2<1000$$

(4) 用递归的方法编写函数，求 Fibonacci 级数，公式 $\mathrm{fib}(n)=\mathrm{fib}(n-1)+\mathrm{fib}(n-2)$，$n>2$；$\mathrm{fib}(1)=\mathrm{fib}(2)=1$。

(5) 一个百万富翁遇到一个陌生人，陌生人找他谈一个换钱计划。该计划内容如下：陌生人每天给富翁 10 万元；而富翁第一天只需给陌生人一分钱，第二天只需给陌生人二分钱，以后每天给陌生人的钱是前一天的两倍，直到满一个月(按 30 天计算)。百万富翁很高兴，欣然接受了这个契约。请你编程计算，一个月后，百万富翁收取了多少钱以及付给陌生人多少钱？这个契约对谁有利？

(6) 用递归的方法编写函数，计算从 n 个正整数中选择 k 个数的不同组合数。

(7) 编写重载函数，实现求两个数或三个数的最大值。

(8) 定义一个求绝对值函数的模板，实现对不同数据类型的数求绝对值。

CHAPTER 5

数组 第5章

本章要点

- 数组的概念
- 一维数组、二维数组的声明及初始化
- 数组作为函数的参数
- 字符串与数组的关系
- 数组的应用(排序、查找、统计、字符处理和数列处理等)

在程序中,经常需要保存大量具有相同类型的数据,如在程序中保存10个学生的考试成绩,并对成绩进行排序、统计等操作。最直接的想法是定义10个变量 $n_1, n_2, n_3, \cdots, n_{10}$ 用于存放考试成绩,且不说如何对10个变量进行排序,就是为这10个变量赋初值就比较麻烦。这只是10个数据,如果是1000个或更多的数据,对这些数据操作的复杂程度可想而知。为解决上述问题,C++提供了一个很好的复合类型——数组。数组与循环控制结构配合使用,可以很方便地解决对大量数据赋值、排序、统计等问题。

5.1 数组的基本概念

数组是具有相同类型的一组数据的集合,且占用连续的内存单元用于存储信息。组成数组的对象称为数组元素,可以通过指定数组元素在数组中的位置编号来访问数组中的元素。

例如,定义 score 数组用于存放10个学生的成绩:

```
int score[10] = {78,66,93,72,84,90,67,81,86,95};
```

表5-1列出了整型数组 score 的各数组元素及其值。

表 5-1 数组 score 的各数组元素及其值

数组元素	数组元素的值	数组元素	数组元素的值
score [0]	78	score [5]	90
score [1]	66	score [6]	67
score [2]	93	score [7]	81
score [3]	72	score [8]	86
score [4]	84	score [9]	95

score 数组包含 10 个元素，可以用数组名加上方括号“[]”中该元素的位置编号访问这些元素。例如 score 数组中的第 1 个元素为 score [0]，第 2 个元素为 score [1]，……，第 10 个元素为 score [9]。由此可见，score 数组中的第 i 个元素为 score [$i-1$]。

在实际应用中，数组分为简单的一维数组和较为复杂的多维数组。

5.2 一维数组

5.2.1 一维数组的声明

数组在使用前必须先声明。声明一维数组的形式如下：

```
<类型标识符><数组名>[数组长度]
```

其中，“类型标识符”决定数组中每一个数组元素可存储数据的类型。一个数组中，所有数组元素的类型都是一样的。“数组名”必须遵循 C++语言对标识符的要求，其命名规则与其他变量名相同。“数组长度”是个常量表达式，它规定了数组的大小，即所声明的数组由多少个数据类型相同的存储空间组成。

数组的声明为数组分配了存储空间，数组中每个元素在内存中是依次排列的。例如：

```
int score[10];
```

定义了名称为 score 的一维数组，该数组有 10 个元素，且每一个数组元素都是 int 类型的，即每一个数组元素占 4 个字节，所以该数组在内存中一共占 4×10＝40 个字节，且这些存储空间是连续的。

在声明数组时，要注意数组的长度只能由常量表达式来决定，不能有变量出现，即数组的长度必须是确定的。如果有变量出现，在编译时编译器会给出错误信息。例如：

```
int const N = 10;
int n,m = 3;
int a[N];                              //合法,N 为常变量
doubleb[n],c[m * 12];                  //非法,n 和 m 为变量
```

5.2.2 访问一维数组的元素

带下标的数组名就是下标变量，也称为数组元素。对数组的操作一般都是通过访问数组元素来实现的。访问一维数组元素的形式如下：

<数组名>[下标]

下标就是数组元素的索引值，即数组元素在数组中的位置编号，它代表了要访问的数组元素在数组中与第 1 个数组元素（下标值为 0）的相对位置。例如，数组 a 中第 1 个数组元素 $a[0]$ 的下标为 0，因为就是它本身，所以它与第 1 个数组元素 $a[0]$ 的相对位置为 0；第 2 个数组元素 $a[1]$ 的下标为 1，代表它与第 1 个数组元素 $a[0]$ 的相对位置为 1，即 $a[1]$ 是 $a[0]$ 的下一个元素；第 3 个数组元素 $a[2]$ 的下标为 2，表示它与第 1 个数组元素 $a[0]$ 的相对位置为 2，以此类推。

下标值的允许范围是 $0 \sim N-1$（N 为数组的长度）。在声明数组时，数组的长度只能是常量，而在访问数组的元素时，下标可以是任意的整型表达式，只要表达式的取值范围在 $0 \sim N-1$ 即可。

在实际的程序设计中，要特别注意下标值的溢出问题。C++ 在编译时不对下标值的合法性进行检查。换句话说，如果声明了一个长度为 100 的数组，访问下标为 0、下标为 −1、下标为 120 的元素，在语法上都是正确的，这就要求程序员在编写程序时要格外小心。如果访问数组中的元素时下标值在允许的范围以外，就等于企图侵入程序中（甚至是整个系统中）其他模块或变量、数组等的存储空间，尽管编译时不会有任何问题，但在程序运行时操作系统一般会给出保护模式错误警告。

数组元素可以当成普通的变量使用，也就是说在程序中所有变量可以出现的地方都可以用数组元素替代，当然数组元素也可用于赋值语句的左边。

例如，声明一个长度为 20 的整型数组，并将数组中的各个元素按顺序赋予从 50 到 70 以 1 递增的数，即赋予数组的第 0 个元素的值为 50，赋予数组的第 1 个元素的值为 51，以此类推。为了能访问到数组中的所有元素，需要用一个简单的 for 循环语句，循环控制变量从 0 开始，以 1 为增量，一直递增到 19，而循环控制变量正好可以作为访问数组元素时的下标。要按顺序给数组元素赋予从 50～70 的值，只要让每个数组元素的值等于其下标值加上 50（也就是将循环控制变量加上 50）即可。相应的程序代码片段如下：

```
int nData[20];
for(int i = 0;i < 20;i++)
    nData[i] = i + 50;
```

【例 5-1】 生成一个长度为 10 的连续偶数序列，该偶数序列从 2 开始。要求将此序列保存在数组中，并输出此数组的每个元素的值。

问题分析：因为偶数序列中的每一个数据的类型都是 int 类型，所以首先要声明一个长度为 10 的整型数组用于存放偶数序列，再用一个循环控制结构解决对所有数组元素的访问。偶数序列很简单，如果从 0 开始，则规律为：第 i 个数等于 $i \times 2(i=0,1,2,\cdots)$；如果从 2 开始，则规律为：第 i 个数等于 $i \times 2+2(i=0,1,2,\cdots)$。程序代码如下。

```
#include <iostream>
using namespace std;
int main()
{
    int nEven[10];                    //定义用于存放 10 个偶数的数组
    int i;
```

```
    for(i = 0;i < 10;i++)
        nEven[i] = i * 2 + 2;          //将生成的偶数赋值给数组元素
    for(i = 0;i < 10;i++)
    {
        cout << nEven[i]<<"";          //输出数组元素
    }
    cout << endl;
    return 0;
}
```

程序运行情况：

```
2   4   6   8   10   12   14   16   18   20
```

5.2.3 一维数组的初始化

变量可以在声明时赋初值，数组也可以在声明时给所有或部分数组元素赋初始值。声明时给一维数组元素赋初始值有如下两种形式。

形式 1：

<类型标识符><数组名>[数组长度] = {第 0 个元素值,第 1 个元素值,……,第 $n-1$ 个元素值}

形式 2：

<类型标识符><数组名>[ ] = {第 0 个元素值,第 1 个元素值,……,第 n 个元素值}

第一种形式将声明一个长度为“数组长度”的数组，然后将花括号内的值依次赋予数组的各个元素。花括号内只能是常量表达式。如果花括号中的常量表达式的个数少于数组长度，则剩余的数组元素就不被赋予初始值，但被“清 0”；如果花括号中的常量表达式的个数大于数组长度，则编译器会给出错误信息。

第二种形式将声明一个长度为 n 的数组，并将花括号内的 n 个值依次赋给数组的各个元素。注意，此时数组的长度未给定，而是由花括号内的数据个数决定的。

特别提示：以下形式是不允许的。

<类型标识符><数组名>[ ] = {第 0 个元素值,,第 2 个元素值……,第 $n-1$ 个元素值}

例如：

```
int a[ ] = {1,2,3};                 //合法,a[0] = 1,a[1] = 2,a[2] = 3
int a[5] = {1,2,3};                 //合法,a[0] = 1,a[1] = 2,a[2] = 3,a[3] = a[4] = 0
int a[ ] = {1,,3,4,5};              //不合法,1 和 3 之间不能有"空"
int a[6] = {1,2,3,4,5,6,7};         //不合法,初值个数 7 >数组长度 5
```

【例 5-2】 一个班级有 20 名学生，所有学生的考试成绩保存在一个一维数组中。编写程序，求出该班学生的平均考试成绩，并统计考试成绩在 90 分以上（包括 90 分）的学生人数和不及格的学生人数。

问题分析：为了统计平均成绩，需要有个变量保存所有学生的成绩总和，求总和的方法就是在对每个数组元素访问时，将其值累加到这个变量中，然后用此变量除以学生人数即得考试平均成绩。要统计考试成绩 90 分以上的学生人数和不及格的学生人数，需要设置两个变量，如 nHighScoreCount 和 nUnPassedCount，分别用于保存考试成绩在 90 分以上的学生人数和考试成绩不及格的学生人数，在对每个数组元素进行访问时，如果数组元素的值大于等于90，就将nHighScoreCount的值加1；如果数组元素的值小于60，就将nUnPassedCount的值加1。程序代码如下。

```
#include<iostream>
using namespace std;
int main()
{
    int nUnPassedCount = 0;          //定义记录不及格人数的变量
    int nHighScoreCount = 0;         //定义记录90分以上人数的变量
    int nScore[20] = {90,88,45,92,76,59,89,93,60,51,
                      91,65,82,74,92,35,66,78,62,91};
    //用数组初始化的方法将成绩存于数组nScore中
    for(int i = 0,nSum = 0;i<20;i++)
    {
        nSum += nScore[i];
        if(nScore[i]<60)
            nUnPassedCount++;
        if(nScore[i]>=90)
            nHighScoreCount++;
    }
    cout<<"学生平均分数为: "<<(float)nSum/20<<endl;
    //为了得到精确的结果,使用强制类型转换将nSum从int型转换成float型
    cout<<"90分以上人数为: "<<nHighScoreCount<<endl;
    cout<<"  不及格人数为: "<<nUnPassedCount<<endl;
    return 0;
}
```

程序运行情况：

```
学生平均分数为: 73.95
90分以上人数为: 6
不及格人数为: 4
```

例5-2中，如果想通过键盘输入学生成绩，只需将程序代码中的

```
int nScore[20] = {90,88,45,92,76,59,89,93,60,51,
                  91,65,82,74,92,35,66,78,62,91};
```

用以下语句替换即可：

```
for(i = 0;i<20;i++)
{
    cin>>nScore[i];
}
```

还可以进一步扩展例5-2，如求考试成绩的均方差，统计各分数段(90分以上，80～89分，70～79分，60～69分，0～59分)的人数等，读者可以自己编写程序完成。

5.3 多维数组

如果一个数组元素本身也是数组，就形成多维数组。一维数组的下标数只有一个，而多维数组的下标数有多个。多维数组中最常用的是二维数组，本节中所有的程序都是关于二

维数组的。

5.3.1 二维数组的声明

声明一个二维数组的形式为：

<类型标识符><数组名>[第 1 维长度][第 2 维长度]

同一维数组一样，二维数组的数组名必须遵循 C++标识符的命名规则。数组第 1 维长度和第 2 维长度都是常量表达式，常量表达式中同样不能有任何变量出现。二维数组通常用于存放矩阵或二维表中的数据，因此在二维数组中，常常称第 1 维为行，第 2 维为列。

例如，语句 float fMatrix[3][4]将声明一个名为 fMatrix 且第 1 维长度为 3、第 2 维长度为 4 的二维数组，也称 3 行 4 列的二维数组。

二维数组与二维表格之间的对应关系如表 5-2 所示。

表 5-2 二维数组与二维表格之间的对应关系

行＼列	0	1	2	3
0	fMatrix[0][0]	fMatrix[0][1]	fMatrix[0][2]	fMatrix[0][3]
1	fMatrix[1][0]	fMatrix[1][1]	fMatrix[1][2]	fMatrix[1][3]
2	fMatrix[2][0]	fMatrix[2][1]	fMatrix[2][2]	fMatrix[2][3]

由表 5-2 可知，在 0 行，第 1 维的值都为 0，且从左到右第 2 维的值由 0 增至 3；在 1 行，第 1 维的值都为 1，从左到右，第 2 维的值重新由 0 增至 3；在 2 行，第 1 维的值都为 2，从左到右，第 2 维的值再次由 0 增至 3。

其实，二维数组还可以这样理解：如果只给出二维数组的第 1 维下标，此时以一维数组来看二维数组，则数组中的每行元素所代表的都是一维数组。例如，如果将 fMatrix[0]看作一个数组名，则 fMatrix[0][0]、fMatrix[0][1]、fMatrix[0][2]、fMatrix[0][3]4 个元素就组成了一个一维数组。因此，二维数组 fMatrix[3][4]可以看成由三个一维数组所组成，三个一维数组的名称分别为 fMatrix[0]、fMatrix[1]和 fMatrix[2]。

不难算出，二维数组 fMatrix 中共有 3×4＝12 个 float 型元素，这 12 个元素在内存中其实也是按顺序存放的，先存放一维数组 fMatrix[0]中的 4 个元素，紧接着存放一维数组 fMatrix[1]中的 4 个元素，最后存放一维数组 fMatrix[2]中的 4 个元素。深入了解二维数组元素在内存中的存储方式将对在程序中访问二维数组中的元素很有益处。

5.3.2 访问二维数组的元素

要访问二维数组中的元素，同样需要指定要访问的元素的下标。二维数组的元素有两个下标，访问二维数组元素的形式为：

<数组名>[第 1 维下标][第 2 维下标]

这里，下标的值也是从 0 开始，且不能超过该维的长度减 1。下标可以是任意整型表达式，只要其值在该下标的有效范围内即可。

要访问二维数组中的某个元素，必须给出该元素所在的行和列。如 fMatrix[2][1]代表数组名为 fMatrix 的二维数组中位于第 3 行(从 0 开始)、第 2 列(从 0 开始)的元素。同一维数组一样,二维数组的元素也可以当成变量进行赋值或参与各种表达式的计算。

5.3.3　二维数组的初始化

同一维数组一样,二维数组也可以在声明时赋初始值,形式如下。

形式 1:

```
<类型标识符><数组名>[第 1 维长度][第 2 维长度] = {{第 0 个第 2 维数据组},
                                              {第 1 个第 2 维数据组},
                                              … ,
                                              { 第 n - 1 个第 2 维数据组}}
```

其中,n 等于第 1 维长度。

形式 2:

```
<类型标识符><数组名>[第 1 维长度][第 2 维长度] = {第 0 个元素值,
                                              第 1 个元素值,
                                              … ,
                                              第 m 个元素值}
```

其中,m 小于或等于第 1 维长度乘以第 2 维长度。

这两种形式中,如果花括号中给出的元素个数少于实际的元素个数,则剩余的数组元素将会自动赋值为 0,也称"清零";如果花括号中给出的元素个数大于实际的元素个数,则编译器会给出错误信息。例如:

```
int a[ ][3] = {{1},{2,3},{4,5,6},{0}};          //合法,a[0][0] = 1,a[1][0] = 2, …
int a[ ][3] = {{,1},{2,3},{4,5,6},{0}};         //不合法
int a[ ][3] = {{1},{2,3},{4,,6},{0}};           //不合法
```

【例 5-3】 生成如下格式的方阵,将其存入二维数组中。

(1) 输出这个二维数组所有元素的值;

(2) 求该方阵每行、每列及对角线(左上右下)之和。

```
1    2    3    4    5
10   9    8    7    6
11   12   13   14   15
20   19   18   17   16
21   22   23   24   25
```

问题分析:二维数组的行和列同矩阵的行和列是对应的。因此,为了访问二维数组中的所有元素,应使用二重嵌套循环,外层循环的循环控制变量作为当前行,内层循环的循环控制变量作为当前列。

这个方阵的规律在于:偶数行中的元素按升序排列,奇数行中的元素按降序排列,只要按此规律逐行"处理"方阵中的元素,即可得此方阵。在显示二维数组时,为了得到理想的显示效果,要对不同的元素指定不同的显示位置。另外,考虑需要存放 5×5 方阵的各行和各列以及左上右下对角线之和,定义一个 6×6 的方阵,最后一列数组元素用于存放对应行之和,而最后一行的数组元素用于存放对应列之和,最后一个数组元素 nMatrix[5][5]则用于存放左

上右下对角线上各数之和。程序代码如下。

```
#include<iostream>
using namespace std;
int main()
{
    int nRow;                                   //控制行的变量
    int nCol;                                   //控制列的变量
    int nMatrix[6][6] = {0};                    //二维数组声明,且数组元素被赋值为 0
    //生成 5×5 方阵
    for(nRow = 0;nRow < 5;nRow++)
    {
        for(nCol = 0;nCol < 5;nCol++)
        {
            if(nRow % 2 == 0)
                nMatrix[nRow][nCol] = nRow * 5 + nCol + 1;
            else
                nMatrix[nRow][4 - nCol] = nRow * 5 + nCol + 1;
        }
    }
    //输出方阵
    cout <<"生成方阵为: \n";
    for(nRow = 0;nRow < 5;nRow++)
    {
        for(nCol = 0;nCol < 5;nCol++)
        {
            cout << nMatrix[nRow][nCol];
            if(nMatrix[nRow][nCol]< 10)         //控制输出 1 位数与 2 位数时的不同间隔
                cout <<"";
            else
                cout <<"";
        }
        cout << endl;                           //每输出一行后换行
    }
    cout << endl;
    //计算 5×5 方阵各行及左上右下对角线之和
    for(nRow = 0;nRow < 5;nRow++)
    {
        for(nCol = 0;nCol < 5;nCol++)
        {
            nMatrix[nRow][5] += nMatrix[nRow][nCol];                  //计算各行之和
            nMatrix[5][nRow] += nMatrix[nCol][nRow];                  //计算各列之和
        }
        nMatrix[5][5] += nMatrix[nRow][nRow];
        cout <<"第"<< nRow + 1 <<"行之和: "<< nMatrix[nRow][5]<<"\t\t";
        cout <<"第"<< nRow + 1 <<"列之和: "<< nMatrix[5][nRow]<< endl;
    }
    cout <<"\n 左上右下对角线之和: "<< nMatrix[5][5]<< endl;
    return 0;
}
```

程序运行情况:

生成方阵为:

```
    1   2   3   4   5
   10   9   8   7   6
   11  12  13  14  15
   20  19  18  17  16
   21  22  23  24  25

第 1 行之和: 15          第 1 列之和: 63
第 2 行之和: 40          第 2 列之和: 64
第 3 行之和: 65          第 3 列之和: 65
第 4 行之和: 90          第 4 列之和: 66
第 5 行之和: 115         第 5 列之和: 67

左上右下对角线之和: 65
```

特别需要说明的是,语句:

```
int nMatrix[6][6] = {0};
```

与语句组:

```
int nMatrix[6][6];
for(nRow = 0;nRow < 6;nRow++)
    for(nCol = 0;nCol < 6;nCol++)
        nMatrix[nRow][nCol] = 0;
```

的作用相同,都是将数组元素"清零"。前者是在声明二维数组的同时,只将数组元素 nMatrix[0][0]赋值为 0,其余的数组元素将自动"清零";后者是在二维数组声明后,通过循环将每一个数组元素赋值为 0。

如果数组只声明不赋值,其数组元素不会自动"清零",这时数组元素的值是不确定的,不能直接使用。如果将数组说明为静态的,则数组中所有元素将自动赋初值为 0,无须再对数组进行"清零"的操作。即:

```
static int nMatrix[6][6];
```

可以替代以下代码:

```
int nMatrix[6][6];
for(nRow = 0;nRow < 6;nRow++)
    for(nCol = 0;nCol < 6;nCol++)
        nMatrix[nRow][nCol] = 0;
```

5.4　数组作为函数参数

C++将数组名解释为该数组第一个元素的地址,并视数组名为指针。有关指针的概念将在第 7 章介绍,这里只结合数组参数的传递过程,对数组名作为函数参数的编程方法进行介绍。

5.4.1　一维数组名作为参数

在涉及函数调用的程序设计中,通常需要将数组中存放的所有数据传递给被调用函数。

最直接的想法是将该数组中的所有元素都作为参数，一个一个地传递给被调用函数。显然，随着数组元素的增多，函数的参数阵容将非常庞大，所以这种方法基本上是不可行的。在实际的程序设计中，通常采用只将数组名（即数组中第一个数组元素的地址）作为实参传递给被调用函数的方法，实现将整个数组传递给被调用函数的目的。例如，在主函数 main( )中声明了如下数组：

```
int nScore [20];
```

如果要将该数组中的所有数据传递给另一个函数 func( )，则在函数 main( )中，可用下列形式的函数调用语句：

```
func (nScore,20);
```

这里，数组名 nScore 是数组元素 nScore [0]的内存地址，20 是整个数组的元素个数，即数组的长度。

一维数组作为参数时，函数的声明主要有以下两种形式。

形式 1：

<类型标识符><函数名>(类型标识符数组名[ ],int 长度)

形式 2：

<类型标识符><函数名>(类型标识符数组名[长度])

第一种形式适用于处理不同长度的数组，数组的实际长度通过另一个参数传递给函数；第二种形式只可用于传递长度固定的数组。不管哪一种形式，传递的都不是数组本身，而是保存第一个数组元素的内存单元的地址，即存储数组的起始地址。通过传递数组的起始地址，被调用函数可得到数组的准确存放位置。因此，当被调用函数在函数体中修改数组元素的值时，实际上是修改该地址所指的内存单元中原数组元素的值。

【例 5-4】 一个班级有 20 名学生，所有学生的英语考试成绩保存在一个一维数组中。定义函数 ave( )用于求该班学生的英语考试平均成绩。

问题分析：函数 ave( )需要用到该班级中所有 20 名学生的英语考试成绩，所以调用函数 ave( )时，需要将存放 20 名学生考试成绩的数组 nScore[]的数组名作为实参传递给函数 ave( )的形参 a[]，同时将人数 20 也传递给函数 ave( )的形参 n，以方便求平均计算。程序代码如下。

```
#include<iostream>
using namespace std;
double ave(int a[], int n);
int main()
{
    const int N = 20;
    int nScore[N] = {90,88,45,92,76,59,89,93,60,51,
                     91,65,82,74,92,35,66,78,62,91};
    cout <<"学生平均分数为: "<< ave(nScore,N)<< endl;
    return 0;
}
```

```
double ave(int a[],int n)
{
    for(int i = 0,nSum = 0;i < n;i++)
        nSum += a[i];
    return ((float)nSum/n);
}
```

程序运行情况：

```
学生平均分数为：73.95
```

一维数组名实际上就是在内存中存储数组数据的起始地址。当进行参数传递时，实参将数组的起始地址传递给形参，使形参同实参指向同一内存地址。因此，在被调函数中，如果对作为形参传递而来的数组中的某个数组元素进行修改，则在被调函数之外，作为实参所指的数组中，该数组元素的值也一定会发生改变。数组元素的存储与作为实参的数组名和作为函数形参的数组名之间的关系可用图 5-1 来表示。

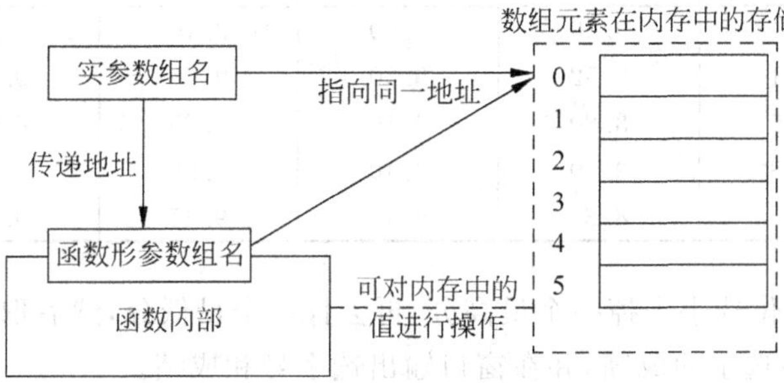

图 5-1　数组元素的存储与实参数组名和形参数组名之间的关系

为了验证实参同形参指向同一内存地址，可以在例 5-4 的 main( )和 ave( )两个函数中，分别用 cout 输出作为实参和形参的数组名 nScore 和 a，如下所示：

```
int main()
{
    …
    cout << nScore << endl;
    …
}
double ave(int a[],int n)
{
    …
    cout << a << endl;
    …
}
```

程序运行后，显示 nScore 和 a 的内容都是 0012FEF4。因为数组名 nScore 和 a 分别是数组 nScore[]和 a[]的起始地址，这也就表明数组 nScore[]和 a[]共用同一部分存储空间，即实参和形参指向同一内存地址。

鉴于上述原因，在函数体内必须考虑对作为形参传递而来的数组的操作。如果函数体内所有对作为形参传递而来的数组的操作只有读操作没有写操作，则不会有任何问题，但如果要改变数组元素的值，就必须考虑函数的调用者是否允许函数改变数组元素的值，如果调用者不允许，在函数内部必须将原数组进行复制，这样就可以保证所有的更改操作只对复制的新数组有效而不会影响到原数组。

5.4.2 二维数组的行地址作为参数

既然二维数组中的每一行相当一个一维数组，那么，能否将二维数组的行地址作为函数参数，以实现传递本行数据的目的呢？答案是肯定的。

【例 5-5】 某次歌唱比赛有 5 名选手参加，有 6 名评委分别为选手打分，记分表如表 5-3 所示。

表 5-3 歌唱比赛记分表

选手号 \ 评委号	1	2	3	4	5	6
1	9.31	9.20	9.00	9.40	9.35	9.20
2	9.71	9.52	9.50	9.66	9.49	9.57
3	8.89	8.80	9.10	9.25	8.90	9.00
4	9.38	9.50	9.40	9.20	9.90	8.90
5	9.30	8.84	9.40	9.45	9.10	8.89

积分规则是：每位选手去掉一个最高分，再去掉一个最低分，然后取剩下的得分的平均分。编写程序计算各选手的成绩，并在窗口输出选手号和成绩。

问题分析：由于二维数组同二维表格有对应关系，可以用一个二维数组保存所有评委给所有选手评出的成绩。这样，数组下标的第 1 维(行)代表的就是选手号，第 2 维(列)代表的是评委号，例如 3 号评委给 2 号选手所打的分数存储在下标为[1][2]的元素中。要访问一个选手的所有成绩，只要将第 1 维的下标固定为该选手的选手号，让第 2 维的下标从 0 以 1 为增量变到 5(5=6−1)即可。

在此基础上，必须找到每一位选手得分中的最高分和最低分，这就涉及如何在一个数组的各行中找到最大值元素和最小值元素的问题。方法是：声明两个变量 fMax 和 fMin，分别用来存储数组元素的最大值和最小值。先假定数组各行的第 0 个元素就是该行所有元素中的最大值和最小值，即将第 0 个元素的值赋予 fMax 和 fMin。接下来，从数组的第 1 个元素开始，逐个访问数组元素，判断当前数组元素是否比 fMax 大、是否比 fMin 小。如果比 fMax 大，则将当前元素的值赋予 fMax；如果比 fMin 小，就把当前元素的值赋予 fMin。最后 fMax 中必定是最高分，fMin 中必定是最低分。

在找数组各行元素最大值、最小值的同时还应对数组元素求和，这样访问完一位选手的所有得分后，就可以得到该选手得分的总和、最高分和最低分。将得分总和减去最高分、最低分，然后再除以 4(4=6−2)，就得到选手的最后得分。程序代码如下。

```
#include< iostream >
using namespace std;
double grade(double fArray[ ], int n);              //评分函数声明
int main()
```

```
{
    double fScoreData[5][6] =
    {
        {9.31,9.20,9.00,9.40,9.35,9.20},
        {9.71,9.52,9.50,9.66,9.49,9.57},
        {8.89,8.80,9.10,9.25,8.90,9.00},
        {9.38,9.50,9.40,9.20,9.90,8.90},
        {9.30,8.84,9.40,9.45,9.10,8.89}
    };
    cout.precision(3);                          //设置小数点后的位数
    cout <<"歌手的最后得分为: "<< endl;
    for(int nRow = 0;nRow < 5;nRow++)
    {
        cout << nRow + 1 <<" 号选手成绩为: ";
        cout << grade(fScoreData[nRow],5)<< endl;
    }
    return 0;
}
double grade(double fArray[ ],int n)            //评分函数定义
{
    double fMark,fMax,fMin;                     //定义记录成绩、最高分、最低分的变量
    fMark = fMax = fMin = fArray[0];
    for(int i = 0;i < n;i++)
    {
        if(fArray[i + 1]> fMax)
            fMax = fArray[i + 1];
        if(fArray[i + 1]< fMin)
            fMin = fArray[i + 1];
        fMark += fArray[i + 1];                 //fMark 记录着所有评委给的总分
    }
    return (fMark - fMax - fMin)/(n - 1);       //计算出平均分并返回调用函数
}
```

程序运行情况：

```
歌手的最后得分为:
1 号选手成绩为: 9.26
2 号选手成绩为: 9.56
3 号选手成绩为: 8.97
4 号选手成绩为: 9.37
5 号选手成绩为: 9.17
```

上述程序的 main( )中，调用函数的形式为 grade(fScoreData[nRow],5)，其中，第 1 个参数 fScoreData[nRow]将二维数组的第一维数组名作为实参传递给了形参，实际是将二维数组的行地址作为参数传递给了形参，以实现传递本行数据的目的；第 2 个参数 5 是每一行的数据个数。本例中一共有 6 名评委分别为每一个选手打分，为什么输入数字 5 而不是数字 6 呢？读者可以自己通过查看程序代码找到答案。

5.5 数组与字符串

本书的第2章中介绍过字符型常量与变量，也介绍过字符串常量，但对字符串变量只字未提。其实，在C++语言中没有字符串变量类型，为了表示字符串，可以使用字符型数组，字符型数组的每一个元素分别保存字符串中的每一个字符。

字符型数组就是数组元素的类型是字符型的数组。字符型数组的定义和声明同普通数组没有什么区别，主要的不同之处在于字符型数组元素的初始化与使用方法。

5.5.1 字符型数组的初始化

字符型数组可以用通常数组初始化的形式对其元素进行初始化，只不过由于字符型数组中的元素都是字符类型，一般用字符型常量给字符型数组赋初值，例如：

```
char MyString[] = {'T','h','i','s',' ','a', ' ','c','o','m','p','u','t','e','r'};
```

除此以外，字符型数组还有两种特殊的初始化方法，形式如下。

形式1：

```
char <数组名>[] = "字符串"
```

形式2：

```
char <数组名>[] = {"字符串"}
```

这两种形式产生的效果是相同的，它们会产生一个以字符串常量中的每个字符为数组元素且在末尾加个'\0'的特殊数组，例如：

```
char MyString[] = "This is a computer";
```

执行后，MyString数组中的元素依次是'T','h','i','s','','a','','c','o','m','p','u','t','e','r','\0'，它等同于：

```
char MyString[] = {'T','h','i','s',' ','a','','c','o','m','p','u','t','e','r ','\0'};
```

或

```
char MyString[] = {"This is a computer"};
```

说明：

(1) 转义字符'\0'(也就是十六进制的0)，表示的是字符串常量中字符串的结束标志，在末尾保存了'\0'的字符型数组，也可以当成字符串来使用。在程序中，凡是可以使用字符串常量的地方都可以用字符型数组来代替。

(2) 字符型数组也是数组，只不过赋初值的方法有点特殊，它不能用简单的赋值方法进行赋初值。例如：

```
char MyString[];
MyString[] = "This is a computer";
```

是错误的。

(3) 变量可以重复赋值,即变量表示的值在程序运行的过程中可以通过赋值语句改变,但是字符型数组只能改变其元素的值,不能有"数组名="字符串";"这样的赋值语句出现。

(4) 字符型数组的长度在声明时就已经确定(字符串中的字符个数+1),在使用的过程中不能更改。虽然在程序的运行过程中可以通过改变数组元素的值来改变一个字符型数组所存储的字符串内容,但如果要增加所存的字符串的长度,使用静态数组是办不到的。

5.5.2 字符串的基本操作

在 C++中要实现字符串的运算,例如连接两个字符串、求字符串长度等,需要另外编写程序对字符型数组进行操作。在 C++的库函数中提供了各种字符串运算的函数,可以直接调用。我们在此给出其中的求字符串长度、字符串复制和字符串连接三种运算的具体实现方法,理解这些运算,有助于提高对字符串和字符型数组的认识与理解。

1. 求字符串的长度

C++的标准字符串以'\0'结尾,所以求一个字符串的长度,要从字符串的第一个字符算起,直到碰到'\0'(或 0)为止,注意不包括'\0'。

假设字符串"abcd"保存在数组 pString 中,求字符串长度的程序段如下:

```
char pString[] = "abcd";
int nSize = 0;
while(pString[nSize]!= '\0')                //从第一个字符直到碰到'\0'为止
    nSize++;
```

执行完毕后,整型变量 nSize 中保存的值 4 就是字符串 pString 的长度。

2. 字符串的复制

字符串的复制就是将一个字符型数组(源字符串)的内容照原样复制到另一个字符型数组中。方法是把源字符型数组中的字符依次赋给目的字符型数组中的数组元素,直到碰到'\0'(或 0)为止。

假设源字符串"abcd"保存在数组 pSource 中,目的字符型数组为 pDestination,则字符串复制的程序段如下:

```
char pSource[] = "abcd";
char pDestination[N];                        //N≥源字符串长度+1
int nIndex = 0;
while(pSource[nIndex]!= '\0')
{
    pDestination[nIndex] = pSource[nIndex];  //依次复制字符串的每个字符
    nIndex ++;
}
pDestination[nIndex] = '\0';                 //标识字符串结束
```

最后的 while 循环语句还可简化写为:

```
while(pDestination[nIndex] = pSource[nIndex + + ]);
```

这样书写程序会给人一种简洁的感觉，但除非对 C++的运算符优先级和赋值语句了解得很透彻，否则程序在理解上会有困难。在实际的应用软件开发中，应该尽量避免书写虽然很简洁，但不好理解的源程序代码。

3. 字符串的连接

字符串的连接就是将一个字符串连接到另一个字符串的末尾。在进行字符串连接时，先要找到要被连接的字符串的尾部，然后从尾部的位置开始将另一个字符串复制过来。

必须注意的是：存放连接后的字符串的数组要有足够的空间来容纳连接进来的另一个字符串，否则在运行时可能产生保护模式错误。

假设现字符串"abcd"保存在字符型数组 pDestination[]中，要连接进来的字符串"efg"存放在字符型数组 pTocat 中，则进行字符串连接的程序代码段为：

```
char pTocat[] = "efg";
char pDestination[N] = "abcd";                //N≥(现字符串长度 + 要连接进来的字符串长度 + 1)
int nSize = 0, nIndex = 0;
while (pDestination[nSize]!= 0)               //找到被要连接的字符串的尾部
    nSize++;
do{
    pDestination[nSize++] = pTocat[nIndex++]; //连接两个字符串
}while(pTocat[nIndex]!= '\0');
pDestination[nSize] = '\0';                   //标识字符串结束
```

下面是一个完整的通过字符数组对字符串操作的例题。

【例 5-6】 求字符串长度，复制、连接字符串。

问题分析：字符串的长度是指不包含'\0'的实际长度；复制字符串是将某字符串（包括'\0'）完全复制到目标字符串中；连接字符串是将某字符串连接到目标字符串之后（不包括'\0'）。无论是复制字符串还是连接字符串，当完成操作之后，在目标字符串的末尾都必须加'\0'，否则，字符串没有结束符。

程序代码如下。

```
#include <iostream>
using namespace std;
int StringLength(char pS[]);
void StringCopy(char pS[],char pD[]);
void StringCat(char pTocat[],char pD[]);
int main()
{
    char str1[] = "abcd";
    char str2[5] = "";
    char str3[] = "efg";
    cout <<"str1: "<< str1 << endl;
    cout <<"str2: "<< str2 << endl;
    cout <<"str3: "<< str3 << endl;

    cout <<"\nstr1 的长度: "<< StringLength(str1)<< endl;
```

```
    cout <<"\nstr1 字符串复制给 str2 后: ";
    StringCopy(str1,str2);
    cout << str2 << endl;

    cout <<"\nstr3 字符串连接到 str1 后: ";
    StringCat(str3,str1);
    cout << str1 << endl;

    return 0;
}
int StringLength(char pS[])
{
    int nSize = 0;
    while(pS[nSize]!= '\0')
        nSize++;
    return nSize;
}

void StringCopy(char pS[],char pD[])
{
    int nIndex = 0;
    while(pS[nIndex]!= '\0')
        pD[nIndex] = pS[nIndex++];
    pD[nIndex] = '\0';
}
void StringCat(char pTocat[],char pD[])
{
    int nSize = 0,nIndex = 0;
    while(pD[nSize]!= 0)
        nSize++;
    do{
        pD[nSize++] = pTocat[nIndex++];
    }while(pTocat[nIndex]!= '\0');
    pD[nSize] = '\0';
}
```

程序运行情况：

```
str1: abcd
str2:
str3: efg

str1 的长度: 4

str1 字符串复制给 str2 后: abcd

str3 字符串连接到 str1 后: abcdefg
```

5.6 数组编程案例

5.6.1 排序

数组元素排序是与数组有关的重要算法。所谓数组元素排序，是指将数组中的所有元素的位置重新排列，使得数组元素的值按照递增或递减有序排列。例如，已知一个一维数组中的元素是 1、7、3、22、9、5，以递增排序后，这个数组中元素的排列就变成了 1、3、5、7、9、22。排序有很多方法，本节介绍常用的选择排序法和冒泡排序法。

【例 5-7】 选择排序法。

问题分析：选择排序法是很朴素的排序方法，它的思想很简单：先找到数组中最小（或最大）的元素，将这个元素放到数组的最前端，然后在剩下的数组元素中再找出最小（或最大）的元素，把它放在剩下的这些元素的最前端，如此下来，就能使数组中的元素以递增（或减）序排列了。程序代码如下。

```
#include <iostream>
using namespace std;
void nOrder(int a[],int nSize);
const int N = 6;
int main()
{
    int DataArray[N] = {1,7,3,22,9,5};
    nOrder(DataArray,N);
    cout<<"选择排序法排序后的数组为: \n";
    for(int i = 0;i < N;i++)
        cout << DataArray[i]<<"\t";
    return 0;
}
void nOrder(int a[],int nSize)
{
    int i,j,t,k;
    for(i = 0;i < nSize - 1;i++)
    {
        k = i;
        for(j = i + 1;j < nSize;j++)
            if(a[j]< a[k]) k = j; //找本次最小元素的下标
        if(k!= i)
        {
            t = a[i];
            a[i] = a[k];
            a[k] = t;
        }
    }
}
```

程序运行情况：

```
选择排序法排序后的数组为:
1       3       5       7       9       22
```

【例 5-8】 冒泡排序法。

问题分析：冒泡排序法是交换排序法的一种，其基本思路是：两两比较待排序的序列中的相邻元素，如果不满足顺序要求，就交换这两个元素，这样，第 1 轮比较完毕后，数组中的最大(或最小)元素就像气泡一样“冒”到数组的最尾部，可以认为由这个元素组成的只有一个元素的子序列是已经排好序的，然后对剩下的元素继续上述过程，直到全部元素有序。程序代码如下。

```
#include <iostream>
using namespace std;
void nBubble(int a[ ], int nSize);
const int N = 6;
int main()
{
    int DataArray[N] = {1,7,3,22,9,5};
    nBubble(DataArray, N);
    cout <<"冒泡排序法排序后的数组为: \n";
    for(int i = 0;i < N;i++)
        cout << DataArray[i]<<"\t";
    return 0;
}
void nBubble(int a[ ], int nSize)
{
    int i,j,t,flag;
    for(i = 0;i < nSize;i++)
    {
        flag = 0;
        for(j = 0;j < nSize - i - 1;j++)
            if(a[j]> a[j + 1])
            {
                t = a[j];
                a[j] = a[j + 1];
                a[j + 1] = t;
                flag = 1;
            }
        if(flag == 0) break;
    }
}
```

程序运行结果与例 5-7 相同。

5.6.2 查找

查找数组元素是与数组有关的另一种重要算法。有时候需要知道一个元素在数组中的位置，即要通过元素值找到下标值，这就需要用到查找算法。

本节介绍两种基本的查找方法：顺序查找法和二分查找法。顺序查找法很容易实现，但效率不高；二分查找法的效率很高，但要求数组在查找前已经排好序。这两种方法各有所长，可根据实际情况灵活选用。

【例 5-9】 顺序查找。

问题分析：顺序查找法的思路是按顺序逐个访问数组元素，并将其要找的值比较，直到找到与要查找的值相同的元素．程序代码如下。

```
#include <iostream>
using namespace std;
void SequentialSearch(int a[],int nSize,int nValue);
const int N=6;
int main()
{
    int DataArray[N]={1,7,3,22,9,5};
    SequentialSearch(DataArray,N,9);
    return 0;
}
//参数 a[]为查找数组,nSize 为数组长度,fValue 为要查找的值
void SequentialSearch(int a[],int nSize,int nValue)
{
    int i,k=nSize;                          //设置 k 为查找标记
    for(i=0;i<nSize;i++)
        if(a[i]==nValue)
        {
            k=i;
            break;                          //退出循环
        }
    if(k<nSize)
        cout<<"顺序查找法找到了元素!是第 "<<k+1<<"个元素: "<<a[k]<<endl;
    else
        cout<<"在数组中没有要找的元素!"<<endl;
}
```

程序运行情况：

```
顺序查找法找到了元素!是第 5 个元素: 9
```

【例 5-10】 二分法查找。

问题分析：在数组中的元素已经排好序的前提下，使用二分查找法可以极大地提高查找效率。二分查找法的思路是这样的：首先假设数组已经按增序排好序，取位于数组中间的元素同要查找的值比较，如果待查值等于这个元素的值，则查找结束；如果待查值小于这个元素的值，则要查找的元素肯定在数组的左半边，将数组左半边看成完整的数组，继续使用二分查找法查找；如果待查值大于这个元素的值，则要查找的元素肯定在数组的右半边，将数组右半边看成完整的数组，继续使用二分查找法查找。程序代码如下。

```
#include <iostream>
using namespace std;
void TwoSearch(int a[],int nSize,int nValue);
const int N=6;
int main()
{
    int n,DataArray[N];
```

```
    cout<<"输入"<<N<<"个数据: ";
    for(int i=0;i<N;i++)
    {
        cin>>DataArray[i];
    }
    cout<<"\n 输入要查找的数: ";
    cin>>n;
    TwoSearch(DataArray,N,n);
    return 0;
}
void TwoSearch(int a[],int nSize,int nValue)
{
    int flag=0;                          //设置 flag 为查找标记
    int nStart=0;                        //开始元素下标
    int nEnd=nSize-1;                    //结尾元素下标
    int nMid;                            //二分法中间元素下标
    while(nStart<=nEnd)
    {
        nMid=(nStart+nEnd)/2;  //计算中间元素下标
        if(a[nMid]==nValue)
        {
            flag=1;                      //标记查找成功
            break;                       //退出循环
        }
        //如果待查找的值大于中间元素的值,取后半边继续查找; 否则,取前半边继续查找
        if(nValue>a[nMid])
            nStart=nMid+1;
        else
            nEnd=nMid-1;
    }
    if(flag)
        cout<<"\n 二分查找法找到了元素!是第 "
            <<nMid+1<<" 个元素: "<<a[nMid]<<endl;
    else
        cout<<"\n 在数组中没有要找的元素!"<<endl;
}
```

程序运行情况:

```
输入 6 个数据: 17    3    22    9    5
顺序查找法找到了元素!是第 5 个元素: 9
```

5.6.3　统计

统计也是与数组有关的另一种常用算法。当需要知道一个元素在数组中出现的次数时,就要用到统计的算法。

本节通过两个例题介绍两种常用的统计方法,一种是顺序查找统计法,另一种是借用数组下标值的统计方法。实际上统计方法很多,可根据具体情况灵活运用。

【例 5-11】 顺序查找统计。

问题分析：顾名思义，顺序查找统计是按顺序逐个访问数组元素，每找到一个要统计的元素，就给计数器变量加 1。程序代码如下。

```
#include <iostream>
using namespace std;
void Statistics(int a[],int nSize,int nValue);
const int N = 10;
int main()
{
    int nDataArray[N] = {1,7,3,7,9,3,12,7,15,9};
    int nData;
    cout <<"输入欲统计的元素值: ";
    cin >> nData;
    Statistics(nDataArray,N,nData);            //调用统计函数
    return 0;
}
void Statistics(int a[],int nSize,int nValue) //顺序查找统计函数
{
    int i,nSum = 0;
    for(i = 0;i < nSize;i++)
        if(a[i] == nValue)
            nSum++;
    if(nSum)
        cout <<"元素 "<< nValue <<" 共有 "<< nSum <<" 个"<< endl;
    else
        cout <<"没有元素 "<< nValue << endl;
}
```

程序运行情况：

```
输入欲统计的元素值: 7
元素 7 共有 3 个
```

【例 5-12】 借用数组下标值进行统计。

问题分析：此方法是一种技巧性算法，主要借用元素的一些特性（例如整除某数后的商均相等或其值就等于数组下标等）来进行统计。例如，输入若干整数，其值均在 1～4 的范围内，编写程序实现统计每个整数的出现次数。程序代码如下。

```
#include <iostream>
using namespace std;
int main()
{
    int nStatsResulte[4] = {0,0,0,0};          //存放统计结果的数组
    int nData;
    cout <<"请输入数据(1～4),输入其他时结束: "<< endl;
    cin >> nData;
    while(nData > 0&&nData < 5)                //限定数据范围的循环
    {
        nStatsResulte[nData - 1]++;           //注意数组的下标[nData - 1]的作用
```

```
        cin>> nData;
    };
    cout<<"统计结果为: "<< endl;
    for(int i = 0;i<4;i++)
        cout<<"数字"<< i + 1 <<" : "<< nStatsResulte[i]<<"个\n";
    return 0;
}
```

程序运行情况：

```
请输入数据(1～4),输入其他时结束:
12 3 4 1 2  6
统计结果为:
数字 1: 2个
数字 2: 2个
数字 3: 1个
数字 4: 1个
```

5.6.4 字符处理

字符处理是 C++的特色功能之一，在计算机水平与等级考试中经常出现。关于字符处理的方法很多，但最主要的还是掌握如何灵活运用字符型数组的下标。

【例 5-13】 在给定的由英文单词组成的字符串中，找出其中所包含的最长的单词(同一字母的大小写视为不同字符)。约定单词全由英文字母组成，单词之间由一个或多个空白符分隔。

问题分析：从左至右顺序扫视字符串，逐个记录单词的信息(包括单词的开始位置和单词的长度)，如果当前单词的长度比之前的单词更长时，记录当前单词的开始位置和长度，继续此过程直至字符串扫视结束，最后输出最长的单词。程序代码如下。

```
#include <iostream>
using namespace std;
int main()
{
    char pStr[] = "This is C programming test.";
    int i = 0, wordLen = 0, maxLen = 0, pos = 0;
    while(pStr[i]!= '\0')
    {
        while(pStr[i]!= ' '&&pStr[i]!= '\0')   //区分单词并计算长度
        {
            wordLen++;
            i++;
        }
        if(wordLen > maxLen)                   //记录最长单词的位置与长度
        {
            pos = i - wordLen;
            maxLen = wordLen;
        }
        while(pStr[i] == ' ')                  //跳过单词之间的空格
            i++;
```

```
        wordLen = 0;                            //为计算下一个单词长度赋初值
    }
    cout <<"最长的单词为: ";
    for(i = 0;i < maxLen;i++)                   //逐个输出找到的最长单词
        cout << pStr[pos + i];
    cout << endl;
    return 0;
}
```

程序运行情况：

```
最长的单词为: programming
```

5.6.5 数列处理

数列通常由一序列有规律的数组成，最有名的就是杨辉三角数列，对杨辉三角数列的操作是程序设计的经典例题。在第 3 章中简单地介绍过杨辉三角数列的输出，这里重点介绍利用数组生成杨辉三角数列的方法。

【例 5-14】 生成杨辉三角数列。

```
            1
          1   1
        1   2   1
      1   3   3   1
    1   4   6   4   1
  1   5  10  10   5   1
1   6  15  20  15   6   1
            …
```

背景知识：杨辉，字谦光，南宋时期杭州人。在他 1261 年所著的《详解九章算法》一书中，辑录了如上所示的三角形数表，所以现在称该数表为“杨辉三角”。

问题分析：

与杨辉三角联系最紧密的是二项式乘方展开式的系数规律，即二项式定理。例如，在杨辉三角中，第三行的第 3 个数恰好对应着两数和的平方的展开式的每一项系数，即：

$$(a+b)^2=a^2+2ab+b^2$$

第四行的 4 个数恰好依次对应两数和的立方的展开式的每一项系数，即：

$$(a+b)^3=a^3+3a^2b+3ab^2+b^3$$

以此类推。

杨辉三角有下列特点：

(1) 端点的数为 1。

(2) 每个数等于上一行的左右两个数字之和。

(3) 每行数左右对称，由 1 开始逐渐变大。

(4) 第 n 行的数字有 n 项。

(5) 第 n 行的第 m 个数和第 $n-m+1$ 个数相等。

生成杨辉三角数列有许多种方法，这里仅介绍 4 种常用的方法，以供读者参考。程序代码如下。

```
#include<iostream>
#include<iomanip>
using namespace std;
int main()
{
    int i,j,n;
    while(n<1||n>16)
    {
        cout<<"请输入杨辉三角形的行数:";
        cin>>n;
    }

    //解法一: 生成 n 行数列
    int a[17][17] = {1};                //除 a[0][0] = 1,其他数组元素都为 0
    for(i = 1;i<n;i++)                  //a[1][0] = a[2][0] = … = a[n-1][0] = 1
        a[i][0] = 1;
    for(i = 1;i<n;i++)                  //再生成 n-1 行,共 n 行
        for(j = 1;j<= i;j++)
            a[i][j] = a[i-1][j-1] + a[i-1][j];
    for(i = 0;i<n;i++)                  //输出 n 行
    {
        for(j = 0;j<= n-i;j++)
            cout<<setw(3)<<"";
        for(j = 0;j<= i;j++)
            cout<<setw(6)<<a[i][j];
        cout<<endl;
    }
/*
    //解法二: 生成 n+1 行数列
    int a[17][17] = {0,1};              //a[0][0] = 0,a[0][1] = 1
    for(n++,i = 1;i<n;i++)              //再生成 n 行,共 n+1 行
        for(j = 1;j<= i;j++)
            a[i][j] = a[i-1][j-1] + a[i-1][j];
    for(n--,i = 1;i<= n;i++)            //恢复 n 值,输出 n 行
    {
        for(j = 0;j<= n-i;j++)
            cout<<setw(3)<<"";
        for(j = 1;j<= i;j++)
            cout<<setw(6)<<a[i][j];
        cout<<endl;
    }

    //解法三: 使用两个一维数组
    int a[17] = {1},b[17];
    for(i = 1;i<= n;i++)
    {
        for(j = 0;j<= n-i;j++)
            cout<<setw(3)<<"";
        b[0] = a[0];
```

```
        for(j = 1;j <= i;j++)
            b[j] = a[j - 1] + a[j];
        for(j = 0;j <= i - 1;j++)
        {
            cout << setw(6)<< b[j];
            a[j] = b[j];
        }
        cout << endl;
    }
    //解法四: 使用一个一维数组
    int a[17] = {0,1},l,r;
    for(i = 1;i <= n;i++)
    {
        for(j = 0;j <= n - i;j++)
            cout << setw(3)<<"";
        l = 0;
        for(j = 1;j <= i;j++)
        {
            r = a[j];
            a[j] = l + r;
            l = r;
            cout << setw(6)<< a[j];
        }
        cout << endl;
    }
*/
    return 0;
}
```

5.7 小结与知识扩展

5.7.1 小结

数组属于复合类型,是具有相同类型的一组数据的集合,它占用连续的内存单元用于存储信息。数组的主要特征:一是数据类型一致,二是在内存中连续存放数据。因此,在使用数组进行程序设计时,通常都是巧妙利用数组的下标与循环控制结构中循环控制变量之间的关系,完成对大量数据的赋值、排序、统计等功能。

5.7.2 数组越界

C++中的数组必须是静态的。换而言之,数组的大小必须在程序运行前就被确定下来。C++本身不检验数组边界,所以数组的两端都有可能越界而使其他变量的数据甚至程序代码被破坏。因此,对于C++来说,数组的边界检验是程序员的职责。

C++编译系统并不检查数组是否越界,它只给已定义的数组元素分配内存,超过的部分则依次往后排,至于这些存储单元的用途是什么,系统是不管的。对这些存储单元进行操作,一般不会有问题,但如果向这些存储单元写入数据,就会导致不可预料的错误。可以试试下面的程序代码:

```
int main()
{
    int a[2],i;
    for (i = 0;i < 1000;i++)
        cout << a[i];
    return 0;
}
```

注意：在上述程序中，千万不要试图给 a[2]以后的数组元素赋值。

5.7.3　算法的时间复杂度及其表示

算法的时间复杂度是衡量一个算法效率的基本方法。算法的时间复杂度的解释为：算法语句总的执行次数 $T(n)$是关于问题规模 n 的函数，通过分析 $T(n)$随 n 的变化情况可以确定 $T(n)$的数量级。算法的时间复杂度也就是算法的时间度量，记作 $T(n)=O(f(n))$，它表示随问题规模 n 的增大，算法执行时间的增长率与 $f(n)$的增长率相同，称作算法的渐进时间复杂度，简称为时间复杂度。其中，$f(n)$是问题规模 n 的某个函数。

现在结合一个简单的例子来说明时间复杂度。例如，计算 1＋2＋3＋4＋…＋100，现在通过最简单的方法实现这个算法，程序代码如下：

```
int sum = 0, n = 100;                    //执行了 1 次
for(int i = 1;i < = n;i++)               //执行了 n + 1 次
    sum += i;                            //执行了 n 次
cout << sum;                             //执行了 1 次
```

从代码附加的注释可知每个语句执行的次数，而这些语句执行次数的总和就是该算法所需要的时间。计算 1＋2＋3＋4＋…＋ 100 所用的时间(算法语句执行的总次数)为：

$$1+(n+1)+n+1=2n+3$$

当 n 不断增大，例如这次所要计算的不是 1＋2＋3＋4＋…＋100，而是 1＋2＋3＋4＋…＋n，其中，n 是一个非常大的数字。由此可见，上述算法的执行总次数(即所需时间)会随着 n 的增大而增加，但是在 for 循环以外的语句并不受 n 的规模影响(永远都只执行一次)。所以可以将上述算法的执行总次数简单地记为 $2n$，或者简记为 n。这样就得到了计算 1＋2＋3＋4＋…＋100 的算法的时间复杂度，记作 $O(n)$。

对于解决同一个问题，其算法通常不是唯一的。例如，解决计算 1＋2＋3＋4＋…＋100 这个问题，还有许多其他的算法。现在来看看数学家高斯解决这个问题的算法：

sum＝1＋2＋3＋4＋…＋100

sum＝100＋99＋98＋97＋…＋1

sum＋sum＝2×sum＝101＋101＋101＋…＋101

正好 100 个 101。

sum＝(100×101)/2＝5050

同样，将这个解法翻译成 C 语言代码：

```
int n = 100,sum = 0;                     //执行 1 次
sum = (n * (n + 1))/2;                   //执行 1 次
cout << sum;                             //执行 1 次
```

这样，针对问题 1＋2＋3＋4＋…＋100，又得到了一个算法的时间复杂度$O(3)$，一般记作 $O(1)$。

不难看出，从算法的效率上看，$O(3)<O(n)$，所以高斯的算法更快、更优秀。

这种用大写的 O 来代表方法的时间复杂度的方法有个专业的名字叫"大 O 阶"记法。现在给出算法的时间复杂度(大 O 阶)的计算方法。

推导"大 O 阶"的步骤如下：

(1) 用常数 1 取代运行时间中的所有加法常数。

(2) 在修改后的运行次数函数中只保留最高阶项。

(3) 如果最高阶项存在且不是 1，则去除与这个项相乘的常数。

下面针对一个有多个 for 循环的例子，按照上面给出的推导"大 O 阶"的方法来计算该算法的时间复杂度。先看下面的代码：

```
int n = 100000;                              //执行了 1 次
for(int i = 0;i < n;i++)                     //执行了 n + 1 次
    for(int j = 0;j < n;j++)                 //执行了 n × (n + 1)次
        cout << i << j;                      //执行了 n × n 次
for(int i = 0;i < n;i++)                     //执行了 n + 1 次
    cout << i;                               //执行了 n 次
cout <<"Done";                               //执行了 1 次
```

上面的代码严格说不能称为一个算法，这里只是以此为例，看看它的"大 O 阶"如何推导，先计算执行的总次数：

执行的总次数$=1+(n+1)+n\times(n+1)+n\times n+(n+1)+1=2n^2+3n+4$。

第一步：用常数 1 取代运行时间中的所有加法常数，则上面的算式变为：

$$执行总次数=2n^2+3n+1$$

第二步：在修改后的运行次数函数中只保留最高阶项。这里的最高阶是 n 的二次方，所以算式变为：

$$执行总次数=2n^2$$

第三步：如果最高阶项存在且不是 1，则去除与这个项相乘的常数。这里 n^2 的相乘常数不是 1，所以要去除这个项的相乘常数，算式变为：

$$执行总次数=n^2$$

因此，最后得到上面那段代码的算法时间复杂度表示为：

$$O(n^2)$$

至此，对什么是算法的时间复杂度和其表示法——"大 O 阶"的推导方法进行了说明。最后，为使大家对算法的效率有更直观的认识，现将常见的算法时间复杂度以及它们在效率上的高低顺序排列如下：

$O(1)$常数阶$<O(\lg n)$对数阶$<O(n)$线性阶$<O(n\lg n)<O(n^2)$平方阶$<O(n^3)<[O(2^n)<O(n!)<O(n^n)]$。

用中括号把最后三项括起来是想要告诉大家，如果所设计的算法推导出的"大 O 阶"是后三项，那么就应该放弃这个算法考虑研究新的算法了。因为，最后三项即便是在 n 的规模比较小的情况下仍然要耗费大量的时间，算法的时间复杂度太大，基本上不可使用。

习题

5-1 填空题

(1) 数组元素 $a[i]$是该数组中的第________个元素。

(2) 类型为 int 的数组 $a[10]$共占用________字节的存储空间。

(3) 假定对数组 $a[]$进行初始化的数据为[2,7,9,6,5,7,10],则 a[2]和 a[5]分别被初始化为________和________。

(4) 字符串"$xy=4\backslash n$"的长度为________。

(5) 若 a 是一个字符型数组,则 cin >> a 表示从键盘上读一个________到数组 a 中。

(6) 一个二维字符型数组 $a[10][20]$能够存储________个字符串,且每个字符串的长度至多为________。

(7) 若给 x 输入 78,则以下程序的运行结果为________。

```
#include <iostream>
#define M 10
using namespace std;

int main()
{
    int x,i,n = 5,a[M] = {0,110,82,65,42,22};
    cin>>x;
    a[0] = x;i = n;
    while(x > a[i])
    {
        a[i + 1] = a[i];
        i--;
    }
    a[i + 1] = x;n++;
    for(i = 1;i <= n;i++)
        cout << a[i]<<"  ";
    cout << endl;
    return 0;
}
```

5-2 选择题

(1) 已知一维数组 nSc 的声明如下:

```
int nSc[6];
```

以下对 nSc 中的所有元素进行初始化,使其值均为 0 的程序段不正确的是[ ]。

A. for (int i=0;i<6;i++) nSc[i]=0;

B. nSc[0]=0;
for(int i=1;i<6;i++) nSc[i]=nSc[i−1];

C. for (int i=1;i<=6;i++) nSc[i]=0;

D. nSc[0]=nSc[1]=nSc[2]=nSc[3]=nSc[4]=nSc[5] =0;

(2) 以下对一维数组赋初始值的语句中,正确的是[ ]。

A. int a[10]="This is a string";

B. char a[]="This is a string";

C. int a[3]={1,2,3,4,5,0};

D. char a="This is a string";

(3) 如果将一个二维数组 Matrix[5][5]中的各个元素复制到一个一维数组 List[25]中：

```
int nIndex = 0,j;
for(int i = 0;i<5;i++)
    for(j = 0;j<5;j++)
    {
        List[nIndex] = Matrix[i][j];
        nIndex++;
    }
```

则二维数组 Matrix 中的任意元素 Matrix[m][n]的值将与同一维数组 List 中的哪个元素相等？[　　]

A. List[m*5+n+1]　　B. List[m*6+n]

C. List[m*6+n+1]　　D. List[m*5+n]

(4) 如果有以下语句：

```
char st1[] = "12345";
char str2[] = {'1','2','3','4', '5'};
```

则以下描述中正确的是[　　]。

A. 数组 st1 和数组 st2 的长度相等

B. 数组 st1 的长度大于数组 st2 的长度

C. 数组 st1 的长度小于数组 st2 的长度

D. 数组 st1 等价于数组 st2

(5) 关于顺序查找法和二分查找法，以下描述正确的是[　　]。

A. 在数组元素已经排好序的前提下，二分查找法的效率比较高

B. 二分查找法的效率比顺序查找法高

C. 在数组元素已经排好序的前提下，顺序查找法的效率比较高

D. 顺序查找法的效率比二分查找法高

5-3　编程题

(1) 有一个数列，它的第一项为 0，第二项为 1，以后每一项都是它的前两项之和，试输出此数列的前 20 项并按逆序显示。

(2) 从键盘上输入一个字符串，假定该字符串的长度不超过 30，统计出该字符串中所有十进制数字字符的个数。

(3) 将一个一维数组中相同的元素删除到只保留一个，然后按由大到小的顺序输出。

(4) 求两个 4×4 的矩阵 A 与 B 的和及其差，并按矩阵形式输出。进一步考虑求出矩阵 A 与 B 的乘积。

(5) 输入一行字符，统计其中有多少个单词(单词之间用空格分隔开)。

(6) 编写程序，将输入的一个十进制数分别转换为二进制、八进制和十六进制数。

(7) 某学校有 8 名学生参加 100 米短跑比赛，每个运动员的编号和成绩如表 5-4 所示。请按照比赛成绩从高到底进行排序并输出结果。

表 5-4　100 米短跑比赛成绩

运动员号	姓　　名	成绩(秒)
001	李建华	13.6
002	张　岩	14.8
010	胡晓强	12.0
013	马万驰	12.9
023	米星雨	13.4
030	余秋实	14.1
055	李　枫	13.5
089	苏良川	12.6

CHAPTER 6

第6章 自定义数据类型

本章要点

- 结构体、共用体、枚举类型
- 类型自定义语句
- 类和对象

本章主要介绍结构体、共用体和枚举类型，它们同数组一样属于复合类型。另外，将介绍如何使用 typedef 语句将一个普通的标识符定义为类型标识符。最后，将对一种特殊的用户自定义数据类型——类和对象进行简单的介绍。

6.1 结构体

第 5 章所介绍的数组是若干相同数据类型的元素组成的有序集合，但是在处理实际问题时，经常会遇到由相互关联但类型不同的数据组成的数据结构。例如，要描述某一商品的一笔销售情况，就要包括商品号、商品名、单价、数量、金额和销售日期等数据，它们的数据类型各不相同，但属于同一个整体，这样的数据结构在 C++ 中用结构体表示。

6.1.1 结构体类型的定义

之前介绍的变量和数组，其数据类型是由 C++ 本身定义好的，但结构体不同，它是由多种数据成分组成的复杂的数据类型，其数据结构是随具体问题而变化的。例如，要描述商品信息(商品号、商品名、单价、数量、金额和销售日期等)就要建立商品类型的结构体，要描述学生信息(如学号、姓名、性别、年龄、入学时间、年级、专业等)就要建立学生类型的结构体，它们内部的数据组成截然不同。所以 C++ 无法事先建立好一个能描述一切事物的统一的结构体类型，而只能提供一个建立结构体类型的规则。因此，要定义描述某一问题数据结构的变量，程序员首先应从实际问题要描述的对象出发，自己建立一个结构体类型(称为结构体类型的定义),然后再用这个结构体类型去定义相应的变量。

定义一个结构体类型的一般形式为:

```
struct  <结构体类型名>
{
    <类型标识符>  成员名 1;
    <类型标识符>  成员名 2;
    …
    <类型标识符>  成员名 n;
};
```

例如,可定义如下学生结构体类型:

```
struct Student                        //定义学生结构体类型
{
    unsigned int no;                  //学号
    char name[20];                    //姓名
    bool sex;                         //性别
    int math;                         //高数成绩
    int english;                      //英语成绩
    int computer;                     //计算机成绩
    float aver;                       //平均成绩
};
```

说明:

(1) 定义结构体类型时,使用关键字 struct,结构体类型名的命名应符合 C++的标识符命名规则,之后就可以用于声明该结构体类型的变量了。

(2) 结构体中的某个数据成分被称为"成员",成员可以是基本数据类型,也可以是另一个诸如结构体这样的复杂数据类型。

(3) 花括号内是一个成员表,成员名可以与程序中的变量名相同,但不能与结构体类型名相同,每个成员的末尾以及花括号后边都要加分号。

(4) 若同一个结构体类型要被多个源文件使用,则经常将这些结构体类型的定义集中存放在一个头文件中,源文件中只要用 #include 命令包含此头文件即可,不必在每个源文件中重复同样的结构体类型定义。

这里要强调的是:定义一个结构体类型只是向 C++系统通报该结构体类型的名称和各成员的组成,C++对结构体类型并不分配内存,只有在定义结构体变量时,C++才为结构体变量分配内存。

1. 结构体变量的声明

结构体是一种数据类型,同基本数据类型一样,可以用于声明变量、作函数的参数等。声明结构体变量一般有以下两种形式。

形式一:

```
<结构体类型名>  变量名
```

形式二:

```
struct  <结构体类型名>  变量名
```

第二种形式是C语言留下来的，在C++中不常用。

例如，声明已定义的Student结构体类型的变量stu1和stu2：

```
Student stu1,stu2;
```

或

```
struct Student stu1,stu2;
```

另外，声明结构体变量也可在定义结构体类型的同时进行，其形式为：

```
struct [结构体类型名]
{
    <类型标识符>  成员名 1;
    <类型标识符>  成员名 2;
    …
    <类型标识符>  成员名 n;
}[变量 1,变量 2,… … 变量 n];
```

例如，定义Student结构体类型，同时声明其变量stu1和stu2：

```
struct Student
{
    unsigned int no;
    char name[15];
    bool sex;
    int math;
    int english;
    int computer;
    float aver;
}stu1,stu2;
```

这里既定义了结构体类型Student，又定义了结构体变量stu1、stu2，形式比较紧凑。如果以后需要再定义新的结构体变量stu3、stu4，还可以用语句：

```
Student stu3,stu4;
```

进行声明。

采用这种方法声明结构体变量时，结构体类型名Student可以缺省，即定义一个无名结构体类型。因为类型无名称，当然以后就无法再用此类型声明新的结构体变量了。

2. 结构体的大小

声明的结构体变量将按照结构体中的各个成员按顺序在内存中分配空间。因此，结构体的大小大于等于各成员在内存中所占字节数之和。

例如，用上面的Student结构体声明的变量stu1究竟将在内存中占用多少个字节呢？下面详细介绍结构体大小是如何计算的。

结构体大小会涉及到字节对齐的问题，其目的是让计算机快速读写，以空间换取时间。即最后一个成员的偏移量加上最后一个成员的大小再加上末尾的填充字节数。

那么什么是结构体中的偏移量？结构体中的偏移量是一个成员的实际地址和结构体首

地址之间的距离。结构体内偏移规则如下：

(1) 每个成员的偏移量都必须是当前成员所占内存大小的整数倍，如果不是编译器会在成员之间加上填充字节。

(2) 当所有成员大小计算完毕后，编译器判断当前结构体大小是否是结构体中最宽的成员变量大小的整数倍。如果不是会在最后一个成员后做字节填充。

例如，定义如下的结构体 test1：

```
struct test1
{
    char a;
    int b;
    short c;
};
cout << sizeof(test1)<< endl;
```

结构体中共有一个 char 类型，一个 int 类型和一个 short 类型成员。如果只按照这几个成员大小相加，结构体大小应该是 1+4+2=7 个字节大小，但实际上该结构体的大小是 12 个字节。

下面来一步步分析编译器是如何计算大小并进行分配的。

① 遇到第一个成员变量 a，该成员偏移量为 0，大小为 1，符合偏移规则第一条。

② 第二个成员变量 b，偏移量为 1，大小为 4，不符合偏移规则第一条。在成员 a 和 b 之间填充 3 个字节，此时，偏移量为 4，符合偏移规则第一条。

③ 第三个成员变量 c，偏移量为 8，大小为 2，符合偏移规则第一条。

④ 所有成员大小计算完后，执行偏移规则第二条。最宽的类型是 b，int 类型，4 个字节，当前结构体计算出的大小为 10，并不符合第二条规则，于是在末尾填充 2 个字节，最终结构体的大小为 12 个字节，满足第二条偏移规则。到此结构体大小计算结束。

如果将上述成员的类型进行调整，定义如下的结构体 test2：

```
struct test2
{
    int a;
    char b;
    short c;
};
```

这时，该结构体的大小是否还是 12 个字节呢？同样，下面根据结构体内偏移规则来分析编译器这次是如何计算大小并进行分配的。

① 第一个成员变量 a，偏移量为 0，大小为 4，符合偏移规则第一条。

② 第二个成员变量 b，偏移量为 4，大小为 1，符合偏移规则第一条。

③ 第三个成员变量 c，偏移量为 5，大小为 2，不符合偏移规则第一条。在成员 b 和 c 之间填充 1 个字节，此时，偏移量为 6，符合偏移规则第一条。

④ 所有成员大小计算完后，执行偏移规则第二条。最宽的类型是 a，int 类型，4 个字节，当前结构体计算出的大小为 8，满足第二条偏移规则。

由此可见，即使结构体的成员类型相同，也有可能因成员的顺序不同，其结构体的大小也不同。

如果将结构体成员改变为数组，定义如下的结构体 test3：

```
struct test3
{
    char a;
    char b[4];
    char c[2];
};
```

这时，该结构体的大小为 7 个字节。读者可以根据结构体内偏移规则自行分析过程。

现在用同样的方法来分析上面所定义的 Student 结构体的大小。

```
struct Student
{
    unsigned int no;                    //4 个字节
    char name[20];                      //20 个字节
    bool sex;                           //1 个字节
    int math;                           //4 个字节
    int english;                        //4 个字节
    int computer;                       //4 个字节
    float aver;                         //4 个字节
}stu1;
```

根据结构体内偏移规则第一条，需要在 sex 和 math 之间填充 3 个字节。因此，确定用上面的 Student 结构体声明的变量 stu1 究竟将在内存中占用 44 个字节。

3. 结构体变量的初始化

所谓结构体变量的初始化，就是在定义结构体变量的同时，对它的每个成员赋初值，形式与数组赋初值非常相似，其形式为：

<结构体类型> 变量名 = {表达式 1，表达式 2，…，表达式 n}

其中，n 个表达式分别对应于结构体中的 n 个成员。例如：

```
Student stu = {20130101,"XuXin",false,86,90,98};
```

注意：

(1) 表达式各类型要与结构体成员的类型对应一致。

(2) 只可在声明结构体变量时对其进行初始化，不可对结构体类型初始化，以下是错误的：

```
struct Student
{
    unsigned int no = 20130101;
    char name[20] = "XuXin";
    bool sex = false;
    int math = 86;
    int English = 90;
    int computer = 98;
    float aver;
};
```

6.1.2　结构体变量的引用

一个结构体变量应该以其成员为单位进行访问。依照某个成员的数据类型，可以按照相应数据类型的操作规范进行访问，换句话说，可以将一个结构体变量中的成员当成普通变量来使用。访问一个结构体变量的成员的形式是：

<结构体变量名>.<成员名>

其中，“.”称为成员运算符，它的优先级高于所有的算术运算符、条件运算符和逻辑运算符。例如：

```
Student stu = {20130101,"XuXin",false,86,90,98};
stu.ave = (stu.math + stu.english + stu.computer)/3;
```

如果一个结构体中包含另一个结构体作为其成员，则访问该结构体中的成员时，要使用如下形式：

<结构体变量名>.<结构体成员名>.<成员名>

例如，在学生结构体 Student 中有一个出生日期成员 birthday，其类型是 Date 结构体，定义如下：

```
struct Date
{
    int year;
    int month;
    int day;
};
struct Student
{
    unsigned int no;
    char name[20];
    bool sex;
    Date birthday;
    int math;
    int English;
    int computer;
    float aver;
}stu1;
```

如果要访问结构体变量 stu1 中的二级成员 year、month、day，须用形式：

```
stu1.birthday.year = 1996;
stu1.birthday.month = 10;
stu1.birthday.day = 11;
```

另外，在此要特别加以说明的是：结构体变量本身不代表一个特定的值，所以对结构体变量进行各种运算(算术运算、比较运算、逻辑运算等)均无实际意义，但结构体变量可以作为函数参数，同类型的结构体变量之间也可以赋值，其赋值规则是按成员依次赋值。

例如，stu1 和 stu2 是由同一结构体类型 Student 定义的，所以可以相互赋值：

```
stu2 = stu1;                              //合法
```

以上表示将stu1的每个成员的值赋给stu2的对应成员，使这两个结构体变量所有成员的值完全相同。

6.1.3 结构体数组

多个同一类型的结构体变量也可以用数组的形式来处理，称为结构体数组。

结构体数组在内存中的存放格式类似于普通数组，仍然是按元素顺序排列，只不过每个元素占用的字节数一般比普通数组要多。下面举例说明结构体数组的应用。

【例6-1】 有6个学生，每个学生数据包括学号、姓名、三门课的成绩，编写程序实现：

(1) 计算每个学生的平均成绩。

(2) 将学生数据按平均成绩从高到低排序。

问题分析：首先需要定义一个Student结构体，这里每个学生的数据组成都是相同的，所以可以用Student结构体定义长度为6的数组，这个数组中的每一个元素都具有相同的数据结构，即Student结构体。程序代码如下。

```
#include <iostream>
#include <iomanip>
using namespace std;
struct Student                          //定义结构体类型
{
    int no;
    char name[20];
    int score[3];
    float aver;
};
const int N = 6;
void Output(Student a[N])               //输出学生数据函数
{
    cout<<"\n              学 生 数 据 表\n\n";
    cout<<"学号    姓 名      成绩 1   成绩 2   成绩 3   平均成绩\n";
    cout.precision(4);                  //设定小数部分
    for(int i = 0;i < N;i++)
    {
        cout << a[i].no;
        cout.width(10);                 //设定输出宽度
        cout << a[i].name;
        cout << setw(8)<< a[i].score[0]
            << setw(8)<< a[i].score[1]
            << setw(8)<< a[i].score[2]
            << setw(8)<< a[i].aver << endl;
    }
}
int main()
{
    int i,j,k;
    Student stu[N] = {{1001,"Koulei",98,88,76},
    {1002,"Yifan",95,90,88},
    {1003,"Boren",76,78,84},
```

```
    {1004,"Liming",56,60,72},
    {1005,"Xuxin",96,93,90},
    {1006,"Jingyi",86,79,90}};
    Student temp;
    for(i = 0;i < N;i++)
    {
        for(j = 0;j < 3;j++)
            stu[i].aver += float(stu[i].score[j]);
        stu[i].aver/ = 3;
    }
    for(i = 0;i < N - 1;i++)
    {
        k = i;
        for(j = i + 1;j < N;j++)
            if(stu[k].aver < stu[j].aver)     k = j;
        if(k!= i)
        {
            temp = stu[i];                  //用结构体直接进行交换
            stu[i] = stu[k];
            stu[k] = temp;
        }
    }
    Output(stu);
    return 0;
}
```

程序运行情况：

```
                学 生 数 据 表
学号      姓 名      成绩 1   成绩 2   成绩 3   平均成绩
1005      Xuxin        96       93       90       93
1002      Yifan        95       90       88       91
1001      Koulei       98       88       76       87.33
1006      Jingyi       86       79       90       85
1003      Boren        76       78       84       79.33
1004      Liming       56       60       72       62.67
```

6.2 共用体

C++中允许同一段内存空间存储不同类型的数据，主要用于节省内存空间或数据共享。在需要用同一段内存空间保存不同类型数据时，就需要使用共用体类型。

共用体类型的定义和使用同结构体很相似，不同之处在于结构体中的成员所占用的存储空间是分开的，并且是连续的，而共用体中的成员所占用的空间是共享的，这样对其中一个成员的赋值，将会影响到其他所有成员的值。

在使用共用体类型前，同样也必须先定义一个共用体类型，其方法也与定义结构体相似。

```
union  [共用体类型名]
{
```

```
    <类型标识符> 成员名 1;
    <类型标识符> 成员名 2;
    …
    <类型标识符> 成员名 n;
}[变量 1,变量 2,……,变量 k];
```

例如：

```
union UnionDate
{
    int nIntData;
    char cCharData;
    float fRealData;
};
```

声明共用体变量的形式为：

<共用体类型名>　变量名

注意：共用体变量不允许赋初始值。

同结构体一样，共用体变量本身不代表任何值，只有共用体变量的成员才保存实际的数据。对共用体变量中成员的访问方法与结构体变量相同，其形式为：

<共用体变量名>.<成员名>

由于共用体中的成员共享存储空间，所以在任何一个时刻，共用体变量中的成员只有一个是有效的。例如，由共用体类型 UnionDate 定义共用体变量 MyUnion：

```
union UnionDate
{
    int nIntData;
    char cCharData;
    float fRealData;
}MyUnion;
```

如果对 nIntData 成员赋值：

```
MyUnion.nIntData = 65;
```

则会影响 MyUnion 的另两个成员 cCharData、fRealData 的值，即 cCharData 成员（只占 1 个字节）与 nIntData 成员的前 1 个字节相同，fRealData 成员（占 32 个字节）的前 4 个字节与 nIntData 成员的 4 个字节相同。

为了进一步说明共用体与结构体的区别，看下面的例题。

【例 6-2】 共用体与结构体的区别。

```
#include <iostream>
using namespace std;
struct Student
{
    int no;
    char name[15];
    int score[3];
```

```
    float aver;
};
union Utest
{
    char a;
    int b;
    char c[15];
};
int main()
{
    Student stu;
    Utest uni;
    cout <<"结构体变量 stu 的长度: "<< sizeof(stu)<< endl;
    cout <<"共用体变量 uni 的长度: "<< sizeof(uni)<< endl;
    return 0;
}
```

程序运行情况：

```
结构体变量 stu 的长度:36
共用体变量 uni 的长度:16
```

6.3　枚举类型

枚举类型也是一种复合类型，它是一系列有标识名的整型常量的集合，其主要作用是增加程序代码的可读性。枚举类型也是唯一允许用符号代表数据的数据类型，定义形式如下：

enum　<枚举类型名>{<枚举常量表>}[枚举变量]

其中，enum 是关键字，枚举常量表中的枚举常量之间用逗号分隔，例如：

enum Days{Sun ,Mon,Tue,Wed,Thu,Fri,Sat}today;

说明：Days 是自定义的枚举类型名，它有 7 个枚举常量(又称枚举值或枚举元素)。缺省时，系统的每一个枚举常量都对应一个整数，并从 0 开始，逐个增 1，也就是说枚举常量 Sun 等于 0、Mon 等于 1、Tue 等于 2 等，这些缺省的值也可重新指定，例如：

```
enum Days{Sun ,Mon,Tue = 4,Wed,Thu = 8,Fri,Sat}today;
```

则各枚举常量对应的整数依次为 0,1,4,5,8,9,10。

上述定义中，today 是枚举类型 Days 定义的变量，也可以用下列形式来定义：

```
enum Days today;
```

或

```
Days today;                            //省略 enum 关键字
```

枚举变量的取值只能是枚举常量表中的某个枚举常量，而不能用一个整型数据或其他类型数据为其直接赋值。例如：

```
today = Mon;                           //合法,值为 1
```

```
int i = today;                    //合法,值为1
today = 3;                        //不合法,不能直接赋值
```

注意：不要在定义枚举类型的同时，再对枚举常量、枚举变量及枚举类型名重新定义。例如下列的定义是不合法的：

```
int today;
int Sun;
```

【例 6-3】 五色球的组合。

问题分析：首先需要定义一个枚举类型 color{red，yellow，blue，white，black}用于表示五色球，五色球的组合则可以采用两两组合的算法完成。程序代码如下。

```
#include <iostream>
using namespace std;
int main()
{
    enum color{red, yellow, blue, white, black};
    int count = 0;
    int i, j, k, t, temp;
    for(i = red; i <= blue; ++i)
        for(j = i + 1; j <= black; ++j)
        {
            for(k = j + 1; k <= black; k++)
            {
                ++count;
                for(t = 0; t < 3; ++t)
                {
                    switch(t)
                    {
                    case 0:
                        temp = i; break;
                    case 1:
                        temp = j; break;
                    case 2:
                        temp = k; break;
                    default:
                        cout << "Impossible\n";
                    }
                    switch((enum color)temp)
                    {
                    case red:
                        cout << "red\t"; break;
                    case yellow:
                        cout << "yellow\t"; break;
                    case blue:
                        cout << "blue\t"; break;
                    case white:
                        cout << "white\t"; break;
                    case black:
                        cout << "black\t"; break;
                    default:
                        cout << "Impossible\n";
                    }
                }
```

```
                cout << endl;
            }
        }
    cout <<"共有"<< count <<"种组合\n";
    return 0;
}
```

程序运行情况：

```
red      yellow  blue
red      yellow  white
red      yellow  black
red      blue    white
red      blue    black
red      white   black
yellow   blue    white
yellow   blue    black
yellow   white   black
blue     white   black
共有 10 种组合
```

6.4 类型自定义语句

用户使用 typedef 语句可以将一个标识符定义为数据类型标识符，也就是可以将一个已有的类型名用一个新的类型名（别名）来代替。typedef 语句的形式是：

typedef <已有的类型名><类型别名>

例如：

```
tvpedef float FLOAT;
typedef char CH10[10];
```

这里，FLOAT 表示 float 类型，CH10 表 示具有 10 个元素的字符型数组类型。这样在以后的代码中，就可以使用这些类型名定义新的变量了。例如：

```
FLOAT x, y;
CH10 str;                          //str 是具有 10 个元素的字符型数组
```

它们与

```
float x, y;
char str[10];
```

是等价的。

typedef 语句只是为已有的数据类型定义新的类型标识符，几乎可以对所有的数据类型定义别名，但不能像 struct、union、enum 等一样构造出新的数据类型，当然也不能用来定义变量。下面再举两个示例以帮助理解。

```
typedef unsigned long ULONG;
ULONG uLint;                       //等价于 unsigned long uLint;
```

```
typedef struct MyStruct
{
    char name[10];
    int age;
    float salary;
}MYSTU;
MYSTU ms;                                //等价于 struct MyStruct ms;
```

6.5 类和对象

类是面向对象程序设计的基础和核心,也是实现数据抽象的工具。类实际上相当于一种特殊的用户自定义的数据类型,但它和一般的数据类型也有不同之处:类中不仅包含有一组相关的数据,还包含能对这些数据进行处理的函数,类中的数据具有隐藏性和封装性,类是实现C++的许多高级特性的基础。

可以声明属于某个类的变量,这种变量称为类的对象。在C++中,类和对象的关系实际上是数据类型和具体变量的关系。在程序中可以通过类定义中提供的函数访问该类对象的数据。

6.5.1 类的定义

定义一个类的语法与结构体的定义相类似,其一般形式为:

```
class  <类名>
{
private:
    <私有成员函数和数据成员的声明>
public:
    <公有成员函数和数据成员的声明>
};
<各个成员函数的定义>
```

其中,class是声明类的关键字,<类名>是标识符,表示定义的类的名字,类定义体内的函数和变量称为这个类的成员,它们分别称为成员函数和数据成员。

类的成员函数用于对数据成员进行处理,又称为"方法",程序中通过类的成员函数来访问其内部的数据成员,成员函数是类与外部程序之间的接口。一般类中成员函数的原型声明写在类定义体内,用以说明该成员函数的形式参数和返回值类型,而成员函数的定义一般写在类定义之外。通常采用下面的形式定义成员函数:

```
<类型标识符><类名>::<成员函数名>(形参表)
{
    <函数体>
}
```

例如,定义一个长方形类CRectangle。众所周知,长方形的主要特征有长和宽,所以在CRectangle类中设计了length和width两个数据成员。除此之外,在类定义体内还声明了可以求长方形面积的成员函数get_area( ),而成员函数get_area( )的定义则在类定义体外完成。另外,为帮助识别类,本书遵循一种常用但不通用的约定——将类名首字母大写。程序代码如下。

```
class  CRectangle
{
private:
    int length,width;
public:
    CRectangle(int l,int w)
    {     length=l;width=w;     }
    int get_area();
};
int CRectangle::get_area()
{
    return  length*width;
}
```

C++定义类时，可将类的各个成员划分成不同的访问级别，也称访问控制属性。有三种访问控制属性：public 表示成员是公有的，private 表示成员是私有的，protected 则表示成员是受保护类型的。公有成员可以被程序中的任何函数访问，而私有成员只允许本类的成员函数访问，任何外部程序对它进行访问都是非法的。可以看到，私有成员是在类中被隐藏的部分，它往往是用来描述该类对象属性的一些数据成员，这些数据成员用户无法访问，只有通过成员函数或某些特殊的函数才可引用；而公有成员一般是成员函数，它提供了外部程序与类的接口功能，用户通过公有成员访问该类中的数据。受保护类型的成员与私有成员在一般情况下含义相同，它们的区别体现在类的继承中对产生的新类的影响不同。

说明类成员访问权限的关键字 public、private 和 protected 在类体内出现的先后次序无关紧要，并可多次出现，但是一个成员只能具有一种访问属性。

6.5.2 对象的使用

类和对象的关系相当于普通数据类型与其变量的关系。类是一种逻辑抽象概念，声明一个类只是定义了一种新的数据类型，声明对象时才真正创建了这种数据类型的物理实体。

由同一个类创建的各个对象具有完全相同的数据结构，但它们的数据值可能不同。对象声明的一般形式为：

<类名>　<对象名>(实参表)

这里，实参表中的内容是对象初始化时所需的数据，C++语言通过类的构造函数完成对象的初始化。

例如，前面声明了一个 CRectangle 类，现在就可以用 CRectangle 类创建一个类的对象 c1：

```
CRectangle c1(10,20);
```

一旦创建了一个类的对象，程序就可以用运算符"."来引用类的公有成员，其一般形式为：

<对象名>.<公有数据成员名>

或

<对象名>.<公有成员函数名(实参表)>

例如,通过对象 c1 完成对成员函数 get_area( )的调用。

```
c1.get_area();
```

注意:只有用 public 定义的公有成员才能使用圆点操作符访问,对象中的私有成员是类中隐藏的数据,不允许在类外的程序中被直接访问,只能通过该类的公有成员函数来访问它们。

【例 6-4】 通过长方形类的成员函数求长方形的面积。

问题分析:定义一个长方形类 CRectangle,在此类中除了包含可以描述长方形特征的长和宽之外,还应有可以计算面积的函数。程序代码如下。

```
#include <iostream>
using namespace std;
class  CRectangle
{
private:
    int  length,width;
public:
    CRectangle(int l,int w)
    {     length = l;width = w;     }
    int get_area();
};
int CRectangle::get_area()
{
    return  length * width;
}
int main()
{
    CRectangle c1(10,20);
    cout <<"The area of rectangle:"<< c1.get_area()<< endl;
    return 0;
}
```

程序运行情况:

```
The area of rectangle:200
```

6.5.3 构造函数和析构函数

在 C++中定义一个简单类型的变量的同时可以给它赋初值,这称为变量的初始化。同样,C++语言允许在声明一个对象的同时给对象的数据成员赋初值。

C++在类定义中引进了构造函数,对象所要执行的任何初始化都由构造函数自动完成。与构造函数相对应的是析构函数,当一个对象失效时,析构函数自动完成所要进行的清理工作。

1. 构造函数

构造函数是在类中声明的一种特殊的成员函数,其作用是在对象创建时使用特定的值构造对象,将对象初始化为一个特定的状态。

构造函数的名字与它所属的类名相同，被声明为公有函数，且没有任何类型的返回值，在创建对象时被自动调用。

例如，前面定义的 CRectangle 类的构造函数为：

```
CRectangle(int l,int w)
{      length = l;width = w;      }
```

每个类都必须有构造函数，若类定义时没有定义任何构造函数，编译器也会自动生成一个不带参数的缺省构造函数，其形式如下：

```
<类名>::<缺省构造函数名>( )
{
    //…
}
```

当创建一个对象时，系统将自动调用该缺省构造函数来初始化对象，缺省的构造函数将对象的所有数据成员都初始化为零或空。

需要特别说明的是，作为类的一个成员函数，构造函数具有一般成员函数所有的特性，它可以访问类的所有数据成员，可以是内联函数，可以带有参数表，还可以带默认的形参值，构造函数也可以重载，以提供初始化类对象的不同方法。

2. 析构函数

析构函数的功能是用来释放一个对象的，析构函数本身并不删除对象，而是进行系统放弃对象之前的清理工作，它与构造函数的功能正好相反。

析构函数也是类的成员函数，它的名字是在类名前加字符“～”。析构函数没有参数，也没有返回值。析构函数不能重载，也就是说，一个类中只可能定义一个析构函数。

析构函数可以在程序中被调用，也可由系统自动调用。在函数体内声明的对象，当函数执行结束时，该对象所在类的析构函数会被自动调用。对于用 new 运算符动态创建的对象，在使用 delete 运算符释放它时，也会自动调用析构函数。

同样，如果一个类中没有定义析构函数，系统也会为它自动生成一个默认的析构函数，该析构函数是一个空函数，什么都不做。例如：

```
～CRectangle();
```

6.6　小结与知识扩展

6.6.1　小结

本章主要介绍几种常用的自定义数据类型，它们属于复合类型。与数组(若干相同类型的数据元素组成的有序集合)相比，结构体是由多种数据成分组成的复杂的数据类型，其数据结构是随具体问题而变化的。共用体在同一段内存空间保存不同类型数据，它的定义格式和结构体很相似。枚举类型是一系列有标识名的整型常量的集合，其主要作用是增加程序代码的可读性。几种常用自定义数据类型的对比总结如表 6-1 所示。

表 6-1　常用自定义数据类型对比

复合类型	成员数据类型	各成员存储空间	实　例
数组	必须一致	连续	int score[30];
结构体	可以不一致	连续	struct Student { unsigned int no; char name[20]; bool sex; int math; int english; int computer; float aver; }stu1;
共用体	可以不一致	共用	union UnionDate { int nIntData; char cCharData; float fRealData; }mydata;
枚举	必须一致		enum Days {Sun, Mon, Tue, Wed, Thu,Fri,Sat} today;

6.6.2 构造函数的重载

构造函数同其他函数一样也可以重载，通过重载构造函数可以方便对象的初始化。

【例 6-5】 CDate 类的定义及使用。

```
#include<iostream>
#include<stdlib.h>
using namespace std;
class CDate
{
private:
    int year,month,day;
public:
    CDate(int y,int m,int d)
        { year=y; month=m; day=d; }
    CDate(char * pdate)
        {
            int n;
            n=atoi(pdate);
            year=(n/10000);
            month=(n/100)%100;
            day=n%100;
        }
    void Get_date();
    ~CDate(){}
};
```

```
void CDate::Get_date()
{
    cout << year <<"年"<< month <<"月"<< day <<"日\n";
}

int main()
{
    int y,m,d;
    char str[10];
    cout <<"Input year.month.day:"<< endl;
    cin >> y >> m >> d;
    CDate d1(y,m,d);
    d1.Get_date();
    cout <<"Input string year.month.day:"<< endl;
    cin >> str;
    CDate d2(str);
    d2.Get_date();
    return 0;
}
```

程序运行情况：

```
Input year.month.day:
1991  1  5
1991 年 1 月 5 日
Input string year.month.day:
20140426
2014 年 4 月 26 日
```

习题

6-1 简答题

(1) 数组与结构体的异同点是什么？

(2) 结构体与共用体有何不同？

(3) 枚举变量的取值有何限制？能否用一个整型数据或其他类型的数据直接给枚举变量赋值？

(4) 类与结构体有何不同？

6-2 编程题

定义学生结构体，每个学生数据包括学号、姓名、三门课的成绩，编程实现：

(1) 键盘输入 10 个学生的信息。

(2) 计算每个学生的平均成绩，并且将学生数据按平均成绩从高到低排序。

(3) 统计各科不及格人数。

C H A P T E R 7

第7章 指 针

本章要点

- 指针与内存地址的关系
- 指针变量的声明和用法
- 指针与数组的关系
- 指针作为函数的参数和返回值
- 使用指针操作字符串
- 动态内存分配与 new 和 delete 运算符

计算机程序在数据存储时必须要跟踪以下三个属性：

(1) 数据存储于何处。

(2) 存储的数据是什么类型。

(3) 存储的值是多少。

存储的值是多少是我们最关心的，也是用得最多的属性。那么，数据存储于何处呢？数据存储在地址标识的内存空间中，而存储数据的类型则决定了数据所占内存空间的大小。

C++程序设计语言具备丰富的内存地址运算与操作能力，这种能力是通过指针来实现的。因此，要掌握 C++语言的精髓，必须学会使用指针。

7.1 指针的概念

为了说明什么是指针，首先必须弄清楚数据在内存中是如何存储的，又是如何读取的。

假设在程序中定义了变量，编译时，系统就根据程序中定义的变量类型分配一定长度的内存空间(以字节为单位)，用于存放该变量的值。例如，在程序中定义了以下三个变量：

```
int n;
float m;
```

```
char ch;
```

编译时，系统将分别为整型(int)变量 n 分配 4 个字节，为实型(float)变量 m 分配 4 个字节，为字符型(char)变量 ch 分配 1 个字节的内存空间。

1. 内存地址

内存空间的编排是以字节为单位的，每一个字节(也称单元)都有一个编号，这就是地址。如果将内存中的每个字节都想象为仓库的一个房间，那么内存的地址就相当于房间的编号，在地址所标识的内存中存放数据，相当于在房间中存放物品。

内存地址通常是一个大小为 4 个字节的整数(这与具体的计算机有关)，一般用十六进制数表示。例如 0x20000000、0x0012FF7C 等。内存的地址与内存中存放的内容是两个完全不同的概念，务必要弄清它们的区别。例如，定义了如下三个整型变量 i、j、k：

```
int i = 3, j = 6, k = 9;
```

因为 i、j 和 k 都是 int 变量，每个变量占 4 个字节的存储空间。假设编译时系统随机为变量 i、j 和 k 分配存储空间，如图 7-1 所示，分配 0x20000000～0x20000003 四个字节给变量 i，0x20000010～0x20000013 四个字节给变量 j，0x30000008～0x3000000B 四个字节给变量 k。

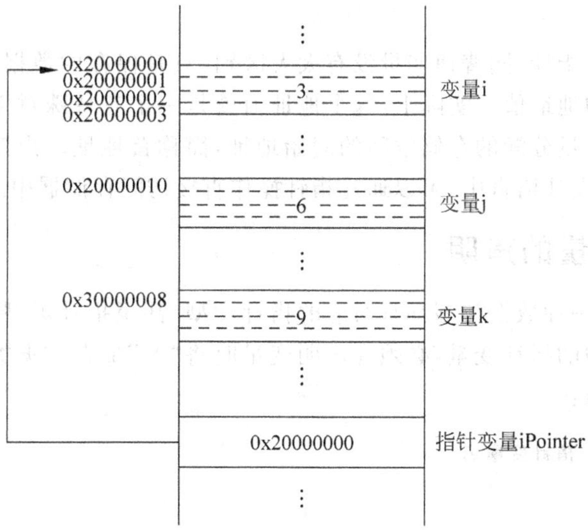

图 7-1 内存单元分配示意图

2. 指针

类似于在程序中定义整型、实型、字符等变量，可以定义这样一种特殊的变量，它是用来存放地址的，这个特殊的变量就是指针变量，简称为指针。例如，定义指针变量 iPointer 用于存放整型变量 *i* 的地址，即：

```
int * iPointer;
```

编译时，系统将为指针变量 iPointer 分配另一个内存空间，用于存放变量 *i* 的地址。可以通过下面语句将整型变量 *i* 的地址存放到 iPointer 中。

```
iPointer = &i;
```

这时,iPointer 的值就是 0x20000000,即变量 i 所占用内存空间的起始地址。

3. 直接访问和间接访问

在内存中已没有如 i、j、k 这样的变量名,对变量值的存取都是通过地址进行的。例如,运算式 $k=i+j$ 的执行是根据变量名与地址的对应关系进行的,找到变量 i 的起始地址 0x20000000,然后从由 0x20000000 起始的 4 个字节中取出数据,即变量 i 的值(3),同样再从 0x20000010 起始的 4 个字节中取出 j 的值(6),将它们相加后的和(9)送到 k 所占用的 0x30000008 起始的 4 个字节中。这种按变量存取值的方式称为"直接访问"方式。

要存取变量 i 的值,还可以采用另一种称为"间接访问"的方式。先找到存放"i 的地址"的单元,从中获得 i 的起始地址 0x20000000,然后到 0x20000000 起始的 4 个字节中取出 i 的值(3)。

简而言之,指针就是指向内存中某个单元的地址值。所有的变量、数组、对象等中的数据都保存在内存中,凡是保存在内存中的信息,必须知道它在内存中的位置。在计算机中,引用了"地址"这个词来代表内存的某个位置。内存以字节为单位编址,称为内存地址。

7.2 指针变量

指针变量简称为指针,同普通变量没有太大区别,只是保存的数据比较特殊,指针变量保存的是另一变量的地址值。实际上,这个地址值就是一个有特殊意义的 32 位整数,它是系统在内存中为该变量分配的存储空间的起始地址,简称首地址。指针常同内存操作联系在一起,在 C++程序设计语言中,可以通过指针操作直接访问存储器中的单元。

7.2.1 指针变量的声明

在 C++中,任何一种数据类型都有对应的指针类型,甚至指针类型本身也有指针类型。要声明某种数据类型的指针变量,必须在声明变量时将"*"加在数据类型的后面。指针变量声明的一般形式为:

<类型标识符>　* 指针变量名

说明:

(1)"*"表示所定义的变量是一个指针变量,以示与其他变量的区别。

(2) 指针变量名的命名应符合标识符的命名规则。

(3) 声明中的数据类型是指针变量所指变量的数据类型。声明指针变量时,"*"前后可以加空格,也可以不加,这完全取决于程序员的习惯。

指针声明时需要特别注意以下几点。

(1) 指针变量具有数据类型。虽然指针存放的都是内存地址,但一个指针变量只能存放声明中指定数据类型的地址。否则编译时会出错。例如:

```
int * iP;                                //声明 iP 用于指向 int 型变量
fload * fP;                              //声明 fP 用于指向 float 型变量
bool * bP;                               //声明 bP 用于指向 bool 型变量
```

```
char * cP;                                    //声明 cP 为 char 类型的指针
```

特别说明：char 类型的指针通常用于对字符串操作，而不用于指向 char 型变量。

(2) void * 型指针。void * 型指针是一个类型不确定的指针。不像 int * 、float * 等指针那样存放数据类型确定的变量的地址，void * 型指针中保存的可能是 int 型变量的起始地址，也可能是 float 型变量的起始地址，也可能什么都不是。如果要保存其他类型变量的起始地址，如 int 类型，需要将 void * 型指针强制转换为 int 型指针。

(3) 空指针 NULL。C++语言中定义了一个符号常数 NULL 用来代表空指针。所谓空指针，是人为规定的一个数值，用来表示“无效”的指针值，其值为 0。

7.2.2　指针的基本操作

与指针有关的基本运算符有以下两个。

1. &变量名

“&”为取地址运算符，用来获取变量的首地址。

2. * 指针变量名

这里的“ * ”为指向运算符，用来获取指针变量所指向变量的值。

“&”和“ * ”运算符都是一元运算符，其优先级高于所有二元运算符，具有从右到左的结合性。例如：

```
int i = 5, j, * pInt;                    //定义整型变量 i、j,同时定义整型指针变量 pInt
pInt = &i:                               //将 i 的指针(即首地址)赋给 pInt,使 pInt 指向 i
j = * pInt;                              //将 pInt 所指向的变量 i 的值(5)取出,并赋给变量 j
```

需要特别注意第 1 句和第 3 句中 * pInt 的区别。第 1 句是指针变量声明语句，其中的“ * ”表示 pInt 是一个指针类型变量，第 3 句指针变量前的“ * ”表示取出指针变量 pInt 的值，它们的意义和作用完全不同。

7.2.3　指针变量的初始化

与其他普通变量一样，指针变量也可以在声明时赋初值，完成指针变量的初始化。这里**要注意的是，所赋的初值必须是同类型的变量的地址**。上面的程序片段也可以用以下两句来实现：

```
int i = 5, j, * pInt = &i;               //用整型变量 i 的首地址初始化整型指针变量 pInt
j = * pInt;
```

在此还要强调，指针变量声明语句中的“ * ”只是一个标志，并没有间接存取内容的含义，不能把 int * pInt = &i 理解为将 i 的地址赋给指针变量 pInt 所指的内存单元，而应理解为将 i 的地址赋给指针变量 pInt 本身。

除 void * 型指针变量以外，其他类型的指针变量都可以通过在变量名前加“ * ”的方法，访问该指针变量所指向的内存单元中所保存的相应数据类型变量的值。

一个指针变量在使用之前必须先赋初值再使用，不然的话，程序运行时很可能出现不可预见的故障，如果没有具体明确的地址赋值，可以先赋以空指针 NULL。

下面通过例题进一步说明指针变量的使用。

【例 7-1】 指针变量的定义及使用。

```
#include<iostream>
using namespace std;
int main()
{
    int m,n,&k = m, *p1 = &m, *p2 = &n, *pInt = NULL;
    k = n = 6;
    cout<<"m = "<<m<<" , n = "<<n<<" ,k = "<<k<<endl;
    cout<<"&m = "<<&m<<" , &n = "<<&n<<" , &k = "<<&k<<endl;
    cout<<"p1 = "<<p1<<" , p2 = "<<p2<<" ,  pInt = "<<pInt<<endl;
    cout<<" *p1 = "<<*p1<<" , *p2 = "<<*p2<<endl;
    *p1 += 3;
    p2 = p1;
    *p2 * = 4;
    pInt = p2;
    cout<<" *p1 = "<<*p1<<" , *p2 = "<<*p2<<endl;
    cout<<"p1 = "<<p1<<" , p2 = "<<p2<<endl;
    cout<<"m = "<<m<<" , n = "<<n<<endl;
    cout<<"pInt = "<<pInt<<endl;
    return 0;
}
```

程序运行情况：

```
m = 6 , n = 6 , k = 6
&m = 0012FF7C , &n = 0012FF78 , &k = 0012FF7C
p1 = 0012FF7C , p2 = 0012FF78 , pInt = 00000000
*p1 = 6 ,*p2 = 6
*p1 = 36 , *p2 = 36
p1 = 0x0012FF7C , p2 = 0x0012FF7C
m = 36 , n = 6
pInt = 0x0012FF7C
```

程序说明：

(1) m、n 都是一般变量，k 是 m 的引用；&m 是变量 m 的地址，&n 是变量 n 的地址，&k 是引用 k 的地址，可以看出变量 m 和其引用 k 的地址是相同的。

(2) *p1、*p2 表示指针变量 p1、p2 所指变量的值，p1 存放变量 m 的地址，p2 存放变量 n 的地址，具体的地址值与程序的运行环境有关。

(3) *p1+=3 表示将 p1 所指内存单元的内容(即 m 的值 6)加 3 后，再存入 p1 所指的内存单元。

(4) p2=p1 表示将 p1 的内容(即 m 的地址)赋给 p2，使 p2 也指向 m。

(5) *p2*=4 表示将 p2 所指内存单元的内容乘以 4 后存入 p2 所指内存单元，其中最左边的"*"代表指向操作(即代表 p2 所指的变量)，中间的"*="为复合赋值运算符，其中的"*"代表乘法。

(6) 如果没有给指针变量 pInt 赋初值 NULL，编译时将会出现警告错误。

(7) 程序中的 p2=p1 执行完毕后的情况如图 7-2(a)所示；pInt=p2 执行完毕后的情

况如图 7-2(b)所示。

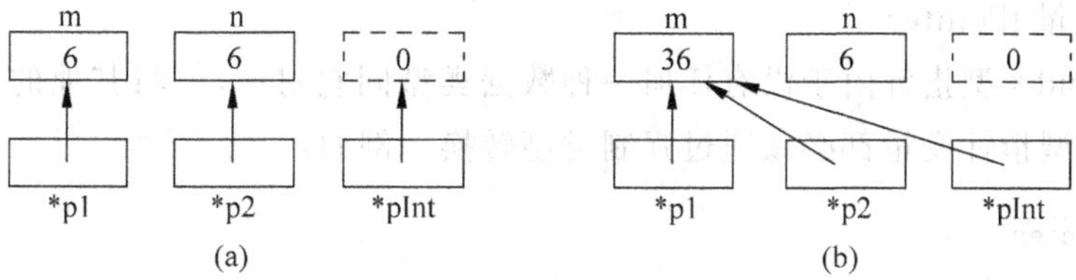

图 7-2　指针变量的使用

7.2.4　指针的运算

对指针也可以进行赋值、算术和关系运算。与普通表达式不同，指针的运算有它特有的规则，其中有些运算有特殊的意义，必须同一般的表达式区分开。

1. 指针的赋值运算

前面已经介绍了对指针变量赋值的简单情况，这里将详细讨论指针赋值的问题。

对指针变量进行赋值必须遵循变量赋值的规则，这种规则在指针赋值时更为严格。对于普通变量的赋值运算，即使变量类型与值的类型不同，赋值运算也是允许的，只不过这种赋值会遵循某些转换规则进行。而指针变量在赋值时，绝不允许将与指针变量类型不同的指针值赋予指针变量。例如：

```
int iValue;
char ch = 'A';
iValue = ch;                          //允许
```

是允许的，尽管 iValue 和 ch 是两种不同的数据类型。但

```
int * iPointer;
char ch = 'A';
iPointer = &ch;                       //不允许!
```

是不允许的，因为 &ch 的类型是 char *，而 iPointer 的类型是 int *。

在 C++ 中不允许将与指针变量类型不同的指针值赋予指针变量的原因在于：不同类型的普通变量的存储宽度是不一样的。例如，一个 char 型变量只占用一个字节，而一个 int 型变量要占用 4 个字节。如果用一个 char * 型指针指向一个保存 int 型变量的地址，则这个指针就只能对该变量的第 1 个字节进行读写，不能正确地对整个变量进行操作；相反地，如果用 int * 型指针指向一个保存 char 型变量的地址，则这个指针就会把该 char 型变量的值作为一个实际上不存在的 int 型变量的第 1 个字节与紧接着这个变量的后 3 个字节一起被当成一个 int 型变量进行读写。

在某些特殊情况下，如果需要用同数据类型不兼容的指针指向该数据类型的变量，可以使用强制类型转换，例如：

```
int * iPointer;
char ch = 'A';
iPointer = (int * )&ch;
```

将指向一个 char 型变量的指针强制转换为指向 int 型变量的指针后，就可以将值赋予 int * 型指针变量 iPointer 了。

特殊的 void * 型指针由于没有任何一种数据类型同它对应，要将其他的任何一种指针值赋予 void * 型指针变量都必须通过强制类型转换。例如：

```
int * iPointer;
void * vPointer;
vPointer = (void * )iPointer;
```

由于指针变量中保存的是一个代表内存地址的整型量，所以，通过强制类型转换，可以将指针变量的值赋予一个整型变量，也可以将一个整型变量的值赋予一个指针变量。例如：

```
int iValue = 3
void * vPointer = NULL;
iValue = (int)vPointer;                    //将 void * 型值强制转换成 int 型
vPointer = (void * )iValue;                //将 int 型值强制转换成 void * 型
```

同理，通过强制类型转换，也可以将一个常量赋予一个指针变量：

```
int * iPointer = (int * )0x98980000;
```

但以下两种做法是错误的：

```
int * iPointer = &100;
int * iPointer = &(100 * 20 + iValue);
```

2. 指针的算术运算

对于非 void * 型的指针变量，只能进行加一个整数、减一个整数和两个指针变量相减三种运算。void * 型指针变量不能做任何算术运算。

将一个非 void * 型的指针变量做加上或减去一个整数的运算，实际上就是对地址进行加法或减法运算，这种加法和减法运算按照某种单位进行。这种单位就是该指针所指向的变量的数据类型所占用的字节数。例如，对一个 char * 型指针变量加 1，则结果就等于这个指针变量实际保存的整数值(代表地址)加上 1；而对一个 int * 型指针变量加 1，其结果就等于这个指针变量实际保存的整数值加上 4，因为一个 int 型变量要占用 4 个字节。

对两个指针变量相减只能用在相同类型的指针变量间，并且这两个指针变量不能是 void * 型。两个指针变量相减的结果等于两个地址间的相对距离，它是一个整型值。这个相对距离也是以该指针所指向的变量的数据类型所占用的字节数为单位的。例如：

```
int iValue;
int * iPointer1 = &iValue, * iPointer2;
iPointer2 = iPointer1 + 1;
```

假设 iPointer1 的初始地址是 0x20000000，则进行 iPointer2＝iPointer1＋1；运算后，iPointer2 的地址值是 0x20000004，如图 7-3 所示。

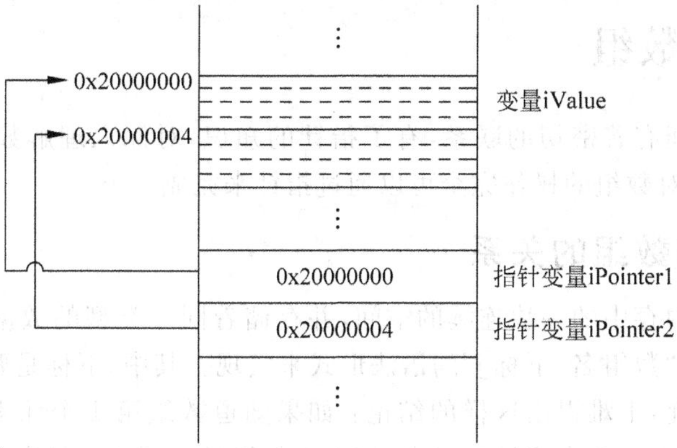

图 7-3　指针算术运算示意图

对于指针的自增(++)与自减(--)运算，与一般变量相同。例如：

```
iPointer1++;
--iPointer2;
```

3. 指针的关系运算

指针间也可以进行关系运算。关系运算符有>、<、=、>=、<=、!=，可以用来连接两个指针变量做关系运算。指针间的关系运算结果就是两个指针所指的地址值的大小的关系运算结果。由于内存地址是线性编码的，所以如果一个变量 m 的保存位置在变量 n 之前，则 $\&m<\&n$ 就等于 1(或 true)，$\&m>\&n$ 就等于 0(或 false)。两个进行关系运算的指针一般要求是同一类型的指针。

【例 7-2】　指针运算。

```
#include <iostream>
using namespace std;
int main()
{
    int n = 3, * p1 = &n, * p2 = NULL;
    cout <<"p1 = "<< p1 <<" , p2 = "<< p2 << endl;
    p1 = p2 + 4;
    p2++;
    cout <<"p1 = "<< p1 <<" , p2 = "<< p2 << endl;
    p2 = p1 - 2;
    cout <<"p1 = "<< p1 <<" , p2 = "<< p2 << endl;
    return 0;
}
```

程序运行情况：

```
p1 = 0x0012FF44      p2 = 0x00000000
p1 = 0x00000010      p2 = 0x00000004
p1 = 0x00000010      p2 = 0x00000008
```

7.3 指针与数组

指针与数组之间有着密切的联系，有了指针的知识，对深入理解数组及其操作很有帮助。事实上，C++中对数组的操作完全可以通过指针来完成。

7.3.1 指针与数组的关系

数组实际上是内存中的一块连续的空间，并存储着同一类型的数据。要访问数组中的某个元素，一般采用"数组名[下标]"的语法形式来实现。其中，下标是要访问的元素在数组中的位置编号。因此，不难得出这样的结论：如果知道数组第 1 个元素（下标值为 0）的地址，并将这个地址保存在某个指针变量中，那么对数组元素的访问就完全可以用指针操作替代。例如，定义一维整型数组 iArray[]和整型指针变量 iPointer，且指针变量 iPointer 保存了数组 iArray[]的第 1 个元素地址：

```
int iArray[10];
int * iPointer = & iArray[0];
```

则通过对指针变量 iPointer 加上一个整数，就可以访问数组 iArray 中的任何一个元素，即 iArray[n]与 *(iPointer+n)是等同的。

实际上，C++就是这样对数组元素进行访问的。在声明一个数组时，C++语言将在内存中开辟两个空间，一个用于保存数组元素，另一个用于保存数组的第 1 个元素的地址，称为数组的首地址，数组名就是保存了数组首地址的指针。因此，访问数组元素，既可以使用下标运算符"[]"，也可以直接使用指针的运算规则访问数组元素。例如：

```
int iValue;
iValue = * iArray;          //等价于 iValue = iArray[0]
iValue = iArray[5];         //等价于 iValue = * (iArray + 5)
```

同样，对于指针变量也可以使用"[]"运算符，将其作为数组来使用，如有：

```
int * iPointer = iArray;   //等价于 int * iPointer = & iArray[0]
                           //数组名 iArray 是指针型，因此不必用取地址运算符 &
```

这时，以下 4 条语句是等价的：

```
iValue = iArray[5];
iValue = * (iArray  + 5);
iValue = iPointer[5];
iValue = * (iPointer + 5);
```

尽管指针与数组名都是指针，但它们之间也有区别。指针变量是变量，是可以不断赋值的；而数组名虽然是指针型，但它是一个指针型常量，只能指向固定的内存地址（系统为数组所分配内存空间的首地址）。切记，不要试图将另一个指针值赋予一个数组名。以下语句在 C++中是错误的：

```
char cArray[10];
char ch;
cArray = &ch;                //错误，不允许将一个指针值赋予数组名
```

7.3.2　使用指针访问数组元素

如果定义一维数组：

```
int a[10];
```

则一维数组 a 中的任何一个元素 $a[i]$ 等同于 $*(a+i)$

由于指针与数组的特殊关系，数组与指针几乎可以互换使用，下面通过一个具体例题来说明使用指针访问数组元素的方法。

【例 7-3】 使用指针求一维数组中所有元素之和。

问题分析：首先设计一个函数用于求数组中所有元素之和，此函数的参数可以写成指针型，由于数组名的实质就是指针，在调用该函数时只要将数组名作为实际参数传递给函数即可。程序代码如下。

```
#include <iostream>
using namespace std;
int sum(int * iPointer, int n)
{
    for(int nSum = 0;i = 0;i < n;i++)
    {
        //nSum += * nPointer[i];
        nSum += * (nPointer + i);
    }
    return iSum;
}
int main()
{
    int iArray[10] = {6,7,8,9,5,4,3,2,10,1};
    cout <<"数组各元素和: sum = "<< sum(iArray,10)<< endl;
    return 0;
}
```

程序运行情况：

```
数组各元素和: sum = 55
```

需要注意的是，在 main()中调用函数 sum()时，实际参数 iArray 与形式参数 iPointer 尽管是指针类型，但它们间仍然是赋值关系。另外，在被调函数 sum()中对形式参数 iPointer 进行的加法运算不会影响到 sum()以外的指针型常量(数组名)iArray 的值。但由于 iPointer 与 iArray 所存放的地址值相同，也就是说它们指向同一个内存单元，所以在被调函数内如果对 iPointer 所指向的地址中的值进行更改操作，在被调函数外的 iArray 如果访问这个地址所指向的内存单元会得到经被调函数更改后的值。

【例 7-4】 使用指针对数组中各元素进行排序。

问题分析：参照例 5-7，用选择法进行排序(降序)。首先设计一个对数组各元素进行排序的函数，将数组名作为函数的参数。程序代码如下。

```
#include <iostream>
using namespace std;
void order(int * iPointer, int n)       //等同于 void order(int iPointer[ ], int n)
{
    int i,j,t,p;
    for(i = 0;i<n - 1;i++)
    {
        p = i;
        for(j = i + 1;j<n;j++)
        {
            if( * (iPointer + p)<= * (iPointer + j)) p = j;
        }
        if(p!= i)
        {
            t = * (iPointer + i);
            * (iPointer + i) = * (iPointer + p);
            * (iPointer + p) = t;
        }
    }
}
int main()
{
    int iArray[10] = {6,7,8,9,5,4,3,2,10,1};
    order(iArray,10);
    cout <<"排序后的数组为: "<< endl;
    for(int i = 0;i<10;i++)
        cout << iArray[i]<<"   ";
    return 0;
}
```

程序运行情况:

```
排序后的数组为:
10  9  8  7  6  5  4  3  2  1
```

上述程序中,函数 order()的实参 iArray 将数组的首地址传递给形参指针变量 iPointer,使它们指向同一个内存单元,所以在被调函数 order()内,对 iPointer 所指向地址中的数据进行的排序操作会直接影响 order()外的 iArray 中所保存的数据,即得到了被 order()操作后的排序结果。

7.3.3 指向多维数组的指针

多维数组的元素在计算机中与一维数组的元素一样,也是线性存储的,只要知道保存某个多维数组的内存区域的首地址,就可以通过指针访问多维数组中的任何一个元素。例如,声明以下二维数组

```
int iMatrix [3][4];
```

为了方便说明问题,表 7-1 给出了二维数组元素的排列顺序。

表 7-1　二维数组元素的排列顺序

列＼行	0	1	2	3
0	iMatrix[0][0]	iMatrix[0][1]	iMatrix[0][2]	iMatrix[0][3]
1	iMatrix[1][0]	iMatrix[1][1]	iMatrix[1][2]	iMatrix[1][3]
2	iMatrix[2][0]	iMatrix[2][1]	iMatrix[2][2]	iMatrix[2][3]

现在定义一个指针变量，并将该二维数组的首地址赋予它：

```
int * iPointer = &iMatrix[0][0];
```

则二维数组 iMatrix 中的任何一个元素使用 iPointer 这个指针来访问的规则是：

```
* (iPointer + m * 4 + n)      //等同于 iMatrix [m][n]
```

其中，4 是二维数组中列的长度。

对于二维数组之所以可以这样，是因为 C++采用按行顺序保存的规则(即列标优先变化)。对二维数组 iMatrix 而言，在保存数组元素的存储区中，排在前面的是第一行 iMatrix[0][0]～iMatrix [0][3]这 4 个元素，然后是第二行 iMatrix [1][0]～iMatrix [1][3]这 4 个元素，最后是第三行 iMatrix [2][0]～iMatrix [2][3]这 4 个元素。

多维数组的数组名同样是个指针，但它不指向多维数组的第一个数组元素的地址(&iMatrix[0][0])，它指向的是存放第一个数组元素的地址的地址，对于初学者来说，这很难理解。下面仍以 iMatrix 数组来说明这个问题。

对二维数组 iMatrix[3][4]中关于一维数组名 iMatrix[m](0<m<3)所代表的含义，我们已在第 5 章多维数组中进行过讨论。如果把 iMatrix[m]当成一个一维数组的数组名，则将 iMatrix[m]加上下标，就可以访问一维数组 iMatrix[m][]中的各元素了，即将二维数组 iMatrix[][]看成由三个一维数组 iMatrix[m][](0<m<3)组成。此时，一维数组 iMatrix[m]中的数组元素是指针类型，也就是说，数组元素 iMatrix[m]保存的是下一维数组的第 1 个元素的首地址(&iMatrix[m][0])。于是就有：

```
iMatrix[0]等同于 &iMatrix[0][0]
iMatrix[1]等同于 &iMatrix[1][0]
iMatrix[2]等同于 &iMatrix[2][0]。
```

最后，再来看 iMatrix 的含义。既然可以把 iMatrix[m]本身当成一个一维数组来看，那么 iMatrix 就是这个一维数组的数组名，也就是指向这个一维数组的第 1 个元素 iMatrix[0]的指针。iMatrix 的数据类型不是 int *，而是 int **，即指向 int 指针型变量的指针，也称二级指针(有关二级指针将在下一节中详细介绍)。

从上面的分析可以得出如下结论：从程序员的观点上看，二维数组的存储被分为三个层次，最里层是以线性顺序存放的数组元素，中间层是一个以线性顺序存放各行的起始地址的一维数组，最外层是指向中间层的一维数组的指针。最外层也就是二维数组的数组名。实际上，中间层在系统中是不实际存在的，是虚拟的。这是因为在编译过程中，中间层内所保存的指针实际上可以通过对最里层指针的简单而有规律的运算得到。但在编写程序时，必须认为中间层是存在的，要访问最里层的元素，只能通过中间层指针，如果要通过最外层的指针访问最里层的元素，必须先访问最外层的指针所指的中间层元素，这也是访问二维数组时需要有两个“[ ]”的原因。

换言之，从地址值的角度来说，iMatrix、iMatrix[0]、&iMatrix[0][0]所代表的值是相等的，但其本质含义却有所不同。下面通过例题进一步地说明二维数组中行地址的作用。

【例 7-5】 使用指针实现二维数组转置(行列互换)，并输出结果。

```
#include <iostream>
#include <iomanip>
using namespace std;
int main( )
{
    int iMatrix[3][4] = {1,2,3,4,5,6,7,8,9,10,11,12};
    int i,j, * iP;
    cout <<"转置前的矩阵: "<< endl;
    for(i = 0;i < 3;i++)
    {
        iP = iMatrix[i];  //iP存放各行的起始地址(在内循环外)
        for(j = 0;j < 4;j++)
            cout << setw(6)<< * (iP + j);   // * (iP + j)等价于 iP[i][j]
        cout << endl;
    }
    cout <<"转置后的矩阵: "<< endl;
    for(j = 0;j < 4;j++)
    {
        for(i = 0;i < 3;i++)
        {
            iP = iMatrix[i];  //iP存放各行的起始地址(在内循环中)
            cout << setw(6)<< * (iP + j);
        }
        cout << endl;
    }
    return 0;
}
```

程序运行情况：

```
转置前的矩阵:
1  2  3  4
5  6  7  8
9  10  11  12
转置后的矩阵:
1  5  9
2  6  10
3  7  11
4  8  12
```

7.3.4 多级指针

多级指针一般又称为指针的指针。如果指针变量保存的是另一个指针变量的地址，则这个指针变量就是指针的指针。指针的指针类型的表示法是在原先的指针类型后再加一个“ * ”。由于多级指针比较复杂，在此我们只以二级指针为例进行介绍。

定义二级指针变量的一般形式是：

<类型标识符> ** 二级指针变量名

例如：

```
int i = 5. * p = &i, ** pp = &p;
```

p 是一个指向非指针类型的指针变量，简称为一级指针；pp 指针变量的内容是指针变量 p 的地址，pp 就是二级指针变量，简称为二级指针。图 7-4 说明了一级指针 p 与二级指针 pp 之间的区别和联系。

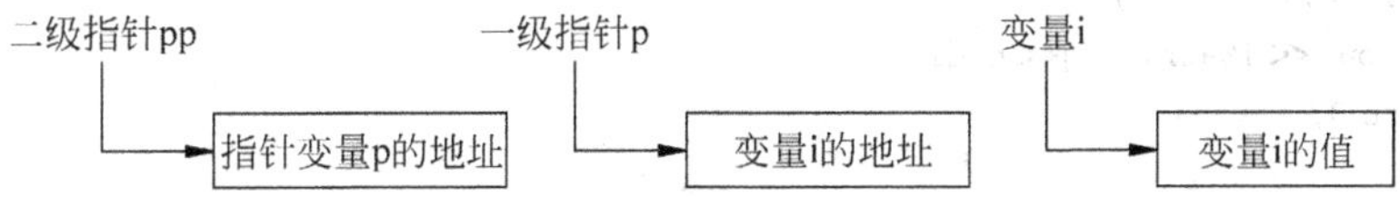

图 7-4　多级指针示意图

显然，如果希望通过二级指针变量 pp 来访问整型变量 i，必须经过两次间接寻址；先由 pp 取出它所指的内容（p 的地址），即 * pp，再由 *（ * pp）（即 i 的地址）取出变量 i 的值，即 ** pp，这里需要两次使用取内容运算符“ * ”。所以 i 的值也可由 ** pp 与 * p 两种形式表示。

指针的指针这个概念还可以推广到多级，由于指针的指针仍然是指针，指针的指针的指针……的指针也还是指针。这种指针的声明方法不外乎在原先的指针类型后再加“ * ”而已，原理完全一样。超过二级的指针在实际的编程中很少用到，这里就不再介绍。

下面举例进一步说明指针与二维数组之间的关系，注意观察和比较其中的一级指针和二级指针。

【例 7-6】　使用指针操作二维数组，并输出相应的指针值（地址）。

```
#include < iostream >
#include < iomanip >
using namespace std;
int main( )
{
    static int iMatrix[3][4] = {{1,2,3,4},{2,3,4,5},{5,4,3,2}};
    int i,j, * p;
    //使用二维数组的行地址(一级指针)
    cout <<"使用二维数组的行地址(一级指针)输出数组: "<< endl;
    for(i = 0;i < 3;i++)
    {
        p = iMatrix[i];
        for(j = 0;j < 4;j++)
            cout << setw(6)<< * (p + j);
        cout << endl;
    }
    //使用二维数组名(二级指针)
```

```
    cout<<"使用二维数组名(二级指针)输出数组："<<endl;
    for(i=0;i<3;i++)
    {
        for(j=0;j<4;j++)
            cout<<setw(6)<<*(*(iMatrix+i)+j);
        cout<<endl;
    }
    cout<<"相应的指针值："<<endl;
    cout<<"二维数组名    "<<"行地址          "<<"数组元素地址"<<endl;
    cout<<iMatrix<<""<<iMatrix[0]<<""<<&iMatrix[0][0]<<endl;
    cout<<"指针+1后的值："<<endl;
    cout<<iMatrix+1<<""<<iMatrix[0]+1<<""<<&iMatrix[0][0]+1<<endl;
    cout<<"各行首地址："<<endl;
    for(i=0;i<3;i++)
        cout<<iMatrix[i]<<endl;
    return 0;
}
```

程序运行情况：

```
使用二维数组的行地址(一级指针)输出数组：
1    2    3    4
2    3    4    5
5    4    3    2
使用二维数组名(二级指针)输出数组：
1    2    3    4
2    3    4    5
5    4    3    2
输出相应的指针值(以下地址值根据系统运行情况而定)：
二维数组名          行地址        数组元素地址
0x0012FF50         0x0012FF50    0x0012FF50
指针+1后的值：
0x0012FF60         0x0012FF54    0x0012FF54
各行首地址：
0x0012FF50
0x0012FF60
0x0012FF70
```

7.3.5 指针数组

如果数组的每一个元素都是类型相同的指针变量，则该数组称为指针数组。声明指针变量数组的形式与声明普通数组类似，只不过在类型后增加一个“*”，表示指针类型。其形式如下：

<类型标识符> *指针数组名[数组长度]

例如：

```
char *pString[6];                    //声明一个保存6个char*型元素的指针数组
```

指针数组中每个元素都是指针变量,这些指针变量按顺序保存在内存的某个空间中,数组名就是指向这个空间首地址的指针。

下面举例说明指针数组的应用。

【例 7-7】 今天星期几?

问题分析:考虑到一个星期有 7 天,所以定义了一个一维字符型指针数组,每个数组元素都是一个字符型指针。当输入 1～7 任何一个整数,并以此整数定位指针数组元素时,就可以得到相应的英文单词。程序代码如下。

```
#include<iostream>
using namespace std;
int main()
{
    int i;
    char *pDay[]={"Monday","Tuesday","Wednesday","Tursday",
        "Friday","Saturday","Sunday"};
    char **ppDay;
    cout<<"输入整数 1～7:";
    cin>>i;
    ppDay=pDay+i-1;
    cout<<"Today is "<<*ppDay<<endl;
    return 0;
}
```

程序运行情况:

```
输入整数 1～7:5
Today is Friday
```

7.4 指针与函数

7.4.1 指针变量作为函数参数

在了解了指针与数组的关系之后,相信读者对第 5 章中介绍的有关数组作为函数参数的内容有了更深刻的理解和认识。数组作为函数参数就是指针变量作为函数参数的一种表现,其根本和关键是它所采用的参数传递方式。

普通变量作为函数参数实现的是数值传递,而指针变量作为函数参数实现的是地址传递。有关数值传递方式在第 4 章介绍函数的参数传递中已讨论过,地址传递方式的应用在第 5 章论述数组作为函数参数中也介绍过,这里着重对数值传递和地址传递这两种参数传递方式进行分析和比较,在总结指针变量作为函数参数的特点的基础上,给出编程时的注意事项。

1. 数值传递

数值传递是普通变量作为函数形参,主调函数中的实参内容是一个数值确定的表达式,适合少量数据的传递。

仍以第 4 章中的例 4-3 交换两数为例,对数值传递和地址传递进行比较和分析。以下

是使用数值传递交换两数的程序代码(例 4-3 的程序代码):

```
#include <iostream>
using namespace std;
void chang (int,int);                    //函数声明语句
int main()
{
    int a=5,b=10;
    cout<<"函数调用前: a="<<a<<" ,b="<<b<<endl;
    chang (a,b);                //以 a、b 的值为实参调用函数
    cout<<"函数调用后: a="<<a<<" ,b="<<b<<endl;
    return 0;
}
void chang (int m,int n)
{
    int temp;
    temp=m;
    m=n;
    n=temp;
    cout<<"函数中参数: m="<<m<<",n="<<n<<endl;
}
```

程序运行情况:

```
函数调用前: a=5 ,b=10
函数中参数: m=10,n=5
函数调用后: a=5 ,b=10
```

程序分析:由程序的运行结果可以看到,函数调用后变量 a 与 b 的值并未实现交换,其原因是在调用函数 chang ()时采用的是数值传递的方式,只是将实参 a 和 b 的值传递给了形参 m 和 n,如图 7-5 所示。由于实参 a 和 b 与形参 m 和 n 占用不同的内存单元,即使被调函数 chang ()中的 m 和 n 进行了交换,也无法将交换后的结果传回给实参 a 和 b,函数调用结束后,形参 m 和 n 被撤销,实参 a 和 b 的值仍然保持原值不变。

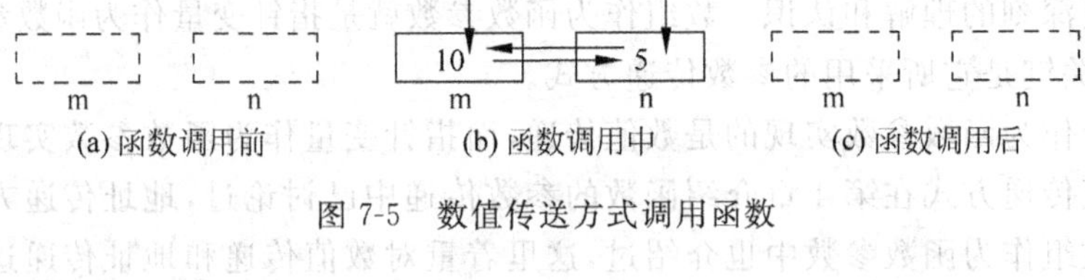

图 7-5 数值传送方式调用函数

2. 地址传递

地址传递是用指针变量作为函数参数,这时主调函数中实参的内容是某一个变量的内存地址,被调函数的形参则必须是与实参相同类型的指针变量,用以接受由实参传过来的地址。函数调用时,通过地址传递的实参与形参指向相同的内存单元。因此,一旦被调函数中形参所指内容发生更改,实参所指内容也一定会发生相应的变化,函数返回后,主调函数就可以获得变化后的结果。

现在使用地址传递的方式改写上述程序代码，以实现两数的真正交换。

【例 7-8】 从键盘输入两个整数，使用地址传递的方式实现两数的真正交换。

程序代码如下。

```
#include <iostream>
using namespace std;
void change(int *,int *);                //函数声明语句
int main()
{
    int a=5,b=10;
    cout<<"函数调用前: a="<<a<<" ,b="<<b<<endl;
    change(&a,&b);                       //以 a、b 的值为实参调用函数
    cout<<"函数调用后: a="<<a<<" ,b="<<b<<endl;
    return 0;
}
void change(int *m,int *n)
{
    int temp;
    temp=*m;
    *m=*n;
    *n=temp;
    cout<<"函数中参数: m="<<*m<<",n="<<*n<<endl;
}
```

程序运行情况：

```
函数调用前: a=5 ,b=10
函数中参数: *m=10, *n=5
函数调用后: a=10 ,b=5
```

读者可以对照图 7-6，自己分析上述程序的运行情况。

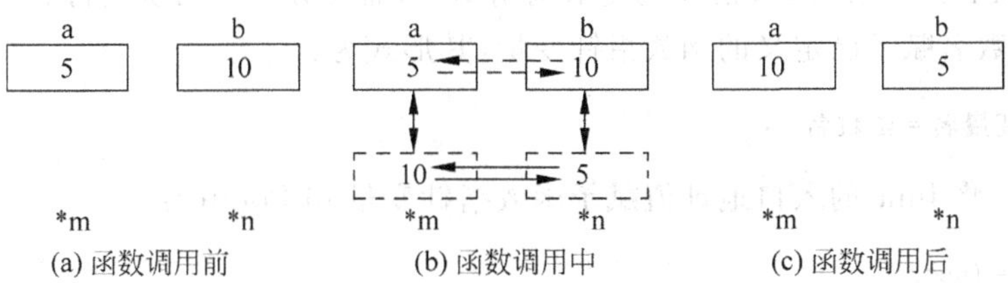

图 7-6　地址传送方式调用函数

由例 7-8 不难得到指针变量作为函数参数的特点是：形参所指内容改变，实参所指内容也相应改变。为此，编程时要注意两点：

(1) 实参必须是欲改变内容的变量的地址，形参则必须是与实参类型相同的指针变量，用以接受实参传来的地址；

(2) 在被调函数中，直接通过形参指针变量修改它所指内存单元的内容。

一般 C++中的函数只能有一个返回值，在需要函数返回多个结果时，就可以采用将变量的地址传给函数的方法，让函数能够通过指针来改变位于函数外部的变量的值，从而实现返回多个值的目的。

7.4.2 指向函数的指针

在C++中，函数调用实际上是通过指针来完成的。同数据一样，程序指令也保存在内存中。在调用一个子函数时，系统首先保护现场，即保存主调函数中下一条指令的地址，即返回地址，作为从子函数返回后继续执行的入口点，并从当前的位置跳到子函数的入口地址处，然后从入口地址开始的内存单元中取出指令，并逐条执行；函数返回时，系统读取返回地址，恢复主调函数的现场，继续执行程序。

由此可见，要调用一个函数，只要知道被调用函数的入口地址即可。函数名实际上就是一个指针，它指向函数的入口地址。因此，可以定义一个指针变量，并赋予它函数名，这样该指针变量就指向该函数在内存中的入口地址。这里的指针变量称为指向函数的指针变量，简称函数指针变量，通过函数指针变量就可以实现调用它所指向函数的目的。

1. 函数指针变量的声明与使用

函数指针变量声明的一般形式为：

<类型标识符>（＊函数指针变量名)(参数表)

注意：

(1) 类型标识符说明函数指针变量所指函数返回值的数据类型。

(2) 定义中的两对圆括号都不能遗漏。

例如，若定义函数：

```
void func(int m,int n);
```

则对应于函数 func 的指针变量可以按如下形式定义：

```
void ( * pFPointer)(int,int);
```

如果使用已经定义的函数指针变量来调用函数，需要分以下两步进行。

(1) 将函数名赋予已定义的函数指针变量，其形式为：

函数指针变量名 = 函数名

例如，可以将 func 的入口地址值赋予函数指针变量 pFPointer：

```
pFPointer = func;
```

(2) 使用函数指针变量调用它所指的函数，可用的形式有：

(＊函数指针变量名)(实参表)

或

函数指针变量名(实参表)

事实上，由于 pFPointer 和 func 指向同一个函数入口，除了可以使用函数名 func 调用函数外，也可以使用函数指针 pFPointer 调用函数。例如，以下三个函数调用语句的功能是相同的：

```
func(3,4);
```

```
(*pFPointer)(3,4);
pFPointer(3,4);
```

看下面的程序代码，其中就使用函数指针调用函数。

```
#include <iostream>
using namespace std;
int add(int x, int y)
{
    return x + y;
}
int sub(int x, int y)
{
    return x - y;
}
int main()
{
    int a,b;
    cout<<"输入 a,b 的值:";
    cin>>a>>b;
    int (*pFunc)(int,int);              //定义函数指针 pFunc
    pFunc = add;                        //函数指针 pFunc 指向函数 add()
    cout<<"a + b = "<<pFunc(a,b)<<endl;
    pFunc = sub;                        //函数指针 pFunc 指向函数 sub()
    cout<<"a - b = "<<(*pFunc)(a,b)<<endl;
    return 0;
}
```

注意：函数的指针不能进行算术运算。诸如 pFPointer++、pFPointer-- 这样的语句是没有意义的。

2. 函数指针变量作为函数的参数

函数指针变量的一个主要用途是在函数调用时作为函数参数，这时参数传递的不是数值，而是函数的入口地址，目的是实现对若干个不同函数的灵活调用。具体编程时要注意：主调函数的实参应设置为被调用的函数名，被调函数的相应形参应设置成接受同类型函数入口地址的函数指针变量。

下面举例说明函数指针变量的应用。

【例 7-9】 将函数指针变量作为函数参数。

```
#include <iostream>
using namespace std;
int add(int x, int y)
{
    return x + y;
}
int sub(int x, int y)
{
    return x - y;
}
int funct(int (*pFunc)(int,int), int x, int y)
{
    int result;
    result = (*pFunc)(x,y);             //等价于 result = pFunc(x,y);
```

```
    return result;
}
int main()
{
    int a,b;
    cin>>a>>b;
    cout<<"a + b = "<<funct(add,a,b)<<endl;
    cout<<"a - b = "<<funct(sub,a,b)<<endl;
    return 0;
}
```

程序运行情况：

```
输入：3  2
3 + 2 = 5
3 - 2 = 1
```

上述程序中，函数 funct()的第一个参数就是函数指针变量，在主函数 main( )中，通过实参 add 和 sub 分别完成对函数 add( )和 sub( )的调用。

7.4.3 指针作为函数的返回类型

如前所述，函数的数据类型是指函数返回值的类型，它可以是整型、字符型、浮点型或 void(无返回值)。当然，函数返回值也可以是指针类型，即函数的返回值是某地址。返回值是地址的函数称为指针函数，其定义的一般形式为：

```
<类型标识符> * 函数名(形参表)
{
    函数体
}
```

例如：

```
int * func(int * iP,int x)
{
    …
    return iP;
}
```

其中，func 是函数名，前面的“ * ”表示 func 是一个指针函数(注意与函数指针的区别)，int 表明它的返回值是一个 int 类型的地址，与此相匹配的是，在函数体内的 return 语句中的 iP 也必须是指向 int 型的指针变量。

特别需要说明的是：函数返回的指针应该是非函数内部的局部变量的地址，因为函数内部局部变量的存储单元在函数返回时已被释放，当然函数返回的指针也不应该是空指针 NULL。

下面是一个函数的返回值是指针类型的例题，注意观察返回指针的作用。

【例 7-10】 函数的返回值是指针类型。

```
#include <iostream>
using namespace std;
```

```
char *PointerCheck(char pBuffer)
{
    if(pBuffer!= '#')
        return "This's not #.";
    else
        return "This's #.";
}
int main()
{
    char ch;
    cout<<"Input a character:";
    cin>>ch;
    cout<<PointerCheck(ch)<<endl;
    return 0;
}
```

程序运行情况：

```
Input a string:a
This's not #.
```

7.5 指针与字符串

C++中的字符串是以'\0'为结束标志的字符序列，第 5 章中介绍过以字符型数组的形式存储与处理字符串，而数组与指针又紧密相关(数组名保存着字符串在内存的起始地址)。因此，使用字符型指针同样可以处理字符串，而且处理过程更直观、更好理解。

7.5.1 字符型指针与字符串

字符型指针是字符型指针变量的简称，它可以存放字符型变量的地址。例如：

```
char ch='A';
char *cP=&ch;
```

1. 对字符串的再认识

字符串由一系列字符组成，每一个字符在内存中按顺序存放，最后一个字符后面一定是结束符'\0'。例如，字符串“I love China!”在内存中的存放顺序如图 7-7 所示。

I		l	o	v	e		C	h	i	n	a	!	/0

图 7-7 内存中的字符串存放顺序

在内存中识别字符串其实很简单，关键是以下两点。

(1) 字符串的首地址：是字符串所占用的内存空间的起始地址。如上述字符串中存放字符'I'的内存地址。

(2) 字符串结束符'\0'：是系统确定字符串结束的标志。如上述字符串中字符'!'之后的'/0'。

对字符串的处理通常是从字符串的首地址开始(一般需要循环语句的配合)，首先从首地址所指向的第 1 个内存单元中取字符，如果该字符不是结束符'\0'，则继续从第 2 个内存单元中取字符，……，以此类推，直到遇到'\0'为止。系统只要碰到'\0'就认为该字符串结束，而不管'\0'之后是否还有其他字符。

2. 使用字符型指针定义字符串

使用字符型指针定义字符串的形式如下：

char * 指针变量名 = "字符串"

例如：

```
char * pString = "I love China!";
```

该定义语句可以用下面两行替代：

```
char * pString;
pString = "I love China!";
```

这里，pString 是一个 char * 型的指针变量，它也指向字符串“I love China!”中的第 1 个字符 pString[0]。

3. 使用字符型数组定义字符串

使用字符型数组的形式定义字符串：

```
char pString[] = "This is a string.";
```

根据前面提到的指针与数组的关系，pString 既是一个字符型数组名，也是一个字符型指针，它指向字符串“I love China!”中的第 1 个字符 pString[0]。

特别提示：下面的语句是不允许的：

```
char pString[20];
pString = "This is a string.";          //不允许
```

这是因为字符型数组名 pString 虽然是一个字符型指针，但它不是指针变量，而是指针常量，因此在定义之后不能再赋值。

可以看出，与字符型数组相比，字符型指针更灵活，它既可以用于接收字符串常量，也可以接收字符型数组。例如：

```
char pString1[] = "I love China!";
char * pString2 = "This is a string.";
pString2 = pString1;                    //允许
pString1 = pString2;                    //不允许,数组名不能被赋值
```

现在以第 3 章字符串的复制为例，进一步说明如何使用字符型指针处理字符串。

【例 7-11】 使用字符型指针实现字符串的复制。

问题分析：字符串复制就是将源字符串的内容完全复制到目的字符串中。假设源字符串保存在主函数 main()的数组 pSource 中，目的字符型数组为 pDestination，设计一个函数 copy_string()，用字符型指针作为参数，实现字符串的复制。程序代码如下。

```
#include <iostream>
using namespace std;
```

```
void copy_string(char * to,char * from)                    //复制函数
{
    for(; * from!= '\0';from++,to++)
        * to = * from;
    * to = '\0';                                            //赋值字符串结束标识
}
int main()
{
    char pSource[] = "I am a teacher.";                     //可以用 char * pSource 替换
    char pDestination[] = "you are a student.";             //不能用 char * pDestination 替换
    //pDestination 字符串长度≥pSource 字符串长度
    copy_string(pDestination,pSource);
    cout <<"pSource:"<< pSource << endl;
    cout <<"pDestination:"<< pDestination << endl;
    return 0;
}
```

程序运行情况：

```
pSource:I am a teacher.
pDestination: I am a teacher.
```

上述复制函数 void copy_string(char *to,char *from)中的程序代码：

```
for(; * from!= '\0';from++,to++)
    * to = * from;
* to = '\0';
```

还可以进一步优化，下面给出 4 种与上述程序片段等价的简化代码。

```
(1) while( * from!= '\0')
        * to++ = * from++;
      * to = '\0';
(2) while( * from)                                         //注意'\0'的 ASCII 码值等于 0
        * to++ = * from++;
     * to = '\0';
(3) while(( * to = * from)!= '\0')
    {
      to++;
      from++;
    }
(4) while(( * to++ = * from++)!= '\0');
```

读者可以试着自己分析一下。

7.5.2　字符串标准库函数

实际上，C 提供了许多操作字符串的标准库函数，例如比较字符串、搜索字符串中的字符、计算字符串长度等，以供编程者在程序设计时使用。这里只简要介绍其中常用的字符串操作函数，表 7-2 给出了这些函数的原型和说明。函数中出现用 const 进行说明的函数参数，其作用是保证实参在被调函数内部不被改动。

表 7-2　C++字符串处理库(标准库)中常用的字符串操作函数

函数原型	函数说明
char * strcpy(char * s1 ,const char * s2)	将 s2 复制到 s1 中,返回 s1
char * strncpy(char * s1,const char * s2, n)	将 s2 中最多 n 个字符复制到 s1 中,返回 s1
char * strcat(char * s1,const char * s2)	将 s2 添加到 s1 之后,s2 的第一个字符覆盖 s1 的结束符'/0',返回 s1
char * strncat(char * s1,const char * s2, n)	将 s2 中最多 n 个字符添加到 s1 之后,s2 的第一个字符覆盖 s1 的结束符'/0',返回 s1
int strcmp(const char * s1,const char * s2)	比较 s1 和 s2,函数在 s1 等于、小于或大于 s2 时分别返回 0、－1 或 1
int strncmp(const char * s1,const char * s2,n)	将 sl 中的前 n 个字符与 s2 进行比较,函数在 s1 的前 n 个字符等于、小于或大于 s2 时分别返回 0、－1 或 1
int stelen(const char * s)	计算字符串长度,返回结束符'/0'之前的字符数

使用字符串处理库中的函数时,必须在应用程序的开头添加包含头文件 string. h 的预处理命令:

```
#include <string>
```

下面使用 C 标准库函数 strcpy( )重做字符串复制的例题。

【例 7-12】 使用 C++的标准库函数 strcpy( )实现字符串的复制。

```
#include <iostream>
#include <string>
using namespace std;
int main()
{
    char pSource[ ] = "I am a teacher.";
    char pDestination[ ] = "you are a student.";    //pDestination 字符串长度≥pSource 字符串长度
    strcpy(pDestination,pSource);                   //等价于 strncpy(pDestination,pSource,16);
    cout <<"pSource:"<< pSource << endl;
    cout <<"pDestination:"<< pDestination << endl;
    return 0;
}
```

程序运行情况:

```
pSource: I am a teacher.
pDestination: I am a teacher.
```

7.6　动态内存分配与 new 和 delete 运算符

动态内存分配是相对于静态内存分配而言的,静态内存分配是指在编译阶段就分配好存储空间,这些空间的大小在程序运行过程中是不可更改的,如变量、数组等。动态内存分配则是指程序员在程序中通过调用内存分配函数或使用内存分配运算符取得存储空间。

静态内存分配和动态内存分配在使用中的区别在于:通过静态内存分配取得的存储空

间，编译器在对程序进行编译时，已经自动将管理这些空间的代码加入到目标程序中，无须程序员管理，在其生存期结束后，存储空间将自动归还给系统。而通过动态内存分配所取得的存储空间，编译器并不知道存储空间的大小，它完全由动态运行中的程序控制，在其使用完毕后，必须由程序员通过语句显式地将其归还给系统。

C++通过 new 和 delete 运算符实现动态内存分配，下面分别介绍这两种运算符的使用方法。

7.6.1 new 运算符

new 运算符用于在内存中动态分配一块存储空间。new 运算符的使用形式为：

指针变量 = new <类型标识符>[长度]

其中，类型标识符可以是 C++的标准数据类型，也可以是结构体、共用体、类等。长度表示该存储空间可以容纳该数据类型的数据个数。new 运算符返回一个指针，这个指针指向所分配的存储空间的第 1 个单元。返回的指针类型与所分配存储空间的数据类型有关。例如，如果数据类型是 char，则返回的指针是 char *；如果数据类型是 int，则返回的指针就是 int *。例如：

```
char *cBuffer = new char[256];          //分配一个可以容纳 256 个 char 型数据的存储空间
```

new 运算符在使用时要特别注意以下几点。

(1) 如果分配的存储空间长度为 1 个单位，则可以省略 new 运算符格式中的中括号和中括号中的整数。例如：

```
int *pInt = new int;                     //等价于 int * pInt = new int[1];
```

(2) 使用 new 运算符分配存储空间时，其空间长度可以是变量，也可以是数值表达式，但无论是什么，其类型必须是整型。例如：

```
int nSize = 5;
float *pNum = new float[nSize + 5];      //分配容纳 10 个 float 型数据的空间
```

(3) 由 new 所分配的存储空间是连续的，且通常将存储空间的首地址赋予一个指针变量，所以可通过该指针的变化访问所分配存储空间的每一个元素。例如：

```
int *pInt = new int[10];
pInt[5] = 100;
```

或

```
*(pInt + 5) = 100;
```

(4) 如果当前内存无足够的存储空间可分配，则 new 运算符返回 NULL。

下面举例说明 new 和 delete 这两个运算符在程序设计中的具体应用。

【例 7-13】 改写字符串的复制函数，要求可以依据源字符串的长度动态分配目的字符串的存储空间，并返回所分配存储空间的首地址。

```
#include <iostream>
```

```
using namespace std;
char * toDest;
char * copy_string(char * from)                    //复制函数
{
    int nSize = 1;
    while(from[nSize]!= 0)            //求源字符串的长度并加 1(注意 nSize 的初值赋 1 的作用)
        nSize++;
    char * to = new char[nSize];                   //定义目的字符串并申请分配内存空间
    toDest = to;                                   //用全局变量保存空间首地址
    if(to!= NULL)                                  //申请内存空间成功
    {
        for(; * from!= '\0';from++,to++)
            * to = * from;
        * to = '\0';                               //赋值字符串结束标识
    }
    return toDest;
}
int main()
{
    char pSource[ ] = "I am a teacher.";
    char * pDestination;
    pDestination = copy_string(pSource);
    if(pDestination!= NULL)
    {
        cout <<"pSource:"<< pSource << endl;
        cout <<"pDestination:"<< pDestination << endl;
    }
    else
        cout <<"No memory space to copy operation! "<< endl;
    return 0;
}
```

程序运行情况：

```
pSource: I am a teacher.
pDestination: I am a teacher.
```

7.6.2 delete运算符

由 new 运算符分配的内存空间在使用完毕之后应该使用 delete 运算符释放。释放一块已分配的内存空间就是将这一块空间交还给系统，这是任何一个使用动态内存分配得到存储空间的程序都必须做的事。如果应用程序对有限的内存只取不还，系统很快就会因为内存枯竭而崩溃。所以，使用 delete 运算符释放由 new 分配的内存空间是程序员必须牢记的工作，凡是使用 new 运算符获得的内存空间，一定要在使用完毕之后使用 delete 释放。

delete 运算符的使用有以下两种形式。

形式一：

```
delete 指针
```

形式二：

```
delete [ ]指针
```

说明：

形式一不带中括号，用于释放空间长度为 1 个单位（与指针类型有关）的内存空间；形式二带中括号，用于释放空间长度大于 1 的内存空间。delete 之后所跟的指针是使用 new 运算符分配内存空间时返回的指针，也可以是 NULL。如果是 NULL，则 delete 运算符实际上什么也不做。例如：

```
int *pInt = new int;
delete pInt;
int *pManyInt = new int[10];
delete []pManyInt;
```

delete 运算符在使用时要特别注意以下几点。

(1) 用 new 运算符获得的内存空间，只许使用一次 delete，不允许对同一块空间进行多次释放，否则将会产生严重错误。

(2) delete 只能用来释放由 new 运算符分配的动态内存空间，对于程序中的变量、数组的存储空间，不得使用 delete 运算符释放。

通过前面的学习，读者已经知道变量都是在某个范围内有效（即作用域，将在第 8 章介绍），在函数体内声明的变量只在函数体内有效，一旦函数结束，这些变量将在内存中不复存在。那么，通过动态内存分配所得到的存储空间，在函数结束时，是否也会失效呢？答案是否定的。原因在于通过动态内存分配所得到的存储空间的管理权在程序员手中，什么时候分配、什么时候归还（释放），完全是由程序员决定的，通过动态内存分配方法在程序的任何位置所取得的存储空间如果不显式地释放，其占用的空间原则上将一直保留到程序结束。在程序的任何一个地方，要使用一块通过动态内存分配获得的存储空间，只需要有该空间的首地址即可。

7.7　指针编程案例

【例 7-14】 字符旋转。

问题分析： 本例使用指针作为参数，并利用循环控制变量和要移动字符的位数作为指针的偏移量，实现字符的旋转。程序代码如下。

```
#include<iostream>
using namespace std;
void disp(int *a, int n)
{
    for(int i=0;i<n-1;i++)
        cout<<*(a+i)<<",";
    cout<<*(a+n-1)<<endl;                    //最后一个数后无","
}
//接收的原数列 a[]={20,30,40,50,60,70,80,90},n=8,k=3,
void rotate(int a[],int n,int k)
{
    const int MAXOFFSET=100;
    int temp[MAXOFFSET];
    if(k>0)                    //将 k 个数移至前面,实现"旋转"70,80,90,20,30,40,50,60
    {
```

```
        //将需要移至前面的 k 个数 70,80,90 先暂存在 temp[]中
        for(int j = 0;j<k;j++)
            temp[j] = a[n - k + j];
        //其余 n - k 个数 20,30,40,50,60 从右端开始右移 k 位
        for(int i = n - 1;i>= k;i-- )
            a[i] = a[i - k];
        //将 temp[]中的 k 个数 70,80,90 放至 20,30,40,50,60 的前面
        for(i = 0;i<k;i++)
            a[i] = temp[i];
    }
    if(k<0)                          //将 k 个数移至后面,实现"旋转"50,60,70,80,90,20,30,40
    {
        //将需要移至后面的 k 个数 20,30,40 先暂存在 temp[]中
        for(int j = 0;j<- k;j++)
            temp[j] = a[j];
        //其余 n - k 个数 50,60,70,80,90 从左端开始左移 k 位
        for(int i = 0;i<n + k;i++)
            a[i] = a[i - k];
        //将 temp[]中的 k 个数 20,30,40 放至 50,60,70,80,90 的后面
        for(i = n + k;i<n;i++)
            a[i] = temp[i - n - k];
    }
}
int main()
{
    int a[] = {20,30,40,50,60,70,80,90};
    disp(a,8);
    cout <<"rotate(a,8,3)"<< endl;
    rotate(a,8,3);
    disp(a,8);
    cout <<"rotate(a,8, - 3)"<< endl;
    rotate(a,8, - 3);
    disp(a,8);
    cout <<"rotate(a,8, - 5)"<< endl;
    rotate(a,8, - 5);
    disp(a,8);
    return 0;
}
```

程序运行情况：

```
20,30,40,50,60,70,80,90
rotate(a,8,3)
70,80,90,20,30,40,50,60
rotate(a,8, - 3)
20,30,40,50,60,70,80,90
rotate(a,8, - 5)
70,80,90,20,30,40,50,60
```

【例 7-15】 编写程序实现简单的带索引功能的电话簿。

问题分析：首先定义一个二维数组用于保存姓名和号码，然后通过输入姓名来索引查找相应的电话号码。程序代码如下。

```
#include<iostream>
using namespace std;
```

```
int main()
{
    int i;
    char str[80];
    char * number[4] = {"George","13908556432","Tom","18678655213"};
//  char number[4][80] = {"George","13908556432","Tom","18678655213"};
    cout <<"输入姓名: "<< endl;
    cin >> str;
    for(i = 0;i < 4;i = i + 2)
        if(!strcmp(str,number[i]))
        {
            cout <<"号码为: "<< number[i + 1]<< endl;
            break;
        }
    if(i == 4)
        cout <<"没有找到!"<< endl;
    return 0;
}
```

程序运行情况：

```
输入姓名: George
号码为: 13908556432
```

【例 7-16】 编写程序实现对输入的字符串进行倒序。

问题分析：有许多种方法可以实现字符串倒序，这里利用指针，并采用递归编程，先将第一个和最后一个字符进行交换，然后修改操作指针，再交换第二个和倒数第二个字符，以此类推，直到完成全部的交换。程序代码如下。

```
#include < iostream >
#include < string >
using namespace std;
void reverse(char * s,char * e)                //交换第一个和最后一个字符
{
    char c;
    if(s < e)
    {
        c = * s;
        * s = * e;
        * e = c;
        reverse(++s, -- e);                    //递归调用
    }
}

void reverse(char * s)                          //函数重载
{
    reverse(s,s + strlen(s) - 1);
}

int main()
{
    char str1[20];
    cout <<"输入字符串: ";
    cin >> str1;
    reverse(str1);
```

```
    cout <<"倒序反转后字符串为："<< str1 << endl;
    return 0;
}
```

程序运行情况：

```
输入字符串：abcdefgh
倒序反转后字符串为：hgfedcba
```

【例 7-17】 在句子中找某单词的起始位置。

问题分析：程序设计中通常需要输入字符串，本例使用不同的输入函数进行字符串的输入，着重说明如何输入中间包含空格的字符串。程序代码如下。

```
#include <iostream>
using namespace std;
int index(char *s,char *t)
{
    int i,j,k;
    for(i = 0;s[i]!= '\0';i++)
    {
        for(j = i,k = 0;t[k]!= '\0'&&s[j] == t[k];j++,k++);
        if(t[k] == '\0')
            return i;
    }
    return -1;
}
int main()
{
    int n;
    char str1[100],str2[20];
//  char *str1 = new char[100],str2[20];
    //char *str1;如果只定义 str1 为指针而没有赋值，则不能输入字符串
    cout <<"Input a sentence:";

    //只能输入中间没有空格的字符串
//    cin >> str1;                          //C++
//    scanf("%s",str1);                     //C

    //可以输入中间包含空格的字符串
//    cin.getline(str1,100,'#');            //1.C++
//    gets(str1);                           //2.C
      int i = 0;                            //3.循环加 getchar()
      char ch;
      do{
        ch = getchar();
        if(ch == '#')
            break;
        else
            str1[i++] = ch;
    }while(1);
    str1[i] = '\0';
```

```
    cout <<"Input a word:";
    cin>> str2;
    n = index(str1,str2);
    if(n > 0)
        cout << str2 <<"在"<< str1 <<"中左起第"<< n + 1 <<"个位置"<< endl;
    else
        cout << str2 <<"不在"<< str1 <<"中."<< endl;
    return 0;
}
```

程序运行情况：

```
Input a sentence:I am a student. #
Input a word:am
am 在 I am a student. 中左起第 3 个位置
```

【例 7-18】 字符串的测长度、复制、连接和比较操作。

问题分析：本例题使用指针完成字符串的基本操作。程序代码如下。

```
#include <iostream>
using namespace std;
//求字符串 s1 长度
int str_len(char * s1)
{
    for(int n = 0; * s1!= '\0';s1++)
        n++;
    return n;
}
//复制字符串 s1 到 s2
char * str_cpy(char * s1,char * s2)
{
    char * from = s1, * to = s2;
    for(; * from!= '\0';from++,to++)
        * to = * from;
    * to = '\0';
    return s2;
}
//复制字符串 s1 中 n 个字符到 s2
char * str_ncpy(char * s1,char * s2,int n)
{
    char * from = s1, * to = s2;
    for(;n > 0;from++,to++)
    {
        * to = * from;
        n--;
    }
    * to = '\0';
    return s2;
}
//连接字符串 s1 到 s2 之后
char * str_cat(char * s1,char * s2)
```

```
{
    char * from = s1, * to = s2;
    for(; * to!= '\0';to++);                              //将指针移至被连接字符串 s2 之后
    for(; * from!= '\0';from++,to++)
        * to = * from;
     * to = '\0';
    return s2;
}
//比较字符串 s1 和 s2 的大小
int str_cmp(char * s1,char * s2)
{
    for(int flag = 0; * s1!= 0&& * s2!= 0;s1++,s2++)
    {
        if( * s1 == * s2)
        {
            flag = 1;
            continue;
        }
        else
            if( * s1 > * s2)
                return 1;
            else
                return -1;
    }
    if(flag == 1)
    {
        if( * s1!= 0|| * s2!= 0)
            if( * s1 == 0)
                return -1;
            else
                return 1;
        else
            return 0;
    }
}

int main()
{
    int n,k;
    char pSource[50] = "efgh";
    char pDestination[] = "abcd";
    cout <<"源字符串:"<< pSource;
    cout <<"\n 目标字符串:"<< pDestination;

    cout <<"\n\n\t 字符串操作\n\t ********** \n";
    cout <<"\t1.测字符串 s1 的长度\n";
    cout <<"\t2.复制字符串 s1 到 s2\n";
    cout <<"\t3.复制字符串 s1 中的 n 个字符到 s2\n";
```

```
    cout <<"\t4. 连接字符串 s1 到 s2 之后\n";
    cout <<"\t5. 比较字符串 s1 和 s2 的大小\n";
    cout <<"\t0. 退出\n";

    while(1)
    {
        cout <<"\n 请输入你的选择: ";
        cin >> k;
        if(k < 1||k > 5)
            break;
        switch(k)
        {
        case 1:
            cout <<"\n 字符串的长度为: "<< str_len(pSource)<< endl;
            break;
        case 2:
            cout <<"\n 将源字符串复制到目标字符串之后,目标字符串为:";
            cout << str_cpy(pSource,pDestination)<< endl;
            break;
        case 3:
            cout <<"\n 复制前几个字符?";
            cin >> n;
            cout <<"\n 将源字符串前"<< n
                <<"个字符复制到目标字符串后,目标字符串为:";
            cout << str_ncpy(pSource,pDestination,n)<< endl;
            break;
        case 4:
            cout <<"\n 将源字符串连接到目标字符串之后,目标字符串为:";
            cout << str_cat(pSource,pDestination)<< endl;
            break;
        case 5:
            cout <<"\n 源字符串与目标字符串比较结果:";
            if(str_cmp(pDestination,pSource) == 0)
                cout <<"0 源字符串与目标字符串相等\n";
            else
                if(str_cmp(pSource,pDestination)> 0)
                    cout <<"1 源字符串大于目标字符串\n";
                else
                    cout <<" - 1 源字符串小于目标字符串\n";
                break;
        }
    }
    return 0;
}
```

程序运行情况如图 7-8 所示。

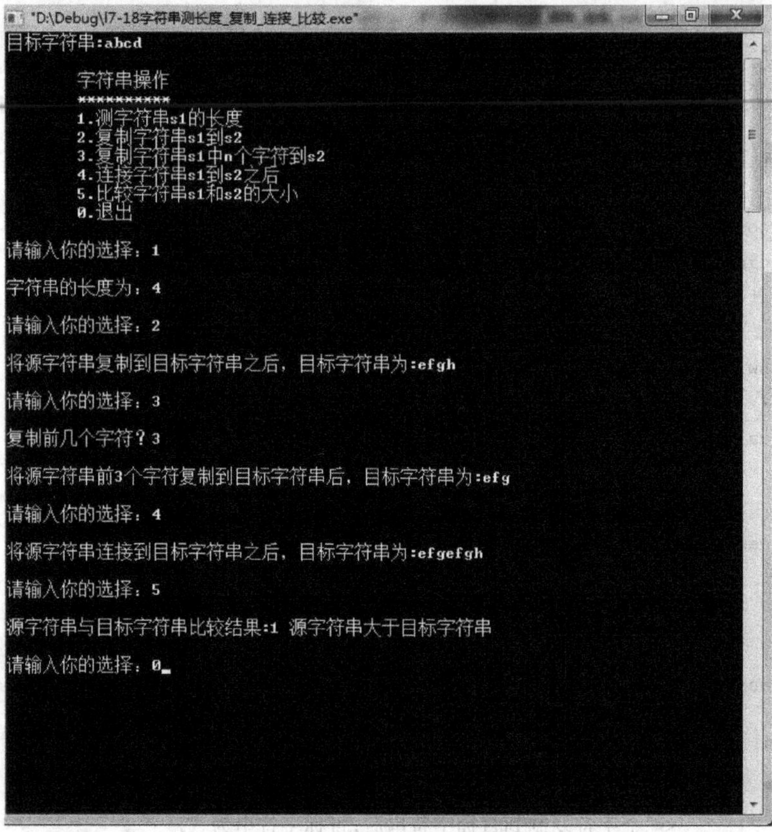

图 7-8　例 7-18 字符串测长度、复制、连接和比较程序运行情况

7.8　小结与知识扩展

7.8.1　小结

通过指针可以直接实现对内存地址的运算。因此，使用指针适合操作在内存中连续存放的数据。在涉及指针的程序设计中，最关键的是获取首地址，并在此基础上，利用循环结构配合指针的后移(或前移)，完成对内存单元内容的操作。

1. 指针与数组

弄清指针与数组的关系，对理解指针的概念及通过指针实现对内存单元的操作很有帮助。使用指针对数组的操作总结如下。

假设：定义一维数组和一级指针如下：

```
int iArray[10], iValue;
int * iPointer = & iArray[0];
```

这时，以下 4 条语句是等价的：

```
iValue = iArray[5];
iValue = * (iArray + 5);
```

```
iValue = iPointer[5];
iValue = *(iPointer + 5);
```

假设定义二维数组和一级指针如下：

```
int iMatrix[3][4];
int * iPointer = &iMatrix[0][0];
```

(1) 一维数组名 iMatrix[m]($0<m<3$)所代表的含义是：

iMatrix[0]等同于 &iMatrix[0][0]；

iMatrix[1]等同于 &iMatrix[1][0]；

iMatrix[2]等同于 &iMatrix[2][0]。

(2) 二维数组名 iMatrix 的含义是：

iMatrix 等同于 &iMatrix[0]。

(3) 二维数组 iMatrix 中的任何一个元素：

iMatrix [m][n]等同于 *(iPointer+m*4+n)；

iMatrix [m][n]等同于 *(iMatrix[m]+n)；

iMatrix [m][n]等同于 *(*(iMatrix+m)+n)。

注意：iMatrix 的数据类型不是 int *，而是 int **。

使用指针最关键的是要知道首地址。

2. 指针与字符串

指针与字符串实际上就是字符型指针与字符串的关系。在处理字符串时，除了获取字符串的首地址外，以字符型数组元素的值是否为字符串结束符'/0'来判断字符串是否结束最为关键。

3. 指针与函数

函数中许多地方都可以使用指针，如函数参数、函数的返回值，甚至可以定义指向函数的指针，现总结如表 7-3 所示。

表 7-3 指针与函数的关系

项　目	举　例	指针可以指向	功　能
指针变量作为参数	int func(int *,int)	数组名、字符串首地址等	地址传递
指向函数的指针	void (*pFPointer)(int,int)	函数名	调用不同的函数
函数返回类型为指针	int *pFunc(int,int)	某地址	返回某内存地址

7.8.2 malloc()和 free()函数

1. 分配内存 malloc()函数

malloc( )函数原型声明为：

```
void *malloc(int size);
```

说明：malloc( )向系统申请分配指定 size 个字节的内存空间，并返回了指向这块内存的指针，该函数返回类型是 void * 类型。void * 表示未确定类型的指针，C 和 C++规定，void * 类型可以强制转换为任何其他类型的指针。如果分配失败，则返回一个空指针(NULL)。关于分配失败的原因，应该有多种，例如空间不足。

从函数声明上可以看出，malloc( )和 new 有所不同：new 返回指定类型的指针，并且可以自动计算所需要大小，而 malloc( )则必须给出可以得到所要字节数的表达式，并且在返回后强行转换为实际类型的指针。

例如：要求返回类型为 int * 类型，分配内存大小为 sizeof(int)。

(1) 使用 new 运算符

```
int *p;
p = new int;
```

或

```
int* pArray;                          //指针为 int 类型
pArray = new int[100];                //分配大小为 sizeof(int)×100
```

(2) 使用 malloc( )函数

```
int* p;
p = (int *)malloc(sizeof(int));
p = malloc(sizeof(int));              //错误，不能将 void 型指针赋值给 int 指针变量
p = (int *)malloc(1);                 //只分配了 1 个字节大小的内存空间
```

malloc( )也可以达到 new []的效果，申请出一段连续的内存，方法无非是指定所需要内存的大小。例如，想分配 100 个 int 类型的存储空间：

```
int* p = (int *)malloc(sizeof(int) * 100);
```

另外，有一点不能直接看出的区别是，malloc( )只管分配内存，并不能对所得的内存进行初始化，所以得到的一片新内存中，其值将是随机的。

除了分配及最后释放的方法不一样以外，通过 malloc()或 new 得到的指针，在其他操作上都是一致的。

2. 释放内存 free( )函数

free( )函数原型声明为：

```
void free(void *block);
```

说明：之所以把形参中的指针声明为 void *，是因为 free( )可以释放任意类型的指针，而任意类型的指针都可以转换为 void *。例如：

```
int *p = (int *)malloc(4);
*p = 6;
free(p);                              //释放 p 所指的内存空间
```

或

```
int *p = (int *)malloc(sizeof(int) * 100);
free(p);
```

free( )不管指针指向多大的空间，均可以正确地进行释放，这一点比 delete/delete []要方便。不过，必须注意：如果在分配指针时用的是 new 或 new[]，那么释放内存时，并不能图方便而使用 free( )来释放；反过来，用 malloc( )分配的内存，也不能用 delete/delete[]来释放。总之，new/delete、new[]/delete[]、malloc( )/free( )三对均需配套使用，不可混用。例如：

```
int * p = new int[100];
free(p);                                //错误,p 是由 new 所得
```

7.8.3 常指针

与 # define 语句相比较，C++ 提供了一种更灵活、更安全的方式来定义常量，即使用 const 修饰符来定义常量，例如：

```
const int LIMIT = 100;
```

它类似于语句 # define LIMIT 100，但此时这个常量是类型化的，它有自身的地址。

const 也可以与指针一起使用，它们的组合情况较复杂，可简单归纳为三种：指向常量的指针、常指针和指向常量的常指针。

1. 指向常量的指针

指向常量的指针是指一个指向常量的指针变量，例如：

```
const char * name = "chen";             //声明指向字符常量的指针变量
```

这个语句的含义为：声明一个名为 name 的指针变量，它指向一个字符型常量，初始化 name 为指向字符串"chen"。

由于使用了 const，不容许改变指针所指的常量，因此以下语句是错误的：

```
name[3] = 'a';                          //name 所指的数据不可修改
```

但是，由于 name 是一个指向常量的普通指针变量，不是常指针，因此可以改变 name 的值。例如下列语句是允许的：

```
name = "zhang";
```

该语句赋给了指针另一个常量的地址，即改变了 name 的值。

2. 常指针

常指针是指将指针本身，而不是它指向的对象声明为常量，例如：

```
char * const name = "chen";             //常指针
```

这个语句的含义为：声明一个名为 name 的指针，该指针是指向字符型数据的常指针，即用"chen"的首地址初始化该常指针。

创建一个常指针，就是创建一个不能移动的固定指针，但是它所指的数据可以改变，例如：

```
name[3] = 'a';                          //合法
name = "zhang";                         //错误
```

第一个语句改变了常指针所指的数据，这是允许的；但第二个语句要改变指针本身，这是不允许的。

3. 指向常量的常指针

指向常量的常指针是指这个指针本身不能改变，它所指向的数据值也不能改变。声明一个指向常量的常指针，二者都要用 const 修饰，例如：

```
const char * const name = "chen";          //指向常量的常指针
```

这个语句的含义是：声明一个名为 name 的常指针，并且它是一个指向字符型常量的常指针，即用"chen"的首地址初始化该指针。不难理解以下两个语句都是错误的：

```
name[3] = 'a';                             //错误，不能改变指针所指的值
name = "zhang";                            //错误，不能改变指针本身
```

说明：

(1) 如果用 const 定义的是一个整型常量，关键字 int 可以省略。所以下面的两行定义是等价的：

```
const int LIMIT = 1005;
const LIMIT = 1005;
```

(2) 常量一旦被建立，在程序的任何地方都不能再更改。如果没有给常量定义一个初始值，C++假定初始值为零，并且不允许以后再给它赋值。

(3) 与 # define 定义的常量有所不同，const 定义的常量可以有自己的数据类型，这样C++的编译程序可以进行更加严格的类型检查，具有良好的编译检测性。

(4) const 的作用与 # define 相类似，但它消除了 # define 的不安全性，因此建议用 const 取代 # define 定义常量。

(5) 函数参数也可以用 const 进行说明，用于保证实参在被调函数内部不被改动，大多数 C++编辑器能对具有 const 参数的函数进行更好的代码优化。

7.8.4 链表操作

1. 链表概述

链表是一种动态数据结构，它的特点是用一组任意的存储单元(可以是连续的，也可以是不连续的)存放数据元素。一个简单的链表具有如图 7-9 所示的结构形式。

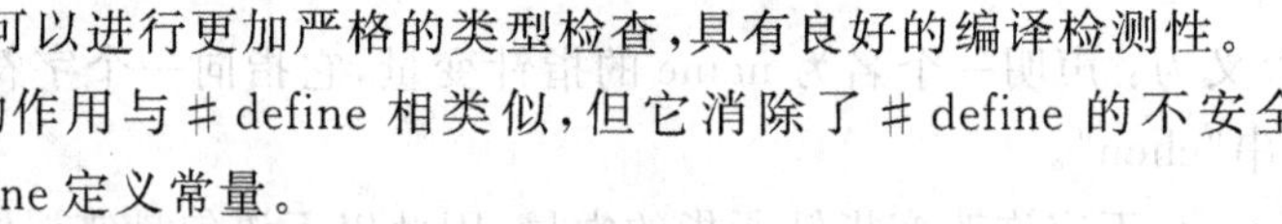

图 7-9 简单链表的结构形式

在链表中，有三个重要地方：头指针、结点、结束结点。特别提示：链表的结束结点的指针域应为 NULL(空地址)。

定义单链表结构的最简单形式如下：

```
struct NODE
{
```

```
    int data;
    NODE * next;
};
```

注意：这里的 data 可以采用任何数据类型，包括结构体类型或类类型。

在此基础上，再定义一个链表类 List，其中包含链表结点的插入、删除、输出等功能的成员函数。

```
class List
{
    NODE * head;
public:
    List() {     head = NULL; }
    void InsertList(int aData, int bData);//链表结点的插入
    void DeleteList(int aData);           //链表结点的删除
    void OutputList();                    //链表结点的输出
    NODE * GetHead(){     return head; }
};
```

2. 链表结点的访问

由于链表中的各个结点是由指针链接在一起的，其存储单元未必是连续的，因此只能从链表的头指针(即 head)开始，用一个指针 p 先指向第一个结点，然后根据结点 p 找到下一个结点。以此类推，直至找到所要访问的结点或到最后一个结点(指针为空)为止。

下面给出上述链表类的输出函数：

```
void List::OutputList()                  //链表输出函数
{
    NODE * current = head;
    while (current!= NULL)
    {
        cout << current -> data <<"";
        current = current -> next;
    }
    cout << endl;
}
```

3. 链表结点的插入

如果要在链表中的结点 a 之前插入新结点 b，则需要考虑下列几种情况。

(1) 插入前链表是一个空表，这时插入新结点 b 后，链表如图 7-10(a)所示。

(2) 若 a 是链表的第一个结点，则插入后，结点 b 为第一个结点，如图 7-10(b)所示。其中实线表示插入前的指针，虚线为插入后的指针(下同)。

(3) 若链表中存在 a，且不是第一个结点，则首先要找出 a 的上一个结点 a_k，然后使 a_k 的指针域指向 b，再令 b 的指针域指向 a，即可完成插入，如图 7-10(c)所示。

(4) 若链表中不存在 a，则插在最后。先找到链表的最后一个结点 a_n，然后使 a_n 的指针域指向结点 b，而 b 结点的指针域为空，如图 7-10(d)所示。

以下是链表类的结点插入函数，显然其也具有建立链表的功能。

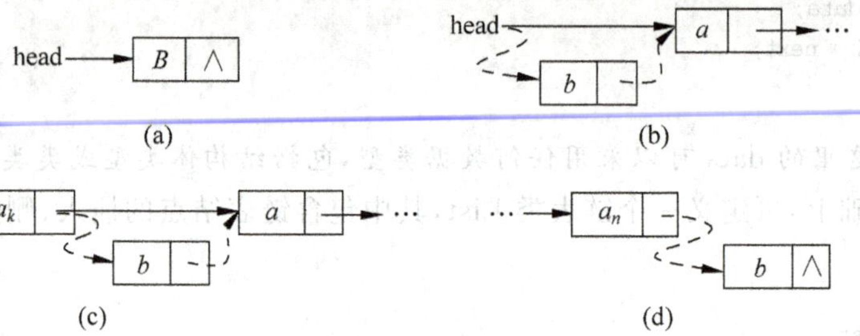

图 7-10　链表的插入

假设 aData 是结点 a 中的数据，bData 是结点 b 中的数据。

```
void List::InsertList(int aData,int bData)
{
    NODE *p, *q, *s;                           //p指向a,q指向a_k,s指向b
    s=(NODE*)new(NODE);                        //动态分配一个新结点
    s->data=bData;                             //设b为此结点
    p=head;
    if(head==NULL)                             //(a)若是空表,使b作为第1个结点
    {
        head=s;
        s->next=NULL;
    }
    else
        if(p->data==aData)                     //(b)若a是第一个结点
        {
            s->next=p;
            head=s;
        }
        else
        {
            while(p->data!=aData&&p->next!=NULL) //查找结点a
            {
                q=p;
                p=p->next;
            }
            if(p->data==aData)                 //(c)若有结点a
            {
                q->next=s;
                s->next=p;
            }
            else                               //(d)若没有结点a
            {
                p->next=s;
                s->next=NULL;
            }
        }
}
```

4. 链表结点的删除

如果要在链表中删除结点 a 并释放被删除的结点所占的存储空间，则需要考虑下列几种情况。

(1) 若要删除的结点 a 是第一个结点，则把 head 指向 a 的下一个结点，如图 7-11(a) 所示。

(2) 若要删除的结点 a 存在于链表中，但不是第一个结点，则应使 a 的上一个结点 a_q 的指针域指向 a 的下一个结点 a_p，如图 7-11(b)所示。

(3) 空表或要删除的结点 a 不存在，则不作任何改变。

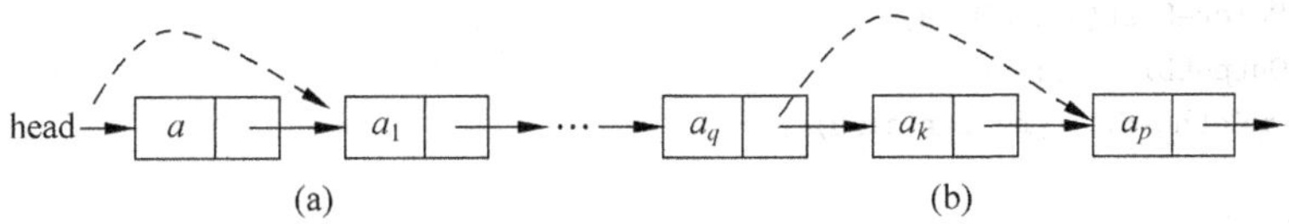

图 7-11　链表的删除

以下是链表类的结点删除函数。

```
void List::DeleteList(int aData)                    //设 aData 是要被删除结点 a 中的数据成员
{
    NODE *p, *q;
    p = head;
    if(p == NULL)                                   //若是空表
        return;
    if(p->data == aData)                            //若 a 是第一个结点
    {
        head = p->next;
        delete p;
    }
    else
    {
        while(p->data!= aData&&p->next!= NULL)      //查找结点 a
        {
            q = p;
            p = p->next;
        }
        if(p->data == aData)                        //若有结点 a
        {
            q->next = p->next;
            delete p;
        }
    }
}
```

【例 7-19】 链表操作。利用以上三个成员函数 InsertList、DeleteList、OutputList，可形成如下的简单链表操作演示程序。

程序代码如下。

```
#include <iostream>
```

```
using namespace std;
struct NODE
{   int data;
    NODE  * next;
};
class List
{
    NODE * head;
public:
    List( ) {head = NULL; }
    void InsertList(int aData, int bData);
    void DeleteList(int aData);
    void OutputList( );
    NODE * Gethead( ) {return head; }
};
//链表输出函数
void List::OutputList( )
{
    NODE * current = head;
    while (current!= NULL)
    {
        cout << current -> data <<"";
        current = current -> next;
    }
    cout << endl;
}
//设 aData 是结点 a 中的数据,bData 是结点 b 中的数据
void List::InsertList(int aData, int bData)
{
    NODE * p, * q, * s;
    s = (NODE * )new(NODE);                              //动态分配一个新结点
    s -> data = bData;                                   //设 b 为此结点
    p = head;
    if(head == NULL)                                     //若是空表,使 b 作为第 1 个结点
    {
        head = s;
        s -> next = NULL;
    }
    else
        if(p -> data == aData)                           //若 a 是第一个结点
        {
            s -> next = p;
            head = s;
        }
        else
        {
            while(p -> data!= aData&&p -> next!= NULL)//查找结点 a
            {
                q = p;
                p = p -> next;
            }
```

```
            if(p->data == aData)                    //若有结点 a
            {
                q->next = s;
                s->next = p;
            }
            else                                    //若没有结点 a
            {
                p->next = s;
                s->next = NULL;
            }
        }
}
//设 aData 是要被删除结点 a 中的数据成员
void List::DeleteList(int aData)
{
    NODE *p, *q;
    p = head;
    if(p == NULL)                                   //若是空表
        return;
    if(p->data == aData)                            //若 a 是第一个结点
    {
        head = p->next;
        delete p;
    }
    else
    {
        while(p->data!= aData&&p->next!= NULL)      //查找结点 a
        {
            q = p;
            p = p->next;
        }
        if(p->data == aData)                        //若有结点 a
        {
            q->next = p->next;
            delete p;
        }
    }
}
int main( )
{
    List A,B;                                       //定义两个链表对象
    int data[10] = {25,41,16,98,5,67,9,55,1,121};
    A.InsertList(0,data[0]);                        //建立链表 A 的首结点
    for(int i = 1;i<10;i++)
        A.InsertList(0,data[i]);                    //顺序向后插入
    cout<<"\n链表 A: ";
    A.OutputList( );
    A.DeleteList(data[7]);
    cout<<"删除元素 data[7]后: \n          ";
    A.OutputList( );
    B.InsertList(0,data[0]);                        //建立链表 B 的首结点
```

```
    for(i = 1;i < 10;i++)
        B.InsertList(B.Gethead( ) - > data,data[i]);  //在首结点处顺序向前插入
    cout <<"\n 链表 B: ";
    B.OutputList( );
    B.DeleteList(67);
    cout <<"删除元素 67 后: \n          ";
    B.OutputList( );
    return 0;
}
```

程序运行情况：

```
链表 A:25  41  16  98  5  67  9  55  1  121
删除元素 data[7]后:
      25  41  16  98  5  67  9  1  121
链表 B:121  1  55  9  67  5  98  16  41  25
删除元素 67 后:
      121  1  55  9  5  98  16  41  25
```

习题

7-1　填空题

（1）指针变量用于保存另一变量的________。

（2）可以初始化指针值的有________或________。

（3）假定 p 是一个指向整数的指针，则用________表示该整数，用________表示指针变量 p 的地址。

（4）假定 *p* 是一个指针，则 * p++运算首先访问________，然后使________值增 1。

（5）一个数组的数组名实际上是指向该数组________元素的指针，并且在任何时候都不允许________数组名。

（6）当实参为一个数组名时，对应的形参必须是________或________。

7-2　选择题

（1）设有程序段：

```
char ch = 2; int a = 100;
char * pCh = &ch, * pA = (char * )&a;
* pCh = (char)( * pCh + * ((int * )pA));
```

则执行后 ch 的值是[　　]。

A. 200　　B. f　　C. 100　　D. 98

（2）有如下程序段：

```
void sFun(int * iPointer)
{
    * (++iPointer) = 0;
}
int main()
{
```

```
    int pArs[2] = {5,5};
    sFun(pArs);
    cout << pArs[0]<<" , "<< pArs[1];
    return 0;
}
```

则执行程序段后,结果是[　　]。

A. 5,5　　B. 0,5　　C. 5,0　　D. 0,0

(3) 数组名与指针变量的关系是[　　]。

A. 可以通过数组名访问指针变量

B. 可以通过指针变量访问数组名

C. 可以通过指针变量访问数组中的元素

D. 可以通过数组元素访问指针变量

(4) 以下关于字符串同指针的描述中正确的是[　　]。

A. 字符串中的每个字符都是指针

B. 可以使用一个 char * 型指针指向一个字符串

C. 字符串就是指针

D. 只有以 NULL 结尾的字符串才可以使用 char * 型指针指向其开始地址

(5) 以下关于函数、函数名和函数指针的说法正确的是[　　]。

A. 函数同函数指针等同

B. 不同的函数其函数指针类型是相同的

C. 不能使用函数指针调用函数

D. 函数名其实同函数指针等同

7-3　编程题

(1) 应用指针,实现 10 个整数从大到小排序。

(2) 有 N 个人围成一圈,且按顺序编号,从第一个人开始按 1、2、3 顺序报数,凡报到 3 的人退出圈子,然后从出圈的下一个人开始重复此过程,使用指针编程输出出圈序列。

(3) 应用指针,编写字符串连接处理函数。

(4) 输入一行文字,找出其中大写字母、小写字母、空格、数字以及其他字符各有多少。

(5) 应用指针,编写一个函数 strcmp(),实现两字符串 $s1$ 和 $s2$ 的比较。如果 $s1=s2$,则返回值为 0,如果 $s1\neq s2$,当 $s1>s2$,返回值为 1,反之,当 $s1<s2$,返回值为 -1。

(6) 输入 10 个国家名称,用指针数组实现排序。

(7) 建立一个通讯录单链表,包含姓名、地址、邮编、电话,编程实现链表插入、删除和显示。

(8) 编写一个用二分法解方程的通用函数,并对下列方程求解。

① $1-x+x^3=0$

② $\sin(x)-x=0$

(9) 实现一单链表的逆置,并输出逆置前后的结果。

(10) 将两个升序排列的单链表合并成一个降序排列的单链表,并输出合并前后的结果。

CHAPTER 8

第8章 C++程序结构

本章要点

- 作用域与生存期
- 编译预处理
- 多文件结构
- 名称空间的作用

在某个函数中声明的变量一般只能在这个函数中起作用，其原因就是受变量的作用域与可见性的限制。作用域讨论的是变量的有效范围，可见性讨论的是变量是否可以引用，生存期则是指变量从诞生到结束的这段时间。在生存期内，变量将保持它的值不变，对象也将保持它的状态不变。

在C++中，无论是简单变量还是类的对象或者其他标识符都有作用域和生存期，都必须遵循可见性原则。这里，主要以变量为例进行讲解和分析，对象等其他标识符的情况基本与之相似。

8.1 作用域

作用域是一个变量在程序中有效的区域。C++的作用域有三种：函数原型作用域、块作用域(局部作用域)和文件作用域。

1. 函数原型作用域

函数原型作用域是C++中最小的作用域。一般在函数原型的声明中一定要包含形参的类型声明，而形参名则可以省略。这里所声明的形参名就属于函数原型作用域，它的有效区域开始于函数原型声明的左括号"("，结束于右括号")"。例如，有如下的函数原型声明语句：

```
double area(double length,double width);
```

此语句中，由于形参名 length 和 width 只在括号之内有效，在程序的其他地方无法引用它们。因此，这里的形参名 length 和 width 实际上是可有可无的，省去它们也绝不会影响到程序的编译和运行结果。例如，省略形参名 length 和 width 的函数原型声明语句：

```
double area(double,double);
```

但是，考虑到程序的可读性，还是要在函数原型声明时，给形参指定一个有意义的名称，而且一般总是与该函数定义时声明的形参名一致。

2. 块作用域

块作用域又称局部作用域。当变量的声明出现在由一对花括号“{}”所括起来的程序块内时，则此块中声明的变量的作用域从声明处开始一直到块结束的花括号为止。

【例 8-1】 块作用域及变量的可见性。

程序代码如下。

```
#include<iostream>
using namespace std;
void fun1( );
int main()
{
    int n = 3;
    for(int i = 0;i < 3;i++)
    {
        int n = 5;
        int m;
        if(i % 2)
            n++;
        cout <<"In loop, n = "<< n << endl;
    }
//  m = n/2;                                    //错误,m 未定义
    cout <<"Out loop, n = "<< n + i << endl;    //i 的作用域可延伸至循环外
    fun1( );
    return 0;
}
void fun1( )
{
//      cout <<"n = "<< n << endl;              //错误,n 未定义
}
```

程序运行结果：

```
In loop, n = 5
In loop, n = 6
In loop, n = 5
Out loop, n = 8
```

在例 8-1 中，函数体 main()是一个块，for 语句之后的循环体又是一个较小的块。变量 n 和 i 的作用域从声明处开始，到它所在的块，即整个函数体 main()结束处为止。变量 m 的作用域从声明处开始到它所在的块，即循环体结束为止。因此，编译时，语句 $m=n/2$ 会出错，原因是试图在 m 的作用域之外引用 m，而 $n+i$；是允许的，因为此时还在 i 的作用域

内。另外，函数对作用域会有什么影响吗？编译时，函数 fun1()中的语句：

```
cout <<"n = "<< n << endl;
```

将出现一个未定义错误，这同样是因为试图在 n 的作用域之外引用 n。从这里可以看出，块作用域不能延伸到子函数中。

3. 文件作用域

具有文件作用域的变量是在所有函数定义之外声明的，其作用域从声明点开始，一直延伸至文件尾。一般情况下，程序中所声明的全局变量都具有文件作用域，它们在整个文件中都有效。

4. 可见性

作用域指的是变量的有效范围，可见性从另一个角度表现变量的有效范围。变量的可见性是指在程序的某个位置，该变量可以被有效地引用。因此，形象地称其为可见性。可见性遵循的一般规则如下。

(1) 变量在引用前必须先声明。

(2) 在互相没有包含关系的不同作用域中声明同名的变量，两变量将互不影响。

(3) 如果在两个或多个具有包含关系的作用域中声明了同名的变量，则外层变量在内层不可见。

为了进一步说明文件作用域、块作用域及其可见性，举例如下。

【例 8-2】 文件作用域与块作用域。

程序代码如下。

```
#include <iostream>
using namespace std;
int k;
int main()
{
    {
        int k;
        cout <<"auto k = "<< k << endl;
    }
    cout <<"static k = "<< k << endl;
    return 0;
}
```

程序运行情况：

```
auto k = -858993460
static k = 0
```

在上述程序中，主函数之前声明的变量 k 具有文件作用域，它的有效作用范围是整个源代码文件。主函数内声明的变量 k 具有块作用域，它的作用范围在内层的花括号内。因此，k 的块作用域被完全包含在 k 的文件作用域中。根据作用域可见性的规则，在具有包含关系的作用域中声明同名变量，外层变量在内层不可见。程序的运行结果验证了这一点。

另外，从以上结果还可以看出，具有文件作用域的变量在没有初始化时，自动被“清 0”，而具有块作用域的变量在没有初始化时，其值是不确定的。

8.2　生存期

无论是什么变量都有诞生和结束的时刻，变量从诞生到结束的这段时间就是它们的生存期。在生存期间，变量占有的内存空间只能归它使用，不会被用于存放其他内容。因此，在生存期内，变量将保持它的值不变，直到它被更新为止。当变量的生存期终止时，意味着该变量不再占有内存空间，而它原来占有的内存空间随时可能被派作他用。

生存期与存储区域关系密切，存储区域一般分为代码区(Code Area)、数据区(Data Area)、栈区(Stack Area)和堆区(Heap Area)。显然，代码区用来存放程序代码，而与数据区、栈区和堆区相对应的生存期分别为静态生存期、自动生存期和动态生存期。由此可见，C++的存储方案决定了变量的生存期。

1. 静态生存期

静态生存期与程序的运行期相同。具有静态生存期的变量只要程序一开始运行，它就存在，直到程序运行结束，它的生存期也就结束了。

全局变量、静态全局变量和静态局部变量都具有静态生存期。也就是说，具有文件作用域的变量都具有静态生存期，而在函数内部具有块作用域的变量默认是不具有静态生存期的，如果想要具有，则必须使用关键字 static 进行特别声明。例如：

```
int n;                                  //全局变量
static int m;                           //静态全局变量
int main()
{
    static int k                        //静态局部变量
    …
}
```

具有静态生存期的变量在内存的数据区分配存储空间。另外，如果具有静态生存期的变量未被赋初值，则它将自动初始化为 0，这点在程序设计中经常会用到。

2. 自动生存期

在块作用域中没有特别说明的变量都默认为具有自动生存期。此生存期诞生于声明点，而终止于其作用域的结束处。因此，具有自动生存期的变量都具有块作用域，但反之则不然，如果在块作用域内使用 static 将变量说明为静态变量，该变量就会具有静态生存期。例如：

```
int main()
{
    int i;                              //默认为具有自动生存期
    static int k;                       //使用 static 特别说明为具有静态生存期
    …
}
```

具有自动生存期的变量在内存的栈区分配空间。具有自动生存期的变量在初始化之前，其内容都是不确定的,也就是说,具有自动生存期的变量在使用前必须进行初始化。

3. 动态生存期

具有动态生存期的变量由程序中特定的操作符 new 和 delete(C++)或由调用函数 malloc()和 free()(C 语言)动态创建和释放内存空间。有关 new 和 delete 及函数 malloc()和 free()在第 7 章中已介绍过,在此就不再赘述,这里仅对它们的使用形式进行简单的比较。

(1) 操作符 new 和 delete 动态创建和释放内存空间。

例如:

```
//…
int * pInt = new int[10];          //创建 40 个字节的内存空间,并将首地址存入 pInt
//…
delete pInt[];                     //释放从首地址 pInt 开始的 40 个字节的内存空间
//…
```

(2) 调用函数 malloc()和 free()动态创建和释放内存空间。

例如:

```
char * pStr = (char * )malloc(100 * sizeof(char));
                                   //创建 100 个字节的内存空间,并将首地址存入 pStr
//…
free(pStr);                        //释放从首地址 pStr 开始的 100 个字节的内存空间
//…
```

具有动态生存期的变量在内存的堆区分配空间。

8.3 局部变量和全局变量

1. 局部变量

局部变量包括自动(auto)局部变量、静态(static)局部变量和函数参数。

(1) 自动局部变量是在函数体或程序内声明的变量,具有块作用域,自动生存期。声明时,变量前可以加 auto,也可以不加,程序中没有特别说明的变量都是自动变量。自动变量以堆栈方式占用内存空间。因此,当程序运行到此类变量声明处时,会立刻为它分配内存空间,而一旦其生存期结束,系统立即收回这个堆栈,此变量也就立即消失。

(2) 静态局部变量具有块作用域,静态生存期。此类变量的生存期与程序运行期相同,系统的特定内存区——数据区为它分配存储空间。

(3) 函数参数实质上就是自动局部变量。因此,同样具有块作用域,自动生存期。

2. 全局变量

全局变量具有文件作用域,静态生存期。在整个程序中,除了在定义有同名局部变量的程序块中,其他地方都可以直接访问全局变量。如果将数据存放在全局变量中,则不同的函数在不同的地方都可以对同一个全局变量进行访问,以实现函数之间的数据共享。

下面举例说明各种不同变量的定义及使用。

【例 8-3】 局部变量和全局变量的定义和使用。

```
#include<iostream>
using namespace std;
int i = 1;
int main()
{
    static int a;
    int b = -10;
    int c = 0;
    void other(void);
    cout<<"----main----"<<endl;
    cout<<"i = "<<i<<" a = "<<a<<" b = "<<b<<" c = "<<c<<endl;
    c = c + 8;
    other();
    cout<<"----main----"<<endl;
    cout<<"i = "<<i<<" a = "<<a<<" b = "<<b<<" c = "<<c<<endl;
    other();
    return 0;
}
void other(void)
{
    static int a = 1;
    static int b;
    int c = 5;
    i = i + 2;a = a + 3;c = c + 5;
    cout<<"----other----"<<endl;
    cout<<"i = "<<i<<" a = "<<a<<" b = "<<b<<" c = "<<c<<endl;
    b = a;
}
```

程序运行情况：

```
----main----
i = 1 a = 0 b = -10 c = 0
----other----
i = 3 a = 4 b = 0 c = 10
----main----
i = 3 a = 0 b = -10 c = 8
----other----
i = 5 a = 7 b = 4 c = 10
```

读者可以自己试着对上述程序代码进行分析，并给出自己推断的结果，最后与程序运行结果相比对，看看是否一致。

8.4 编译预处理

用 C++编程的时候，可以在源程序中包含一些编译命令，以告诉编译器对源程序如何进行编译。这些命令包括宏定义、文件包含和条件编译，由于这些命令是在程序编译之前被执行的，所以也称为编译预处理命令。

实际上，编译预处理命令不能算是 C++的一部分，但它扩展了 C++程序设计的能力，合理地使用编译预处理功能，可以使编写的程序便于阅读、修改、移植和调试。

编译预处理命令与一般的 C++语句有所不同，使用时要特别注意。下面给出编译预处理命令共同的语法规则。

(1) 所有的预处理命令在程序中都是以"#"来引导的，例如：

```
#include "stdio.h"
```

(2) 每一条预处理命令必须单独占用一行，例如：

```
#include "stdio.h" #include <stdlib.h>   //错误
```

(3) 预处理命令之后不加分号，例如：

```
#include "stdio.h";                     //错误
```

(4) 预处理命令一行写不下，可以续行，但需要加续行符"\"。

C++提供的编译预处理功能主要有以下三种：文件包含、宏定义和条件编译。下面对这三种预处理命令的用法分别进行介绍。

8.4.1 文件包含

预处理指令#include 用于包含头文件，其形式有两种。

1. 尖括号形式

```
#include  <xxx.h>
```

尖括号形式表示被包含的文件在系统目录中。

2. 双引号形式

```
#include  "xxx.h"
```

双引号形式用于被包含的文件不一定在系统目录中，在双引号形式中，可以指出文件路径和文件名。如果在双引号中没有给出绝对路径，则默认为用户当前目录中的文件，此时系统首先在用户当前目录中寻找要包含的文件，若找不到再在系统目录中查找。

对于用户自己编写的头文件，宜采用双引号形式，对于系统提供的头文件，既可以用尖括号形式，也可以用双引号形式。无论采用哪种形式都可以找到被包含的头文件，显然，用尖括号形式更直截了当，效率更高。

8.4.2 宏定义

宏定义命令将一个标识符定义为一个字符串。例如：

```
#define PI 3.14159
```

其中，"#"表示这是一条预处理命令，define 为关键字，PI 称为宏名，也简称为宏，"3.14159"是被定义的字符串。宏定义后，PI 就代表字符串"3.14159"。当源程序被编译的时候，遇到标识符 PI，均以字符串“3.14159”进行替换。宏定义命令用于字符串的替换，因此也常将宏名用指定的字符串替换的过程称为宏替换。

宏替换的功能给编程带来很多方便。因为在程序中，如果某常量出现的次数比较多，就可以为该常量定义一个宏，这样当该常量需要修改时，就不必在程序中对该常量一个个地查找修改，而只需要修改其宏定义即可。

宏定义命令通常有两种格式：一种是简单的宏定义，另一种是带参数的宏定义。

1. 简单的宏定义

(1) 简单的宏定义形式

简单的宏定义形式是：

```
#define  <宏名>  <字符串>
```

其中，define 是宏定义命令的关键字，＜宏名＞是一个标识符，＜字符串＞可以是常数、表达式、格式串等。

在程序被编译的时候，如果遇到宏名，先将宏名用指定的字符串替换，然后再进行编译。

【例 8-4】 简单的宏定义。

```
#include <iostream>
#define PI 3.14159
using namespace std;
int main()
{
    int radius;
    cout <<"Input radius:";
    cin>> radius;
    cout <<"Circumference is "<< 2 * PI * radius << endl;
    cout <<"Area is "<< PI * radius * radius << endl;
    cout <<"Cube is "<< 4.0/3.0 * PI * radius * radius * radius << endl;
    return 0;
}
```

例 8-4 中定义了一个宏 PI，程序中所有 PI 出现的地方都用字符串“3.14159”替代，并以此计算出圆的周长(Circumference)、面积(Area)和立方(Cube)。

宏替换实际就是简单的替代。上述程序中的宏 PI 被字符串“3.14159”替换后，main()中的程序代码变为：

```
int main()
{
    int radius;
    cout <<"Input radius:";
    cin>> radius;
    cout <<"Circumference is "<< 2 * 3.14159 * radius << endl;
    cout <<"Area is "<< 3.14159 * radius * radius << endl;
    cout <<"Cube is "<< 4.0/3.0 * 3.14159 * radius * radius * radius << endl;
    return 0;
}
```

程序运行情况：

```
Input radius:10
Circumference is 62.8318
Area is 314.159
Cube is 4188.79
```

现在如果要将 PI 的值改为 3.14，只要修改宏定义即可，即：

```
#define PI 3.14
```

实际上，简单宏定义类似于定义符号常量。在 C++中，使用 const 定义符号常量。例如：

```
const double PI = 3.14;
```

此语句效果上等同于：

```
#define PI 3.14
```

它们都是将标识符 PI 定义为 3.14。但是，这两种定义符号常量的方法还是有区别的。

(2) 符号常量与宏的区别

① const 说明的符号常量具有类型，这样 C++的编译程序可以进行更加严格的类型检查，具有良好的编译检测性。例如：

```
const double PI = 3.1415926;
```

其中，PI 是一个 double 型的常量，而 #define 命令定义的符号常量则不具有类型，它仅仅被另一个字符串替换，而不管内容是否正确。例如：

```
#define PI 3.141,592,65
```

在预编译时，此简单宏定义不会产生错误，因为系统仅仅将后面的“3.141,592,65”视为一个字符串而不是 double 型的常量。但如果把它作为一个 double 型的常量参与表达式的运算时，就会出现编译错误。例如：

```
double r = 10.0;
double area = PI * r * r;
```

第二个语句经宏替换后，变为：

```
double area = 3.141,592,65 * r * r;
```

显然，这是错误的。

如果用 const 定义的是一个整型常量，关键字 int 可以省略。因此，下面的两行定义是等价的：

```
const int MAX = 36;
const MAX = 36;
```

② 两者的作用域不同。在函数体内，用 const 定义的符号常量是局部常量，其作用域仅限于该函数体内。而用 #define 定义的宏的作用域是从宏定义处开始，直到该文件末尾处才结束。当然，可以用“#undef”命令提前终止已定义的宏的作用域。例如：

```
#define A 10                          //A 的有效范围开始
function()
```

```
{
    …
}
#undef A                        //A的有效范围结束
function2()
…
```

③ 使用 const 定义符号常量是一个说明语句，以分号结束。而用#define 定义的宏是一个编译预处理命令，不能用分号结束。例如：

```
#define A 10                    //正确
#define A 10;                   //错误
```

(3) 简单宏定义时应注意的问题

① 在书写#define 命令时，注意＜宏名＞和＜字符串＞之间需要用空格分开，而不是用等号连接。

```
#define A 10                    //正确
#define A = 10                  //错误
```

因此，如果在宏定义命令后加了分号，将会连同分号一起进行置换。例如：

```
#define PI 3.14159265;
```

此时的 PI 所代替的字符串是"3.14159265;"，而不是所期望的 3.14159265。

② 使用#define 定义的标识符不是变量，它只用作宏替换，因此不占用内存。

③ 习惯上用大写字母表示＜宏名＞，这只是一种习惯的约定，其目的是为了与变量名区分，因为变量名通常用小写字母。

④ 一旦某个标识符被定义为宏名，在取消该宏定义之前，不允许重新对它进行宏定义。可以使用如下命令取消宏定义：

```
#undef  <宏名>
```

其中，undef 是关键字。该命令的功能是取消对＜宏名＞已有的定义。被取消的宏名可以对它重新进行定义。

⑤ 宏定义可以嵌套，已定义的宏名可以用来定义新的宏。例如：

```
#define PI 3.14159265
#define R 10
#define AREA (PI * R * R)
```

显然，用 const 定义的符号常量比用 define 定义的宏更好理解，且使用更方便。因此，在 C++中，一般都使用 const 定义的符号常量。

2. 带参数的宏定义

(1) 带参数的宏定义形式

带参数的宏定义形式为：

```
#define  <宏名>(参数表)  <宏体>
```

其中，＜宏名＞是一个标识符，＜参数表＞中的参数可以是一个也可以是多个，视具体情况而定。当有多个参数的时候，每个参数之间用逗号分隔。＜宏体＞是被替换用的字符串，它是由参数表中的参数组成的表达式。例如：

```
#define SUB(a,b) a-b
```

如果在程序中出现如下语句：

```
result=SUB(2,3);
```

则该语句被替换为：

```
result=2-3;
```

在这样的宏替换过程中，其实只是将参数表中的参数代入宏体的表达式中，这里就是将表达式中的 a 和 b 分别用 2 和 3 代入。如果程序中出现如下语句：

```
result=SUB(x+1,y+2);
```

则被替换为：

```
result=x+1-y+2;
```

由此可见，带参数的宏定义与函数很相似。如果将宏定义时出现的参数视为形参，而将在程序中引用宏定义时出现的参数视为实参。那么上述的 a 和 b 就是形参，而 2 和 3，以及 x＋1 和 y＋2 都为实参。其实，宏替换就是用实参来替换＜宏体＞中的形参。

(2) 带参数的宏定义时应注意的问题

① 带参数的宏定义应尽量书写在同一行中，如果需要写成多行，需要在行末尾使用续行符"\"结束，并在该符号后按下回车键，最后一行除外。

② 在书写带参数的宏定义时，＜宏名＞与左括号"("之间不能出现空格，否则空格右边的部分都作为宏体。例如：

```
#define SUB (a,b) a-b
```

将会把"(a,b) a－b"整体作为被定义的宏 SUB 的替换字符串。

③ 宏体中与参数名相关的字符串适当地加上圆括号是十分必要的，这样能够避免可能产生的错误。例如，对于宏定义：

```
#define SQR(x) x*x                    //不合适
```

若程序中出现语句：

```
m=SQR(a+b);
```

宏替换的结果为：

```
m=a+b*a+b;
```

显然，这不是我们所期望的结果。如果想得到下面的宏替换结果：

```
m=(a+b)*(a+b);
```

应增加必要的括号，将宏定义修改为：

```
#define SQR(x) (x)*(x)                //合适
```

下面举例说明带参数宏的具体应用。

【例 8-5】 带参数宏的应用。

```
#include <iostream>
#define SQR1(a,b) a * b                //带参数的宏定义
#define SQR2(a,b) (a) * (b)            //给宏的参数加括号
using namespace std;
int main()
{
    int x = 2,y = 3,result1,result2;
    result1 = SQR1(x + 2,y - 1);
    cout <<"result1 = "<< result1 << endl;
    result2 = SQR2(x + 2,y - 1);
    cout <<"result2 = "<< result2 << endl;
    return 0;
}
```

程序运行情况：

```
result1 = 7
result2 = 8
```

(3) 带参数的宏和带参数的函数的区别

观察宏替换产生的结果，带参数的宏和带参数的函数在形式上很相似，但它们有本质上的区别。

① 对于带参数的宏，宏调用只是用实参替换形参。而对函数而言，形参和实参是完全独立的变量，当调用发生时，实参的值传递给形参，实现所谓的形实结合。

② 从发生的时间来说，宏调用是在编译时发生的，函数调用是在程序运行时发生的；宏调用不存在内存单元分配的问题，而函数调用时，会给形参变量分配内存单元，然后将实参的值复制给形参，函数调用结束后，形参变量占用的内存单元自动被释放。

③ 在宏定义中的形参是标识符，而宏调用中的实参可以是表达式。例如：

```
#define SQR2(a,b) (a) * (b)            //宏定义
result2 = SQR2(x + 2,y - 1);           //宏调用
```

8.4.3 条件编译

一般情况下，在进行编译时对源程序中的每一行都要编译，但是有时希望程序中某一部分内容只在满足一定条件时才进行编译，如果不满足这个条件，就不编译这部分内容，这就是条件编译。

条件编译主要是编译时进行挑选，注释掉一些指定的代码，以达到多个版本控制，防止对文件重复包含的功能。#if，#ifndef，#ifdef，#else，#elif，#endif 是比较常见的条件编译预处理指令，可根据表达式的值或某个特定宏是否被定义来确定编译条件。

1. 指令意义

#if——表达式非零就对代码进行编译。

#ifdef——如果宏已定义就进行编译。

#ifndef——如果宏未被定义就进行编译。

＃else——作为其他预处理的剩余选项进行编译。

＃elif——这是一种＃else和＃if的组合选项。

＃endif——结束编译块的控制。

2. 常用形式

(1) ＃if_＃endif形式有以下几种：

```
＃if 常数表达式(或＃ifdef 宏名   或＃ifndef 宏名)
    程序段
＃endif
```

如果常数表达式为真，或者该宏名已定义或者该宏名未定义，则编译后面的程序段；否则就不编译，跳过这段程序。

(2) ＃if_＃else_＃endif形式有以下几种：

```
＃if 常量表达式(或＃ifdef 宏名   或＃ifndef 宏名)
    程序段 1
＃else
    程序段 2
＃endif
```

如果常数表达式为真，或者该宏名已定义或者该宏名未定义，则编译后面的程序段1；否则编译后面的程序段2。

(3) ＃if_＃elif_＃endif形式是：

```
＃if 常量表达式 1
    程序段 1
＃elif 常量表达式 2
    程序段 2
    …
＃elif 常量表达式 n
    程序段 n
＃endif
```

注意：这种形式中的＃elif不可以用于＃ifdef和＃ifndef中，但＃else可以。

下面举例说明条件编译在程序设计中的具体应用。

【例8-6】 条件编译。

```
＃include <iostream>
using namespace std;

//＃if,＃else 和＃endif 指令
＃define DEBUG 1                        //定义宏 DEBUG 为 1
int main()
{
＃if DEBUG
    cout <<"Debugging\n";               //如果 DEBUG 为真
＃else
    cout <<"Not debugging\n";
＃endif
```

```
    cout <<"Running\n";
    return 0;
}
/*
//#ifdef 和#ifndef 指令
#define DEBUG                    //定义宏 DEBUG
int main()
{
#ifdef DEBUG                     //如果 DEBUG 被定义过
    cout <<"Yes\n";
#endif
#ifndef DEBUG                    //如果 DEBUG 没有被定义过
    cout <<"No\n";
#endif
    return 0;
}

//#elif 指令综合了#else 和#if 指令的作用
#define TWO
int main()
{
#ifdef ONE
    cout <<"1\n";
#elif defined TWO
    cout <<"2\n";
#else
    cout <<"3\n";
#endif

    return 0;
}
*/
```

8.5　多文件结构

前面已经编写了许多完整的 C++程序，这些程序大部分都属于小程序，它们建立单一的源程序(.cpp)，经过编译后形成一个目标文件(.obj)，然后再经过连接生成可执行程序(.exe)。但是大型程序都需要分成多个文件，其理由包括如下两点。

(1) 将相关类和函数放在一个特定的文件中，这样可以对不同的文件进行单独编写、编译，最后再连接，避免重复工作。

(2) 程序更容易管理。按逻辑功能将程序分解成多个文件，便于安排程序员的任务。

下面是一个简单的多文件结构例题，旨在说明如何运用多文件结构组织程序。

【例 8-7】 多文件结构。

头文件 a7-7myfile.h 内容如下。

```
#include <iostream>
using namespace std;
```

```
void func1()
{
    cout <<"我是函数 1\n";
}
void func2()
{
    cout <<"我是函数 2\n";
}
void func3()
{
    cout <<"我是函数 3\n";
}
```

a7-7 多文件结构.cpp 文件内容如下。

```
#include "a7-7myfile.h"
#include <stdlib.h>
int main()
{
    cout <<"Hello world!\n";
    func1();
    func2();
    func3();
    system("pause");
    return 0;
}
```

程序运行情况：

```
hello world!
我是函数 1
我是函数 2
我是函数 3
```

C++中面向对象的程序基本上都是由三个部分构成的，包括类的声明、类成员的实现和主函数。因此，在实际程序设计中一个源程序至少要划分为三个文件：类声明文件(*.h)、类实现文件(*.cpp)和类的使用文件(*.cpp)，即主函数文件。对于更为复杂的程序，每一个类都有单独的定义和实现文件，这样可以充分利用类的封装特性，在对程序进行调试、修改时，只对其中某一个类的定义和实现进行操作，而其余部分根本就不用改动。

8.6 名称空间

1. 什么是名称空间

在 C++中，名称可以是变量、类、结构及函数等。随着项目的增大，名称相互冲突的可能性也将增加，当使用不同厂商的类库时，也可能导致名称冲突，这些都是名称空间问题。

C++标准提供了名称空间工具，以便更好地控制名称的作用域。经过一段时间后，现在支持名称空间的编译器已经很普遍了。

所谓名称空间(Namespace)，是指名称的各种可见范围。C++标准程序库中的所有标识符都被定义在一个名为 std 的名称空间中。名称空间 std 封装的是标准程序库的名称，为了和以前的头文件区别，标准程序库一般不加“. h”。

2. <iostream>与<iostream. h>的区别

<iostream>和<iostream. h>格式不一样，前者没有后缀，实际上，在编译器 include 文件夹里面可以看到，二者是两个文件，打开文件就会发现，里面的代码是不一样的。后缀为. h 的头文件，C++标准已经明确提出不支持了，早前的实现将标准库功能定义在全局空间里，声明在带. h 后缀的头文件里，C++标准为了和 C 区别开，也为了正确使用名称空间，规定头文件不使用后缀. h。因此，当使用<iostream. h>时，相当于在 C 中调用库函数，使用的是全局名称空间，也就是早期的 C 实现；当使用<iostream>的时候，该头文件没有定义全局名称空间，必须使用 namespace std，这样才能正确使用 cout 等。

3. using 声明和 using 编译指令

我们并不希望每次使用名称时都对它进行限定。因此，C++提供了两种机制 using 声明和 using 编译指令来简化对名称空间中名称的使用。

（1）using 声明：使特定的标识符可用。

（2）using 编译指令：使整个名称空间的标识符可用。

例如：

```
using std::cout;                  //using 声明使 cout 可用
using namespace std;              //using 编译指令使 std 整个名称空间的标识符可用
```

4. 使用 C++标准程序库的标识符

由于名称空间的概念，使用 C++标准程序库的任何标识符时，可以有以下三种选择。

（1）直接指定标识符。例如，一个完整的输出语句如下：

```
std::cout << std::hex << 3.4 << std::endl;
```

（2）使用 using 声明使特定的标识符可用：

```
using std::cout;                  //using 声明 cout
using std::endl;                  //using 声明 endl
```

这时，以上输出语句可以写成：

```
cout << std::hex << 3.4 << endl;  //没有 using 声明 hex
```

（3）使用 using 编译指令使整个名称空间的标识符可用。这是最方便的方法。这样名称空间 std 内定义的所有标识符都有效，就好像它们被声明为全局变量一样。例如：

```
using namespace std;
…
cout << hex << 3.4 << endl;
```

标准库非常庞大，程序员在选择变量及类的名称或函数名称时就很有可能和标准库中的某个名称相同，所以，为了避免这种情况所造成的名称冲突，就把标准库中的一切都放在名称空间 std 中。但这又会带来了一个新问题，无数原有的 C++代码都依赖于使用了多年的伪标准库中的功能，它们都是在全局空间下的，所以就有了各种各样的头文件，这样既兼容了以前的C++代码，又支持了新的标准。

5. 全局的名称空间

1998年以后，C++提供了一个全局的名称空间，以此避免导致全局命名冲突问题。例如：

```
//file1.h
char func(char);
class String { … };
//file2.h
class String { … };
```

如果按照上述方式定义，那么这两个头文件不能包含在同一个程序中，否则String类会发生冲突。

名称空间是一种将程序库名称封装起来的方法，它就像在各个程序库中立起一道道围墙。下面举例说明名称空间的具体用法。

【例8-8】 名称空间。

```
#include <iostream>
using namespace std;

namespace ns1
{
    void greeting( );
}
namespace ns2
{
    void greeting( );
}
void global_greeting( );

int main( )
{
    {
        using namespace ns1;          //使用ns1、std、全局三个命名空间
        greeting( );
    }
    {
        using namespace ns2;          //使用ns2、std、全局三个命名空间
        greeting( );
    }
    global_greeting( );               //使用std、全局两个命名空间

    return 0;
}

namespace ns1
```

```
{
    void greeting( )
    {
        cout <<"Greetings from namespace ns1.\n";
    }
}
namespace ns2
{
    void greeting( )
    {
        cout <<"Greetings from namespace ns2.\n";
    }
}
void global_greeting( )
{
    cout <<"A Global Greeting!\n";
}
```

程序运行情况：

```
Greetings from namespace ns1.
Greetings from namespace ns2.
A Global Greeting!
```

8.7　小结与知识扩展

8.7.1　小结

无论是简单变量还是类的对象或者其他标识符都有作用域和生存期，都必须遵循可见性原则。

作用域是一个变量在程序中的有效区域。C++的作用域有三种：函数原型作用域、块作用域(局部作用域)和文件作用域。

变量从诞生到结束的这段时间就是它们的生存期。生存期与存储区域关系密切，它们之间的对应关系如表 8-1 所示。

表 8-1　生存期与存储区域关系

生　存　期	存 储 区 域	说　　明
静态生存期	数据区	static
自动生存期	栈区	auto(默认)
动态生存期	堆区	操作符 new 和 delete

变量是否可见主要看其具有什么作用域和什么生存期。常用变量及其作用域和生存期如表 8-2 所示。

表 8-2　常用变量及其作用域和生存期

分　类		作　用　域	生　存　期
全局变量		文件作用域	静态生存期
局部变量	自动局部变量	块作用域	自动生存期
	函数形式参数	块作用域	自动生存期
	静态局部变量	块作用域	静态生存期
函数原型声明参数		函数原型作用域	自动生存期

在程序编译之前，通过编译预处理命令告诉编译器对源程序如何进行编译，常用的编译预处理命令包括宏定义、文件包含和条件编译等。

采用多文件结构有如下好处。

(1) 将相关类和函数放在一个特定的文件中，这样可以对不同的文件进行单独编写、编译，最后再连接，避免重复工作。

(2) 程序更容易管理。按逻辑功能将程序分解成多个文件，便于安排程序员的任务。

C++标准提供了名称空间工具，以便更好地控制名称的作用域。在C++中，名称可以是变量、类、结构及函数等。随着项目的增大，名称相互冲突的可能性也将增加，当使用不同厂商的类库时，也可能导致名称冲突，这些都是名称空间问题。C++标准程序库中的所有标识符都被定义在一个名为std的名称空间中。名称空间std封装的是标准程序库的名称，为了和以前的头文件区别，标准程序库一般不加“.h”。

8.7.2　命令行参数

在Windows操作系统中，执行一个程序有两种方式，一种是直接双击可执行程序的图标；另一种是单击左下角的“开始”按钮，然后选择“运行”选项，在“运行”对话框中就可以输入可执行的命令，如图8-1所示。

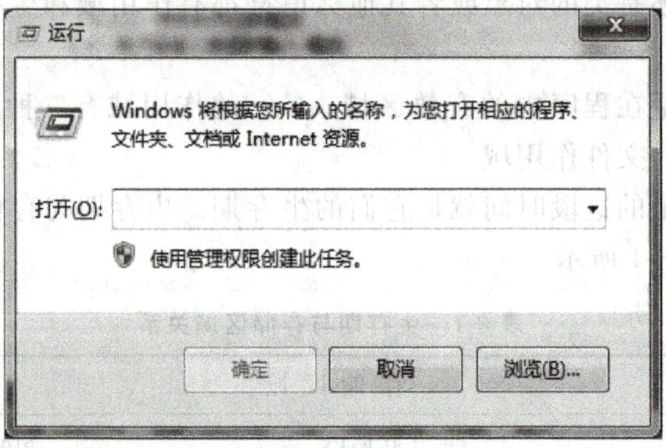

图 8-1　“运行”对话框

上述的程序启动方式称为“命令行方式启动程序”。在此方式下，程序的名称后面还可以跟一个或若干个用空格分隔的字符串。程序的名称和这些字符串都称为“命令行参数”。要在程序中获取命令行参数，C++程序的main()需要增加两个参数，如：

```
int main(int argc,char * argv[])
{
```

```
    …
    return 0;
}
```

C 编译器允许 main()函数没有参数,或者有两个参数(有些实现允许更多的参数,但这只是对标准的扩展)。这两个参数,一个是 int 类型,一个是字符串类型。第一个参数 int argc 表示命令行下输入的以空格分割的命令个数,这个 int 参数被称为 argc(argument count);第二个参数 char *argv[]或者 char **argv 是一个指向字符串的指针数组,这个指针数组被称为 argv(argument value),其每个数组元素存放一个字符型指针,而字符型指针又是可以指向一个字符串的,所以当 int argc=n 时,就表示有 n 个字符串参数,这 n 个字符串分别由 argv[0]～～～argv[n]来指向。一般情况下,把程序本身的名字赋值给 argv[0],接着,把其后的第一个字符串赋给 argv[1],以此类推。

main( )第一次调用的参数是由别的地方设置好的参数。如果你自己主动调用,跟别的函数参数没有区别。

【例 8-9】 命令行参数。

sample.cpp 程序代码如下。

```
#include <iostream>
using namespace std;
int main(int argc,char *argv[])
{
    for(int i=0;i<argc;i++)
        cout<<argv[i]<<endl;
    getchar();
    return 0;
}
```

将上面的程序编译成 sample.exe,然后在命令提示符窗口输入如下命令:

```
D:\Debug\sample paral s.txt "Bill Gates" 4
```

程序运行情况:

```
D:\Debug\sample paral s.txt "Bill Gates" 4
paral
s.txt
Bill Gates
4
```

从本例可以看出,程序从命令行中接受到 5 个字符串(包括程序名),并将它们存放在字符串数组中,其对应关系如下:

argv[0] ------> sample (程序名)

argv[1] ------> paral

argv[2] ------> s.txt

argv[3] ------> Bill Gates

argv[4] ------> 4

至于 argc 的值,即参数的个数,程序在运行时会自动统计。

8.7.3 异常处理

软件的安全可靠性是非常重要的，一个好的软件不仅要保证软件的正确性，而且应该具有一定的容错能力。也就是说，不仅在正确的环境条件下或用户使用操作正确时，软件运行要正确，而且在环境条件出现意外或用户使用操作不当的情况下，也要力争做到允许用户排除环境错误，继续运行程序，至少要给出适当的提示信息，不能轻易出现死机，更不能出现灾难性的后果。因此，在设计程序时，要充分考虑各种可能出现的意外情况，并给予适当的处理，这就是异常处理。

1. 异常处理机制

在一个大型软件中，由于函数之间有着明确的分工和复杂的调用关系，发现错误的函数往往不具备处理错误的能力。因此，C++语言异常处理机制的基本思想是将异常的检测与处理分离。当在一个函数体中检测到异常条件的存在，却无法确定相应的处理方法时，该函数将引发一个异常，由函数的直接或间接调用者捕获这个异常并处理这个错误。如果程序始终没有处理这个异常，最终它会被传到C++运行系统，运行系统捕获异常后，通常只是简单地终止这个程序。

由于异常处理机制使得异常的引发和处理不必在同一函数中，这样底层的函数可以着重解决具体问题而不必过多地考虑对异常的处理；上层调用者可以在适当的位置设计对不同类型异常的处理。

异常处理机制通过 throw、try 和 catch 三个语句实现。在一般情况下，被调用函数直接检测到异常条件的存在，并使用 throw 引发一个异常；在上层函数中，使用 try 检测函数确定是否引发异常；检测到的各种异常由 catch 捕获并做出相应的处理，从而使程序从这些异常事件中恢复过来。下面就来具体介绍异常处理的语法。

2. 异常处理的语法

(1) throw 语法

```
throw<表达式>;
```

当某段程序发现了自己不能处理的异常，就可以使用 throw 语句将这个异常抛给调用者。throw 语句的使用与 return 语句相似，如果程序中有多处要抛异常，应该用不同的表达式类型来互相区别，表达式的值不能用来区别不同的异常。

(2) try 块语法

```
try
{
    复合语句
}
```

try 语句后的复合语句是代码的保护段。如果预料某段程序代码(或对某个函数的调用)有可能发生异常，就将它放在 try 语句之后。如果这段代码(或被调函数)运行时真的遇到异常情况，其中的 throw 表达式就会抛出这个异常。

(3) catch 语法

```
catch(异常类型 1  参数 1)
{
    //针对异常类型 1 的处理语句
}
catch(异常类型 2  参数 2)
{
    //针对异常类型 2 的处理语句
}
…
catch(异常类型 n  参数 n)
{
    //针对异常类型 n 的处理语句
}
```

catch 语句后的复合语句是异常处理程序,捕获由 throw 表达式抛出的异常。异常类型声明部分指明语句所处理的异常类型,它与函数的形参相类似,可以是任何有效的数据类型,包括 C++的类。当异常被抛出以后,catch 语句便依次被检查,若某个 catch 语句的异常类型声明与被抛出的异常类型一致,则执行该段异常处理程序。如果异常类型声明是一个省略号(…),catch 语句便处理任何类型的异常,但这段处理程序必须是 try 块的最后一段处理程序。

3. 异常处理执行过程

(1) 控制通过正常的顺序执行到达 try 语句,然后执行 try 块内的保护段。

(2) 如果在保护段执行期间没有引起异常,那么跟在 try 块后的 catch 语句就不执行,程序从异常被抛出的 try 块后跟随的最后一个 catch 语句后面的语句继续执行下去。

(3) 如果在保护段执行期间或在保护段调用的任何函数中(直接或间接的调用)有异常被抛出,则从通过 throw 创建的对象中创建一个异常对象(这隐含指可能包含一个拷贝构造函数)。在这一点上,编译器能够处理抛出类型的异常,在更高执行上下文中寻找一个 catch 语句(或一个能处理任何类型异常的 catch 处理程序)。catch 处理程序按其在 try 块后出现的顺序被检查。如果没有找到合适的处理程序,则继续检查下一个动态封闭的 try 块。此处理继续下去直到最外层的封闭 try 块被检查完。

(4) 如果匹配的处理器未找到,则 terminate()将被自动调用,而函数 terminate()的默认功能是调用 abort 终止程序。

(5) 如果找到了一个匹配的 catch 处理程序,且它通过值进行捕获,则其形参通过拷贝异常对象进行初始化。如果它通过引用进行捕获,则形参被初始化为指向异常对象,在形参被初始化之后,"循环展开栈"的过程开始。这包括对那些在与 catch 处理器相对应的 try 块开始和异常丢弃地点之间创建的(但尚未析构的)所有自动对象的析构。析构以与构造相反的顺序进行,然后 catch 处理程序被执行,接下来程序跳转到跟随在处理程序之后的语句。

【例 8-10】 处理除零异常。

```
#include <iostream>
using namespace std;
int Div(int x,int y);                    //整数除法函数原型声明
```

```
int main()
{
    try                                  //由于除法运算有可能出现除零异常,因此放在 try 块中
    {
        cout <<"5/2 = "<< Div(5,2)<< endl;
        cout <<"8/0 = "<< Div(8,0)<< endl;
        cout <<"7/1 = "<< Div(7,1)<< endl;
    }
    catch(int)                           //捕获整数异常
    {
        cout <<"Exception of dividing zero."<< endl;
    }
    cout <<"That is ok."<< endl;
    return 0;
}
int Div(int x,int y)
{
    if (y == 0)
        throw y;                         //如果整数为零,抛掷一个整数异常
    return x/y;
}
```

程序运行情况：

```
5/2 = 2
Exception of dividing zero.
That is ok.
```

从运行结果可以看出,当执行下列语句时,在函数 Div()中发生除零异常。

```
cout <<"8/0 = "<< Div(8,0)<< endl;
```

异常被抛掷后,在 main()函数中被捕获,异常处理程序输出有关信息后,程序流程跳转到主函数的最后一条语句,输出“That is ok.”,而函数 Div()中的下列语句没有被执行：

```
cout <<"7/1 = "<< Div(7,1)<< endl;
```

catch 处理程序的出现顺序很重要,因为在一个 try 块中,异常处理程序是按照它出现的次序被检查的。只要找到一个匹配的异常类型,后面的异常处理都将被忽略。例如,在下面的异常处理块中,首先出现的是 catch(…),它可以捕获任何异常,在任何情况下,其他的 catch 语句都不被检查。因此,catch(…)应该放在最后。

```
//…
try
{
//…
}
    catch( … )            //错误：后面的两个异常处理程序段不会被检查
    {
    //只在这里处理所有的异常
```

```
}
catch(const char * str)
{
    cout <<"Caught exception:"<< str << endl;
}
catch(int)
{
    //处理整型异常
}
```

习题

8-1　填空题

(1) 生存期与存储区域关系密切，一般存储区域分为代码区、数据区域、栈区和堆区。代码区用来存放________，与其他存储区相对应的生存期分别为________、________和________。

(2) 局部变量一般具有________作用域，还可能具有________作用域；全局变量具有________作用域。

8-2　简答题

(1) 作用域是什么？有哪几种作用域？

(2) 什么是可见性？可见性遵循的一般规则是什么？

(3) 编译预处理有何作用？

(4) C++常用的编译预处理指令有哪些？

(5) 多文件结构有何优点？

(6) 命名空间的作用是什么？

(7) 什么是异常？什么是异常处理？

(8) 举例说明 throw，try，catch 语句的用法。

CHAPTER 9

第 9 章 输入/输出流与文件操作

本章要点

- I/O 流的概念
- 输出格式控制
- 使用成员函数精确控制输入/输出
- 使用串流类操作字符串
- 文件流类与文件操作

9.1 输入/输出流概述

9.1.1 输入/输出流的概念

C++的输入/输出是以字节流的形式实现的，每一个 C++系统都带有一个面向对象的输入/输出软件包，这就是 I/O 流类库。所谓流，是指数据从一个对象流向另一个对象。在 C++程序中，把数据的流动抽象为“流”，数据可以从键盘流入到程序中，也可以从程序中流向屏幕或磁盘文件。一般的输入操作就是指字节从输入设备(如键盘、磁盘、网络连接等)流向内存；而输出操作是指字节从内存流向输出设备(如显示器、打印机、磁盘、网络连接等)。

表 9-1 所示为 I/O 流类库中各个类的简要说明和类声明所在的头文件名。

表 9-1 I/O 流类列表

类　名	说　明	包含文件
抽象流基类		
ios	流基类	iostream. h
标准流类		
iostream	通用输入/输出流类和其他输入/输出流的基类	iostream. h
istream	通用输入流类和其他输入流的基类	iostream. h
ostream	通用输出流类和其他输出流的基类	iostream. h

续表

类　名	说　明	包含文件
istream_withassign	cin 的输入流类	iostream. h
ostream_withassign	cout、cerr 和 clog 的输出流类	iostream. h
文件流类		
fstream	输入/输出文件流类	fstream. h
ifstream	输入文件流类	fstream. h
ofstream	输出文件流类	fstream. h
串流类		
strstream	输入/输出字符串流类	strstrea. h
istrstream	输入字符串流类	strstrea. h
ostrstream	输出字符串流类	strstrea. h
stdiostream	标准 I/O 文件的输入/输出类	stdiostr. h

9.1.2　输入/输出标准流

1. 标准流

在头文件 iostream. h 中，除了类的定义之外，还包括 4 个流对象的说明，它们被称为标准流(或预定义流)。其中，ostream 类通过其派生类 ostream_withassign 支持以下预先定义的流对象。

(1) cout：标准输出。默认设备为屏幕。

(2) cerr：标准错误输出。没有缓冲，发送给它的内容立即被输出，默认设备为屏幕。

(3) clog：标准错误输出。有缓冲，当缓冲区满时被输出，默认设备为打印机。而 istream 类通过其派生类 istream_withassign 支持预先定义的流对象。

(4) cin：标准输入。默认设备为键盘。

2. 标准流输入/输出的实现

流在使用前需要先被建立，使用后需要被删除，还要使用一些特定的操作从流中获取数据或向流中添加数据。常用的流操作有以下几种。

(1) 插入操作："<<"是插入运算符，即输出时向流中添加数据的操作，也就是一般意义上的写操作。

(2) 提取操作：">>"是提取运算符，即输入时从流中获取数据的操作，也就是一般意义上的读操作。

cout 是 ostream 类的全局对象，它在头文件 iostream. h 中的定义如下：

```
ostream cout(stdout);                    //stdout 作为该对象构造时的参数
```

ostream 类对应每种基本数据类型都存在友元，例如：

```
ostream& operator <<(int n);
ostream& operator <<(float f);
ostream& operator <<(const char * psz);
```

cin 是 istream 类的全局对象，istream 类也存在友元。例如：

```
istream& operator >>(int &n);
istream& operator >>(float &f);
istream& operator >>(char * psz);
```

9.2 控制输出格式

在 C++中，有两种方法可以进行格式输出，即使用 I/O 流类库的控制符和 I/O 流类的成员函数控制输出格式。

9.2.1 使用流控制符

C++的输入/输出流类库提供了一些流控制符（也称为流操纵符，manipulators），可以直接嵌入到输入/输出语句中实现对 I/O 格式的控制。它的优点是程序可以直接将控制符插入流中，而不必单独调用。

除了第 2 章中提到的 dec、endl、setw 等外，还有许多其他流控制符，常用的 I/O 流控制符如表 9-2 所示。

表 9-2 常用的 I/O 流控制符

控 制 符	含 义
dec	数值数据采用十进制
hex	数值数据采用十六进制
oct	数值数据采用八进制
ws	提取空白符
endl	插入换行符
ends	插入空字符
setprecision(int)	设置浮点数的数字个数
setw(int)	设置域宽
setfill(char)	设置填充字符
setiosflags(ios::fixed)	固定的浮点显示
setiosflags(ios::scientific)	指数表示（1 位非零整数，小数位数由 precision 设置）
setiosflags(ios::left)	左对齐
setiosflags(ios::right)	右对齐
setiosflags(ios::uppercase)	十六进制大写输出
setiosflags(ios::lowercase)	十六进制小写输出

【例 9-1】 使用流控制符控制输出格式。

```
#include<iostream>
#include<iomanip>
using namespace std;
int main()
{
    char * names[ ] = {"Rose","John","Alice","Mary"};
    double values[ ] = {1.44,36.47,625.7,4096.24};
    cout << setfill(' * ');
```

```
    for(int i = 0;i < 4;i++)
    {
        cout << setw(5)<< names[i]
            << setw(10)<< setprecision(2 + i)<< values[i]<< endl;
    }

    cout <<"\n 八进制输出:"<< endl;
    cout << oct << 256 << setw(6)<< 1024 << endl;
    cout << hex << 256 << setw(6)<< 1024 << endl;
    cout << dec << 0400 << setw(6)<< 1024 << endl;

    cout << setfill(' ');
    cout <<"\n 十六进制输出:"<< endl;
    cout << setbase(8)<< 256 << setw(6)<< 1024 << endl;
    cout << setbase(16)<< 256 << setw(6)<< 1024 << endl;
    cout << setbase(10)<< 0x100 << setw(6)<< 1024 << endl;
    return 0;
}
```

程序运行情况：

```
 * Rose ******* 1.4
 * John ****** 36.5
Alice ***** 625.7
 * Mary **** 4096.2

使用 oct、hex 和 dec 控制输出:
400 ** 2000
100 *** 400
256 ** 1024

使用 setbase()控制输出:
400 ** 2000
100 *** 400
256 ** 1024
```

注意：如果要在程序中使用 setw(n)、setbase()、setprecision()或任何其它控制符，必须包括头文件 iomanip. h。

除了使用控制符外，还可以使用流对象 cout 的格式控制成员函数进行输出格式控制。

9.2.2 使用流格式控制成员函数

【例 9-2】 使用流对象 cout 的成员函数控制输出格式。

```
#include< iostream >
#include< iomanip >
using namespace std;
int main()
{
    char * names[ ] = {"Rose","John","Alice","Mary"};
```

```
    double values[ ] = {1.44,36.47,625.7,4096.24};

    cout.fill('*');
    for(int i = 0;i < 4;i++)
    {
        cout.width(5);
        cout << names[i];

        cout.width(10);
        cout.precision(2 + i);
        cout << values[i] << endl;
    }

    return 0;
}
```

程序运行情况：

```
*Rose*******1.4
*John******36.5
Alice*****625.7
*Mary****4096.2
```

在上述的例题中，使用 cout 流对象的成员函数 width(10)控制输出数据的宽度为 10，并使用 fill('*')成员函数为已经指定宽度的域设置星号('*')为填充字符。通常情况下，空格是默认的填充符，当输出的数据不能填满指定的宽度时，系统会自动以空格填充。

在使用流控制符和流格式控制成员函数控制输出格式时，需要特别注意以下几点：

(1) setw()和 width()都不截断数值。如果一个数值需要比 setw(n)确定的字符数更多的字符，则该值将使用它所需要的必要的宽度字符。

(2) setw()和 width()仅影响紧随其后的域，在一个域输出完后，域宽度恢复成它的默认值(必要的宽度)。

无论是使用流控制符还是使用流格式控制成员函数，都可以实现控制输出格式的目的。常用的流控制符和流格式控制成员函数及其对应关系如表 9-3 所示。

表 9-3　常用的流控制符和流格式控制成员函数及其对应关系

流控制符	流格式控制成员函数	含　义
setbase(10)或 dec		数值数据采用十进制
setbase(16)或 hex		数值数据采用十六进制
setbase (8)或 oct		数值数据采用八进制
setfill(c)	fill(char)	设置填充字符
setprecision(n)	precision(int)	设置浮点数的数字个数
setw(n)	width(int)	设置域宽

由表 9-3 可知，流控制符和流格式控制成员函数相互对应，它们只是用法不同，其作用完全相同。

9.3 使用成员函数精确控制输入/输出

当需要对输入/输出操作进行更加精确的控制时，可以使用输入/输出流类的成员函数。

9.3.1 输入函数

1. getline()函数

程序中使用 cin 输入数据时，cin 用空白符和行结束符将各个值分隔开。如果输入的是字符串且其间有空格时，cin 就无法正常输入，getline()函数可以解决这个问题。

getline( )成员函数的功能是允许从输入流中读取多个字符(包括空白字符和行结束符)，直到输入终止字符并回车(即允许指定输入终止字符，默认值是换行字符)。输入结束后，只读取终止字符前的字符(即在读取完成后，从读取的内容中删除该终止字符)。

getline ( )成员函数的原型为：

```
istream& getline(char * pch, int nCount, char delim = '\n');
```

其中：

pch 是字符型数组，用于存放读取的字符；

nCount 是本次读取的最大字符个数；

delim 是分隔字符，作为读取一行结束的标志。

需要特别说明的是，当输入的字符超过长度 nCount 时，则只读取 nCount 个字符。

【例 9-3】 输入含有空格的字符串，并为该输入流指定一个终止字符。

问题分析：设置输入终止字符为字符't'，字符个数最多不超过 100 个。注意，程序中输入的字符是大小写敏感的。程序代码如下。

```
#include<iostream>
using namespace std;
int main()
{
    char line[100];
    cout<<"Type a line terminated by 't'"<<endl;
    cin.getline(line,100,'t');
    cout<<line<<endl;
    return 0;
}
```

程序运行情况：

```
Type a line terminated by 't'
I love China.
I love my mother.
I love China.
I love my mo
```

2. get()函数

get( )成员函数完成只输入单个字符的操作。

get( )成员函数的原型为：

```
char istream::get( );
```

【例 9-4】 循环读入字符，直到输入一个'y'字符，或遇到文件尾。

```
#include <iostream>
using namespace std;
int main()
{
    char c;
    cout <<"Type a character terminated by 'y'"<< endl;
    while(!cin.eof())
    {
        c = cin.get();
        if(c == 'y')
            break;
        cout << c << endl;
    }
    return 0;
}
```

程序运行情况：

```
Type a character terminated by 'y'
a b c y
a
b
c
```

get()函数还有一种形式可以输入一系列字符，直到输入流中出现结束符或所读字符个数已达到要求读的字符个数。get()函数的函数原型如下：

```
istream& istream::get(char *, int n, char delim = '\n');
```

【例 9-5】 输入一系列字符，并将前 10 个字符输出。

```
#include <iostream>
using namespace std;
int main()
{
    char line[11];
    cout <<"Type a line terminated by return\n>";
    cin.get(line,11);
    cout << line << endl;
    return 0;
}
```

程序运行情况：

```
Type a line terminated by return
>I love China.
I love Chi
```

从上述程序运行结果可以看出，虽然键入的字符串为“I love China.”，但实际接收的只是“I love Chi”，其原因就是 get(line,11)中设置的读字符个数为 11，所以只能接收 11 个字符(包含字符结束符'/0')。

注意：getline()与 get()的第二种形式相同，唯一不同就是，getline()函数从输入流中输入一系列字符时包括分隔符(如空白字符、行结束符、回车符等)，而 get()函数不包括分隔符。

3. read()函数

用于从输入流中读取指定数目的字符，并存放在指定的地址中。例如：

```
char chs[21];
cin.read(chs,20);
```

9.3.2　输出函数

1. put ()函数

当需要把一个字符插入到输出流中时，可以使用 put( )成员函数。

put()函数的原型为：

```
ostream& put(char ch);
```

【例 9-6】　使用 put()成员函数，在屏幕上显示字母表中的字母。

```
#include <iostream>
using namespace std;
int main()
{
    char letter;
    for(letter = 'A';letter <= 'Z';letter++)
        cout.put(letter);
    return 0;
}
```

程序运行情况：

```
ABCDEFGHIJKMNOPQRSTUVWXYZ
```

也可以像下面那样在一条语句中连续调用 put()函数：

```
cout.put('A').put('\n');
```

该语句在输出字符'A'后输出一个新换行符。还可以用 ASCII 码值表达式调用 put()函数：

```
cout.put(65);
```

该语句也输出字符'A'。

2. write ()函数

用于按要求的长度输出字符串。例如：

```
cout.write("I am a student.",100);
```

```
cout.write("I am a student.",4);
```

9.4 串流类

常用的输入/输出串流类有 istrstream 和 ostrstream，它们在头文件 strstream.h 中定义。

1. 输入串流类 istrstream

类 istrstream 用于执行串流输入，该类有以下几个构造函数：

```
istrstream(char * pch);
istrstream(char * pch, int nLength);
```

这两个构造函数都比较常用。char * pch 参数是字符型数组，用于接收字符串；int nLength 参数说明数组的大小。当 nLength 为 0 时，表示把 istrstream 类对象连接到由 pch 指向的以空字符结束的字符串。

2. 输出串流类 ostrstream

类 ostrstream 用于执行串流输出，该类有以下几个构造函数：

```
ostrstream();
ostrstream(char * pch, int nLength, int nMode = ios::out);
```

其中，最常用的是第二个构造函数，它有三个参数，第一个参数 char * pch 指出字符型数组，用于指明需输出的字符串，第二个参数 int nLength 说明数组的大小，第三个参数 int nMode 指出打开方式。

下面举例说明输入/输出串流类 istrstream 和 ostrstream 在程序设计中的具体应用。

【例 9-7】 使用串流类进行数据的输入/输出操作。

```
#include<iostream>
#include<strstream>
char * ioString(char * );
using namespace std;
int main()
{
    char * str = "100 123.456";
    char * Buf0 = ioString(str);
    cout << Buf0 << endl;
    return 0;
}
char * ioString(char * pString)
{
    istrstream inS(pString,0);
    int iNumber;
    float fNumber;
    inS >> iNumber >> fNumber;            //从串流中读入一个整数和浮点数
    char * Buf1 = new char[27];
    ostrstream outS(Buf1,27);
    outS <<"iNumber = "<< iNumber         //向串流输出
        <<",fNumber = "<< fNumber << endl;
```

```
    Buf1[27] = '\0';
    return Buf1;
}
```

程序运行情况：

```
iNumber = 100,fNumber = 123.456
```

9.5 文件流类

9.5.1 文件的概念

1. 文件及文件操作

所谓“文件”是指一组相关数据的有序集合，这个数据集有一个名称，叫做文件名。实际上在前面的各章中已经多次使用了文件，如源程序文件、目标文件、可执行文件、库文件（头文件）等。

文件通常驻留在外部介质（如磁盘等）上。操作系统以文件为单位对数据进行管理，如要找到存在外部介质上的数据，必须先按文件名找到所指定的文件，然后再从该文件中读取数据。反之，要向外部介质上存储数据，也必须先建立一个文件（如果此文件不存在），才能向它输出数据。

2. 文件的分类

C++文件有多种类型，从不同的角度可以对文件做不同的分类。

(1) 普通文件和设备文件。从用户的角度看，文件可分为普通文件和设备文件两种。

普通文件是指驻留在磁盘或其他外部介质上的一个有序数据集，可以是源文件、目标文件、可执行程序，也可以是一组待输入处理的原始数据，或者是一组输出的结果。其中，源文件、目标文件、可执行程序可以称作程序文件，输入输出数据可称作数据文件。

设备文件是指与主机相连的各种外部设备，如显示器、打印机、键盘等。在操作系统中，也将外部设备看作文件来进行管理，把它们的输入、输出等同于对磁盘文件的读和写。通常把显示器定义为标准输出文件，一般情况下在屏幕上显示有关信息就是向标准输出文件输出。如前面经常使用的 cout 和 printf()就是这类输出。键盘通常被指定为标准的输入文件，从键盘上输入就意味着从标准输入文件中输入数据。cin 和 scanf()就属于这类输入。

(2) ASCII 码文件和二进制码文件。从文件编码的方式来看，文件可分为 ASCII 码文件和二进制码文件两种。

ASCII 文件也称为文本文件，这种文件在磁盘中存放时，每个字符对应一个字节，用于存放对应的 ASCII 码值。例如，数 5678 的存储形式如下。

```
ASC 码：  001 10101   001 10110   001 10111   001 11000
              ↓           ↓           ↓           ↓
十进制码：    5           6           7           8
```

共占用 4 个字节。

ASCII 码文件可在屏幕上按字符显示。因此，其内容一目了然。例如，源程序文件.cpp

就是 ASCII 码文件。

二进制文件是按二进制的编码方式来存放的文件。二进制文件虽然也可在屏幕上显示，但其内容无法读懂。例如，数 5678 的存储形式为：00010110 00101110，只占二个字节。

在处理这些文件时，并不区分类型，都看成是字符流，按字节进行处理。输入输出字符流的开始和结束只由程序控制而不受物理符号（如回车符）的控制。因此，也把这种文件称作"流式文件"。

9.5.2 文件的读写操作

文件流类支持对磁盘文件的操作。因为文件不是标准设备，所以文件流类没有像 cout 那样预先定义的全局对象。常用的文件流类有 ifstream 和 ofstream，在头文件 fstream.h 中定义。

1. 文件输入流类 ifstream

类 ifstream 用于执行文件输入，该类有以下几个构造函数：

```
ifstream::ifstream(filedesc fd);
ifstream::ifstream(filedesc fd,char * pch,int nLength);
ifstream::ifstream(const char * szName,          //要打开的文件名
            int nMode = ios::in,                 //打开模式
            int nProt = filebuf::openprot);      //文件保护方式
```

2. 文件输出流类 ofstream

类 ofstream 用于执行文件输出，该类有以下几个构造函数：

```
ofstream::ofstream(filedesc fd);
ofstream::ofstream(filedesc fd,char * pch,int nLength);
ofstream::ofstream(const char * szName,          //要打开的文件名
            int nMode = ios::out,                //打开模式
            int nProt = filebuf::openprot);      //文件保护方式
```

其中，最常用的都是最后一个构造函数。函数有三个参数，第一个参数 char * szName 指向要打开的文件名的字符串（文件名要说明其路径，要使用双斜杠，因为 C++ 编译器理解单斜杠为字符转义符），后两个参数 int nMode 和 int nProt 分别指定文件的打开模式和文件保护方式。

文件打开模式的具体标志如表 9-4 所示。可以用按位或"|"运算符组合这些标志。

表 9-4 文件打开模式

标志	功能
ios::app	打开一个输出文件，用于在文件尾添加数据
ios::ate	打开一个现存文件，用于输入或输出，并查找到结尾
ios::in	打开一个文件，用于输入。对于所有 ifstream 对象，此模式为隐含
ios::out	打开一个文件，用于输出。对于所有 ofstream 对象，此模式为隐含
os::trunc	打开一个文件。如果它已经存在，则删除其中原有的内容；如果指定了 ios::out，但没有指定 ios::ate、ios::app 和 ios::in，则隐含为此模式
ios::binary	以二进制模式打开一个文件（默认是文本模式）

nProt 是文件保护方式，它的标志如表 9-5 所示。

表 9-5　文件保护方式

标　　志	功　　能
filebuf::openbrot	兼容共享方式
filebuf::sh_read	允许读共享
filebuf::sh_write	允许写共享
filebuf::sh_none	独占，不共享

下面举例说明在程序设计中如何进行文件操作。

【例 9-8】 使用文件流类向文本文件 myfile.txt 中写信息和读信息。

```
#include<iostream>
#include<fstream>
using namespace std;
int main( )
{
    //输出:向文件写数据
    ofstream fcout("d:\\temp\\myfile.txt");          //ofstream 可以用 fstream 替换
    if(fcout.fail( ))                                //如果 fail() == 1,文件没有正常打开
    {
        cerr<<"error opening file\n";
        return 0;
    }
    fcout<<"Constructs an ofstream object.\n"
        <<"All ofstream constructors construct a filebuf object.\n";
    fcout.close();                                   //关闭文件

    //输入:从文件读数据
    ifstream fcin("d:\\temp\\myfile.txt");           //ifstream 可以用 fstream 替换
    if(fcin.fail( ))
    {
        cerr<<"error opening file\n";
        return 0;
    }
    char str[100][20];
    for(int i=0;i<11;i++)
    {
        fcin>>str[i];
        cout<<str[i]<<endl;
    }
    fcin.close();

    return 0;
}
```

程序运行情况：

```
Constructs
an
```

```
ofstream
object.
All
ofstream
constructors
construct
a
filebuf
object.
```

程序运行后,也可打开 d:\\temp\\myfile.txt,可以看到如下内容:

```
Constructs an ofstream object.
All ofstream constructors construct a filebuf object.
```

注意:

(1) 如果没有指定文件路径,则默认路径为当前路径。

(2) 程序中的 ofstream 和 ifstream 可以用 fstream 替换。

上述程序是对文本文件(.txt)进行读写操作,对数据文件(.dat)等其他类型文件的读写操作与之相类似。下面举例说明。

【例 9-9】 使用文件流类向数据文件 myfile.dat 中写数据和读数据。

```
#include<iostream>
#include<fstream>
using namespace std;
int main( )
{
    const int N=3;
    double a[N];
    int i;

    //输出:向文件写数据
    ofstream fcout("myFile.dat",ios::binary);      //换成 fstream 则打开当前目录下文件失败?
    if(fcout.fail( ))                              //fail()==1,文件没有正常打开
    {
        cerr<<"error opening file\n";
        return 0;
    }

    cout<<"输入"<<N<<"个数据:"<<endl;
    for(i=0;i<N;i++)
    {
        cin>>a[i];
        fcout<<a[i]<<' ';                          //或 fcout<<a[i]<<','
    }
    fcout.close();

    //输入:从文件读数据.
    system("CLS");                                 //清屏,或使用 system("PAUSE")设置暂停
    ifstream fcin("myFile.dat",ios::binary);
```

```
    if(fcin.fail( ))
    {
        cerr<<"error opening file\n";
        return 0;
    }
    cout<<"输出数据:"<<endl;
    for(i=0;i<N;i++)
    {
        fcin>>a[i];
        cout<<a[i]<<endl;
    }
    fcin.close();

    return 0;
}
```

程序运行情况：

```
输入 3 个数据:
16
28
3.14
输出数据:
16
28
3.14
```

注意：上述程序中，在向当前目录下的文件 myfile.dat 写数据时，各数据间应使用分隔符进行间隔，分隔符可以是空格，也可以是逗号等。

9.6　小结与知识扩展

9.6.1　小结

C++的输入/输出是以字节流的形式实现的，每一个 C++系统都带有一个面向对象的输入/输出软件包，这就是 I/O 流类库。

利用相应流类的对象可以很方便地实现输入/输出操作。常见的输入/输出流类及其操作说明如表 9-6 所示。

表 9-6　常见的输入/输出流类及其操作说明

流　类	对　象	输入/输出设备
输入标准流	cin	键盘，标准输入设备
输出标准流	cout	屏幕，标准输出设备
串流类	自定义串流类对象	字符串
文件流类	自定义文件流类对象	文件

C++中有两种方法可以进行格式输出，即使用 I/O 流类库的控制符和 I/O 流类的成员函数控制输出格式，后者一般用于更加精确的输入/输出格式控制。

9.6.2 C语言的文件操作函数

在 C 语言中用一个指针变量指向一个文件，这个指针称为文件指针。通过文件指针就可对它所指的文件进行各种操作。声明文件指针的一般形式为：

```
FILE * 指针变量标识符;
```

其中，FILE 应为大写，它实际上是由系统定义的一个结构，该结构中含有文件名、文件状态和文件当前位置等信息。例如：

```
FILE *fp;
```

表示 fp 是指向 FILE 结构的指针变量，通过 fp 即可找到存放某个文件信息的结构变量，然后按结构变量提供的信息找到该文件，实施对文件的操作。习惯上将 fp 称为指向一个文件的指针。

在对文件进行读写操作之前要先打开文件，使用完毕要关闭。在 C 语言中，对文件的操作都是由库函数来完成的。

1. 文件打开函数 fopen( )

打开文件实际上是建立文件的各种有关信息，并使文件指针指向该文件，以便进行其他操作。

原型：FILE *fopen(const char *path, const char *mode)

功能：打开文件流。

参数：

path——要打开的文件。

mode——文件使用方式或打开模式。

返回值：

成功——文件指针。

失败——NULL，失败原因被写在 error 全局变量里。

调用的一般形式为：

```
文件指针名 = fopen(文件名,使用文件方式)
```

其中，“文件指针名”必须是被说明为 FILE 类型的指针变量，“文件名”是被打开文件的文件名，是字符串常量或字符串数组。“使用文件方式”是指文件的类型和操作要求。例如：

```
FILE *fp1;
fp1 = ("f1","r");
```

其意义是在当前目录下打开文件 f1，只允许进行“读”操作，并使 fp1 指向该文件。又如：

```
FILE *fp2
fp2 = ("d:\\f2',"rb");
```

其意义是打开驱动器磁盘 d 的根目录下的文件 f2，这是一个二进制文件，只允许按二进制方式进行读操作。两个反斜线“\\”中的第一个表示转义字符，第二个表示根目录。文件的使用方式共有 12 种，表 9-7 给出了它们的符号及其意义。

表 9-7　文件使用方式或打开模式的符号及其意义

文件使用方式	意　义
“rt”	只读打开一个文本文件，只允许读数据
“wt”	只写打开或建立一个文本文件，只允许写数据
“at”	追加打开一个文本文件，并在文件末尾写数据
“rb”	只读打开一个二进制文件，只允许读数据
“wb”	只写打开或建立一个二进制文件，只允许写数据
“ab”	追加打开一个二进制文件，并在文件末尾写数据
“rt+”	读写打开一个文本文件，允许读和写
“wt+”	读写打开或建立一个文本文件，允许读和写
“at+”	读写打开一个文本文件，允许读，或在文件末追加数据
“rb+”	读写打开一个二进制文件，允许读和写
“wb+”	读写打开或建立一个二进制文件，允许读和写
“ab+”	读写打开一个二进制文件，允许读，或在文件末追加数据

对于文件的使用方式有以下几点说明。

(1) 文件使用方式由 r、w、a、t、b、+ 6 个字符拼成，各字符的含义如下。

① r(read)：读。

② w(write)：写。

③ a(append)：追加。

④ t(text)：文本文件，可省略不写。

⑤ b(binary)：二进制文件。

⑥ +：读和写。

(2) 凡用“r”打开一个文件时，该文件必须已经存在，且只能从该文件读出。

(3) 用“w”打开的文件只能向该文件写入。若打开的文件不存在，则以指定的文件名建立该文件；若打开的文件已经存在，则将该文件删去，重建一个新文件。

(4) 若要在一个已存在的文件中追加新的信息，只能用“a”方式打开文件。但此时该文件必须是存在的，否则将会出错。

(5) 在打开一个文件时，如果出错，fopen()将返回一个空指针 NULL。在程序中可以用这一信息来判别是否完成打开文件的工作，并作相应的处理。因此常用以下程序段打开文件：

```
if((fp = fopen("d:\\f3","rb") == NULL)
{
    printf("\nerror on open d:\\f3 file!");
    getch();
    exit(1);
}
```

这段程序的意义是，如果返回的指针为空，表示不能打开 d 盘根目录下的 f3 文件，则给出提示信息“error on open d:\f3 file!”,下一行 getch()的功能是从键盘输入一个字符,但不在屏幕上显示。在这里,该行的作用是等待,只有当用户从键盘敲任一键时,程序才继续执行,因此用户可利用这个等待时间阅读出错提示。敲键后执行 exit(1)退出程序。

(6) 把一个文本文件读入内存时,要将 ASCII 码转换成二进制码,而把文件以文本方式写入磁盘时,也要把二进制码转换成 ASCII 码,因此文本文件的读写要花费较多的转换时间。对二进制文件的读写不存在这种转换。

(7) 标准输入文件(键盘)、标准输出文件(显示器)、标准出错输出(出错信息)是由系统打开的,可直接使用。

2. 文件关闭函数 fclose( )

文件一旦使用完毕,应使用文件关闭函数关闭文件,断开指针与文件之间的联系,禁止再对该文件进行操作,以避免文件的数据丢失等错误。

原型:int *fclose(FILE *fp)

功能:将缓冲区中的数据写入文件,然后关闭文件。

参数:

fp——该函数操作的文件指针。

返回值:

成功——0(零)。

失败——EOF(非零值),失败原因被写在 error 全局变量里。

调用的一般形式为:

```
fclose(文件指针)
```

例如:

```
fclose(fp);
```

正常完成关闭文件操作时,fclose()函数的返回值为 0。如返回非零值则表示有错误发生。

3. 文件的读写

对文件的读和写是最常用的文件操作。C 语言中提供了多种文件读写的函数。

字符读写函数:fgetc( )和 fputc( )。

字符串读写函数:fgets( )和 fputs( )。

数据块读写函数:fread( )和 fwrite( )。

格式化读写函数:fscanf( )和 fprinf( )。

下面分别予以介绍。特别需要指出的是,使用以上函数都要求包含头文件 stdio.h。

(1) 读字符函数 fgetc( )。fgetc( )函数的功能是从指定的文件中读一个字符。函数的原型为:

```
char fgetc(FILE *fp)
```

例如:

```
char ch=fgetc(fp);          //从打开的文件 fp 中读取一个字符并送入 ch 中.
```

对于 fgetc()函数的使用有以下几点说明。

① 在 fgetc()函数调用中,读取的文件必须是以读或读写方式打开的。

② 读取字符的结果也可以不向字符变量赋值。例如:

```
fgetc(fp);                          //读出的字符不能保存
```

③ 在文件内部有一个位置指针用来指向文件的当前读写字节,在文件打开时,该指针总是指向文件的第一个字节。使用 fgetc()函数后,该位置指针将向后移动一个字节。因此,可连续多次使用 fgetc()函数,读取多个字符。应注意文件指针和文件内部的位置指针不是一回事。文件指针是指向整个文件的,需在程序中定义说明,只要不重新赋值,文件指针的值是不变的。文件内部的位置指针用以指示文件内部的当前读写位置,每读写一次,该指针均向后移动,它不需在程序中定义说明,而是由系统自动设置的。

(2) 写字符函数 fputc( )。fputc( )函数的功能是把一个字符写入指定的文件中,函数的原型为:

```
char fputc(字符量,FILE *fp)
```

其中,待写入的字符量可以是字符常量或变量。例如:

```
fputc('a',fp);                      //将字符'a'写入 fp 所指向的文件中
```

对于 fputc()函数的使用也要说明几点。

① 被写入的文件可以用写、读写、追加方式打开,用写或读写方式打开一个已存在的文件时将清除原有的文件内容,从文件首开始写入字符。如需保留原有文件内容,希望写入的字符从文件末开始存放,必须以追加方式打开文件。被写入的文件若不存在,则创建该文件。

② 每写入一个字符,文件内部位置指针向后移动一个字节。

③ fputc()函数有一个返回值,如写入成功则返回写入的字符,否则返回一个 EOF。可用此来判断写入是否成功。

(3) 读字符串函数 fgets( )。fgets( )函数的功能是从指定的文件中读一个字符串到字符型数组中。函数的原型为:

```
char *fgets(char *str, int size, FILE *fp)
```

结束读取的条件有三个:

① 遇到换行符,且换行符作为最后一个被读取的字符。

② 遇到文件结束符,且文件结束符作为最后一个被读取的字符。

③ 已经读取了(size －1)个字符。

结束时,在被读进 str 中的最后一个字符后加字符串结束符,文件内的读取位置自动移动到下一个字符处。

对 fgets()函数有两点说明:

① 在读出 $n-1$ 个字符之前,如遇到了换行符或 EOF,则读出结束。

② fgets( )函数也有返回值,其返回值是字符型数组的首地址。

(4) 写字符串函数 fputs( )。fputs( )函数的功能是向文件中写入字符串,但不包括字

符串结束符，并将文件内的写位置移动到刚刚被写入字符的下一个位置。函数的原型为：

```
int fputs(const char * str, FILE * fp)
```

其中，str 是要写入文件的字符串，fp 是所操作的文件指针。成功时返回值为非负数，失败时为 EOF。例如：

```
fputs("abcd",fp);                    //将字符串"abcd"写入 fp 所指的文件之中
```

(5) 数据块读函数 fread( )。fread( )函数的功能是从文件中读取字节流，存到 ptr 指示的缓冲区中，并将文件中的读取位置移动到最后一次被读取的字节流的后面。函数的原型为：

```
size_t fread(void * ptr, size_t size, size_t count, FILE * fp)
```

其中：

ptr——被读出的字节存到它所指向的缓冲区中。

size——一次读取的字节流大小。

count——读取次数。

fp——所操作的文件指针。

返回值：字节流被成功读取的次数，不大于 count

(6) 数据块写函数 fwrite( )。fwrite( )函数的功能是向文件中写入字节流，并将文件中的写位置移动到最后一次被写入的字节流后面。函数的原型为：

```
size_t fwrite(const char * ptr,size_t size,size_t count,FILE * fp)
```

其中：

ptr——要被写入的字节流所在的缓冲区地址。

size——一次写入的字节流大小。

count——写入次数。

fp——所操作的文件指针。

返回值：字节流被成功写入的次数

(7) 格式化读写函数 fscan( )和 fprintf( )。fscanf( )函数、fprintf( )函数与前面使用的 scanf( )和 printf ( )函数的功能相似，都是格式化读写函数。两者的区别在于：fscanf ( )函数和 fprintf( )函数的读写对象不是键盘和显示器，而是磁盘文件。这两个函数的调用格式为：

```
fscanf(文件指针,格式字符串,输入表列);
fprintf(文件指针,格式字符串,输出表列);
```

例如：

```
fscanf(fp,"%d%s",&i,s);
fprintf(fp,"%d%c",j,ch);
```

(8) 文件检测函数。C 语言中常用的文件检测函数有以下几个。

① 文件结束检测函数 feof()函数调用格式：

```
feof(FILE * fp);
```

功能：判断文件是否处于文件结束位置，如文件结束，则返回值为 1，否则为 0。

② 读写文件出错检测函数 ferror()函数调用格式：

```
ferror(FILE *fp);
```

功能：检查文件在用各种输入输出函数进行读写时是否出错。如 ferror 返回值为 0 表示未出错，否则表示有错。

③ 文件出错标志和文件结束标志置 0 函数 clearerr()函数调用格式：

```
clearerr(FILE *fp);
```

功能：清除出错标志和文件结束标志，使它们为 0 值。

习题

9-1　填空题

(1) C++的 I/O 是以________的形式实现的，每一个 C++编译系统都带有一个面向对象的输入/输出软件包，这就是________。其中，________是 I/O 流类的中心概念。

(2) 在 C++中，将数据从一个对象流向另一个对象抽象为________，向其中添加数据的操作称为________操作，从其中获取数据的操作称为________操作。

(3) 在 C++中，打开一个文件，就是将这个文件与一个________建立关联；关闭一个文件，就取消这种关联。

(4) 在 C++中，为了执行自定义类型的 I/O 操作，程序员可以重载________和________运算符。

9-2　简答题

(1) cerr 和 clog 有何区别？

(2) 在 C++中，有哪两种方法可以控制格式输出？它们的用法有何不同？

9-3　分析下列程序运行后的输出结果，并上机验证。

(1) 程序代码如下：

```
#include<iostream>
#include<fstream>
using namespace std;
int main()
{
    char ch;
    fstream out;
    out.open("text.txt",ios::in|ios::out);
    out<<"abcdefg";
    out.seekp(0);                    //定位于文件头
    out.get(ch);
    while(ch!= EOF)
    {
       cout<<ch;
       out.get(ch);
    }
    cout<<endl;
```

```
    return 0;
}
```

程序运行情况：

(2) 程序代码如下：

```
#include<iostream>
#include<fstream>
#include<stdlib.h>
using namespace std;
int main()
{
    fstream outfile,infile;
    outfile.open("text.dat",ios::out);
    if(!outfile)
    {
        cout<<"text.dat cannot open!"<<endl;
        abort();
    }
    outfile<<"1234567890"<<endl;
    outfile<<"aaaaaaaaa"<<endl;
    outfile<<" ********** "<<endl;
    outfile.close();
    infile.open("text.dat",ios::in);
    if(!infile)
    {
        cout<<"text.dat cannot open!"<<endl;
        abort();
    }
    char textline[80];
    int i=0;
    while (!infile.eof())
    {
        i++;
        infile.getline(textline,sizeof(textline));
        cout<<i<<":"<<textline<<endl;
    }
    infile.close();
    return 0;
}
```

程序运行情况：

9-4　阅读下列程序说明和C++程序代码，填空完成程序。

下面程序的功能是统计文件 abc.txt 的字符个数，请填空完成程序，并上机运行验证。

```
#include<iostream>
#include<fstream>
#include<stdlib.h>
using namespace std;
int main()
{
```

```
    fstream file;
    file.open("abc.txt",ios::in);
    if(___①___)
    {
        cout<<"abc.txt cannot open"<<endl;
        abort();
    }
    char ch;
    int i = 0;
    while(!file.eof())
    {
        ___②___;
        ___③___;
    }
    cout<<"文件字符个数: "<<i<<endl;
    ___④___;
    return 0;
}
```

9-5 编程题

(1) 将两个文本文件连接成一个文件。

(2) 设有字符串“123456789”,用串流 I/O 的方法编程逐个读取这个串中的每个数,直到读完为止,并在屏幕上输出。

(3) 在二进制文件 data.dat 中写入三个记录,显示其内容。然后删除第 2 个记录,显示删除记录后的文件内容。

(4) 用键盘输入 N 个学生的数据(包括学号、姓名、成绩)存入数据文件 student.dat 中,之后从该数据文件中导入数据,按成绩排序并输出结果。

CHAPTER 10

第10章 VC++调试器

本章要点

- 应用程序调试版本的建立
- 基于IDE的调试
- 调试过程异常处理
- 调试线程

VC++应用程序的开发过程包括项目创建、程序的设计和编码、程序调试(编译及运行),以及发布4个阶段。

应用程序调试是程序开发过程中至关重要的一个步骤。一个应用程序,即使在编译时没有一个警告,在运行时也可能出错。那么,如何发现问题的症结所在呢?这就需要用调试器Debugger来监视程序的运行,帮助开发人员找到在Windows软件开发过程中可能遇到的一切故障。

VC++集成开发环境(IDE)提供了一个用于创建、编译、连接和测试C++程序的完全独立的环境。使用该环境可以方便地配置VC++运行环境,引入第三方库函数,查找和去除应用程序代码中的逻辑错误,测试C++、MFC以及混合语言应用程序。此外,一些由外部软件或硬件环境引起的异常情况会影响应用程序的性能,甚至导致程序或系统崩溃。要避免这种事件发生,可以在程序中添加一些必要的异常情况处理代码,从而控制程序顺利地执行。

IDE也支持动态链接库DLL和ActiveX控件。在动态链接库的项目中,可以启动调试器。在这种情况下,调试器自动运行所调用的应用程序,并且当执行流执行了某一库函数时,就会将控制权返回给用户。

在本章中,我们将介绍使用IDE调试Win32程序的过程,并介绍如何调试处理应用程序中的错误和异常。

10.1　建立应用程序调试版本

10.1.1　调试版本与发行版本

VC++中的应用程序经过构建过程，能产生两种版本的执行代码：调试版本(Debug)和发行版本(Release)。调试版本是软件开发和检测修改程序的版本，发行版本是最终的结果，将发行给用户。它们的最终运行结果都是生成可执行文件，但是两种可执行文件却有很大差异。

Debug 通常称为调试版本，它包含调试信息，并且不作任何优化，便于程序员调试程序。Debug 版本较之发行版本要大，运行起来要慢一些。编译器在目标文件中填满了符号信息，这些符号信息记录了编译器知道的函数名、程序中的变量名和标识的内存地址。通过读取源文件和包含在执行文件中的符号信息，调试器能将源代码中的每条代码同相应的可执行映像中的二进制指令联系起来。调试器运行可执行文件，但必须使用源代码来显示程序的进程。

Release 称为发布版本，程序在代码大小和运行速度上都是最优的，以便用户很好地使用。发行版本含有的仅仅是编译器优化的可执行指令，没有符号信息。

如果用户需要，可以在调试器中执行一个发行版本。这时调试器将会提醒用户文件没有符号数据。同样，用户也可以执行程序中的调试版本而无须调试器，这具有实际效果。当运行没有调试器的调试版本的程序时，Windows 加载程序将会忽略文件中的一些外加的符号信息，从而允许程序正常运行。如果程序产生了错误，而且系统的异常处理导致控制权返回 VC++，则继续执行调试器。当程序停止时，调试器显示产生错误的指令，并且显示程序停止当前的数据值。对于需要在程序的调试版本进行错误跟踪，以及寻找那些看上去似乎是随机的，却是程序运行中的致命错误来说，这种特征尤为重要。

10.1.2　项目调试创建

首先，需要创建一个完整的 VC++调试环境，包括创建 Win32 控制台应用程序项目、编写代码和构建解决方案。具体过程如下。

1. 项目创建

利用应用程序向导创建一个可执行的项目。如图 10-1 所示，选择 File→New→Project 菜单项，打开 New Project 对话框。

NewProject 对话框的左边窗口显示可以创建的项目类型，右边窗口显示对应于项目类型的模板列表。选择 Win32 类型以及 Win32 Console Application 模板。

NewProject 对话框下侧是项目参数设置文本框，在 Name 文本框里为新创建的项目取一个名字。保存解决方案的文件夹的路径和名称在 Location 文本框中显示出来，默认项目文件夹名称与项目名称一致，如果需要，也可以修改。最下方是创建的解决方案的名称，默认和项目名称一致。

参数设置好后单击 OK，进入“项目设置”(Application Settings)对话框，如图 10-2 所示。

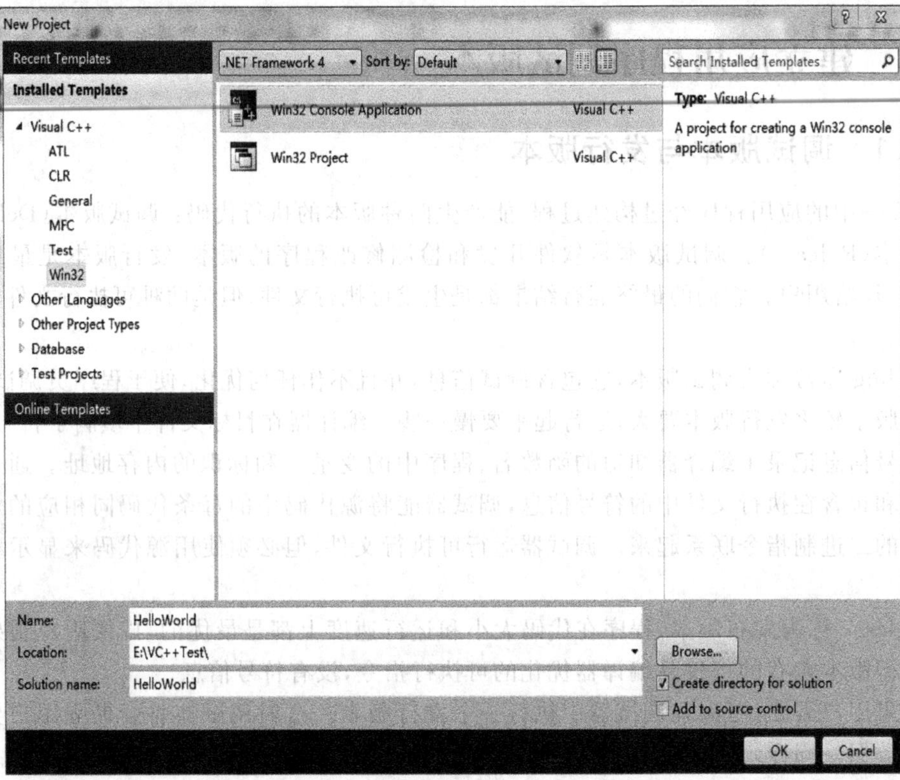

图 10-1　Win32 项目创建——命名

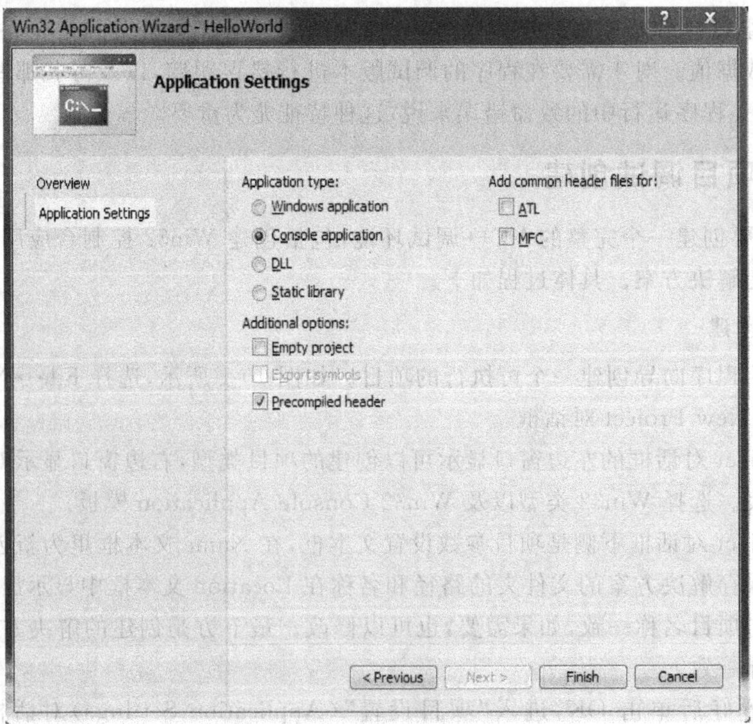

图 10-2　Win-32 项目创建——设置

Application Settings 对话框中可以选择希望在本项目中应用的选项。Application type 中的 Console application 选项表示这个项目是控制台应用程序。其他选项采用默认值，不需要修改。单击 Finish 按钮完成项目的创建。

如图 10-3 所示是项目创建完成后的 IDE 窗口，里面有多个子窗口。创建的项目自动在左侧的解决方案管理器(Solution? Explorer)窗口打开。中间上部是代码调试窗口，列出打开的文件。中间下部的输出(Output)窗口主要显示调试和运行过程中的警告、错误提示和运行结果等内容。右侧属性(Properties)窗口根据对项目或其他控件的选择，显示对应的属性值，可以根据需要调整。

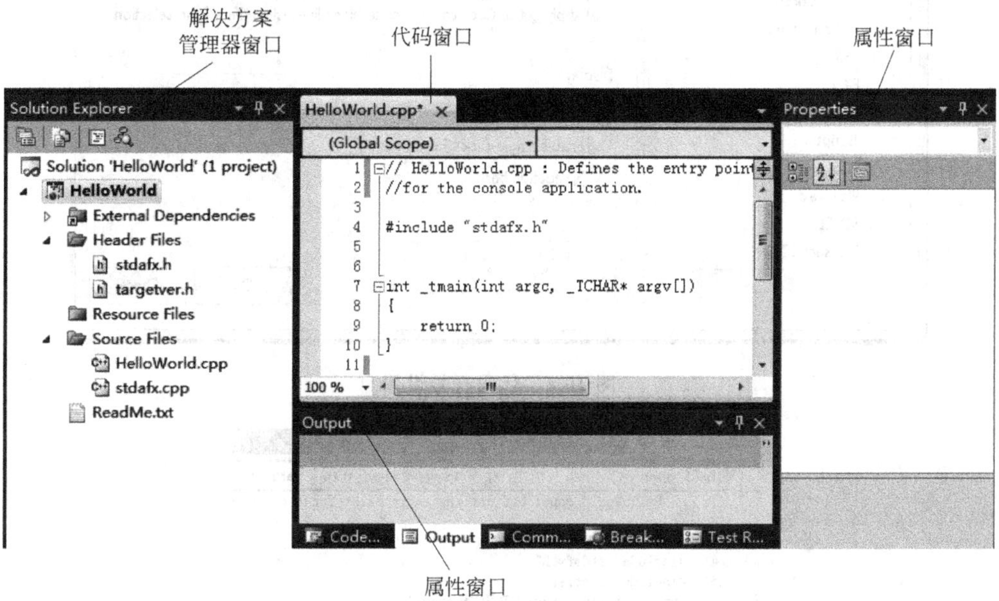

图 10-3　Win-32 项目创建——完成

2. 代码编写

代码调试窗口占据了 IDE 界面的主要空间，以便进行程序的编写和调试。

如果系统上没有显示行号，可以通过选择主菜单 Tools→Options 弹出调试参数的选择对话框，如图 10-4 所示。选择左侧 Test Editor 子树中的 C/C++选项，从展开的分支中选择 General 选项，在右侧 Display 设置中选中 Line number。

单击 OK 按钮保存设置结果，代码前会显示行号。

3. 构建解决方案

从图 10-3 可以看出，应用程序向导生成的是完整的、可以编译执行的 Win32 控制台程序，但是该程序运行时不做任何事情。为了使自动生成的程序有意义，同时便于说明项目的构建过程，要对其修改，增加功能性代码。作为例子，在图 10-5 中，对例 2-1 的代码稍作调整，说明构建过程。

程序编写完成，以默认的 Debug 模式构建解决方案。如图 10-6 所示，选择主菜单中的 Build→Build Solution 命令完成对程序的编译和连接过程，生成可执行代码。这个过程中如果出现错误或警告提示，会在输出窗口显示；如果构建成功，则会在前述 Location 参数指定的文件夹下生成 debug 子目录，生成的结果文件会保存在该目录下。

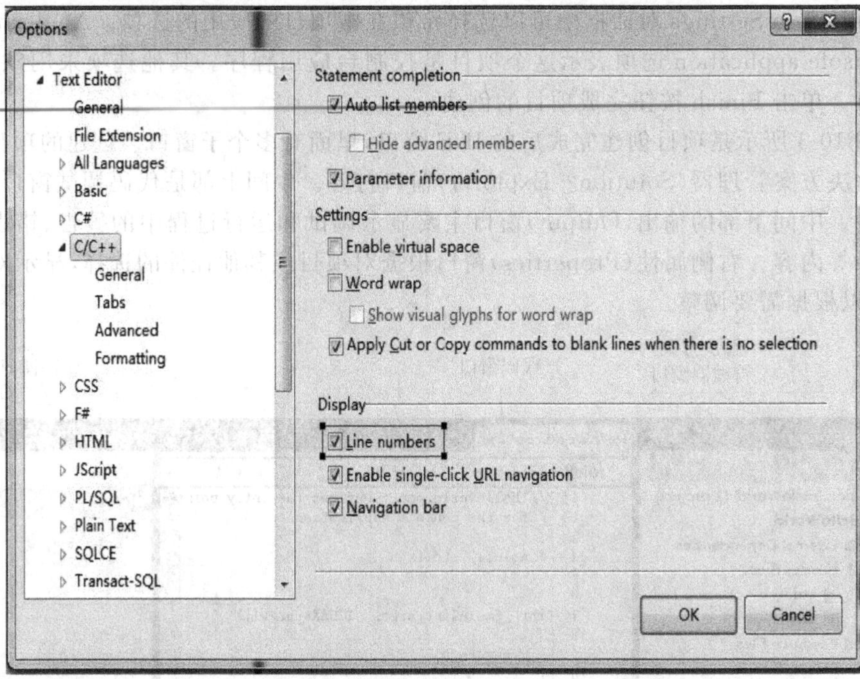

图 10-4　代码行号设置

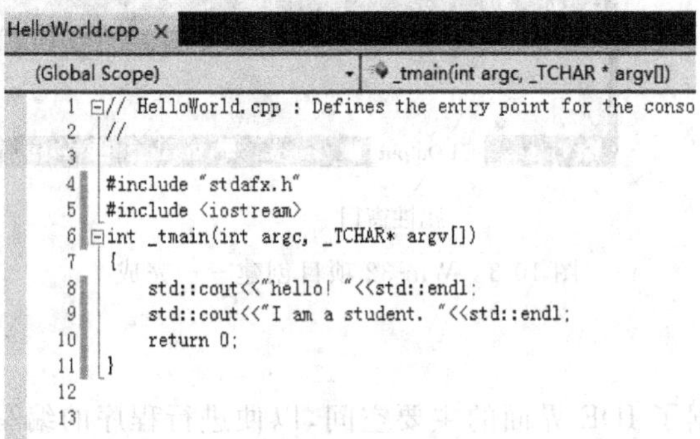

图 10-5　一个简单的例子

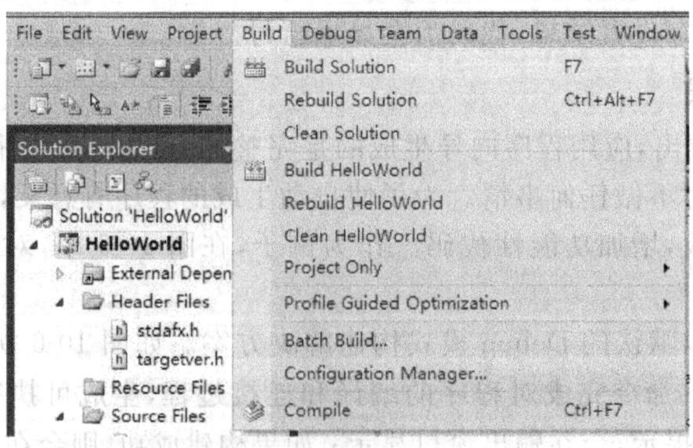

图 10-6　Win-32 项目构建

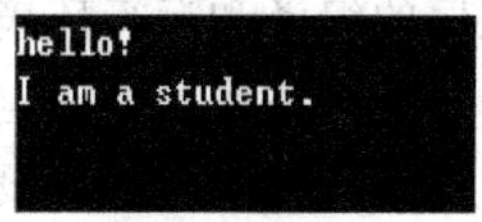

图 10-7　项目运行结果

在 Debug 模式下，可以动态检查程序的执行过程所生成的信息，具体操作将在 10.2 节中说明。图 10-5 中的代码运行无误，运行结果如图 10-7 所示。

项目的构建主要包括了代码的编译和连接两个阶段。

编译负责将源码转换为目标代码。工程中的所有 C++源文件(*.cpp)分别单独进行编译(Compiling)。在编译过程中，先由预处理器对预处理指令(如#include、#define 和#if 等)进行处理，在内存中输出翻译单元(一种临时文件)。编译器接受预处理的输出，将源代码转换成包含机器语言指令的目标文件(*.obj 的文件)，并检测和报告编译过程中的错误，输出的目标代码保存在成为目标文件的文件中，扩展名是.obj。在编译过程中，头文件不参与编译。

连接(Linking)组合编译器根据源码文件生成的目标代码模块，将目标文件和所用到的C++类库文件(.h)一起连接生成可执行程序(*.exe)。连接器也能检测和报告错误。

至此，实现了一个基本的项目调试过程。实际开发过程中，由于项目的复杂性，代码或设计错误在所难免。要想更顺利地完成项目的开发，需要对开发环境中有进一步的了解。

10.1.3　设置开发环境参数

1. 集成开发环境

所有 VC++应用程序的开发到执行的过程都可以在集成开发环境(IDE)中完成。这个过程包括程序编码，程序调试，以及发布。其中程序调试是包括程序的构建(包含编译和连接)、代码修改、运行测试的多次循环过程。

作为 IDE 组成部分的 VC++的基本部件包括编辑器、编译器、连接器。编辑器提供了创建和编辑 C++源码的交互式环境。编译器、连接器是支持程序调试的重要部件。要掌握 VC++的程序调试过程，需要对 IDE 环境配置有所了解。

2. 设置调试执行版本

为了创建一个程序的调试执行版本，首先应该保证配置是 Win32 Debug。默认情况下，当用户创建一个新项目时，VC++即设置配置为 Win32 Debug，如图 10-8 所示，在 Build 工具栏中显示当前的配置。

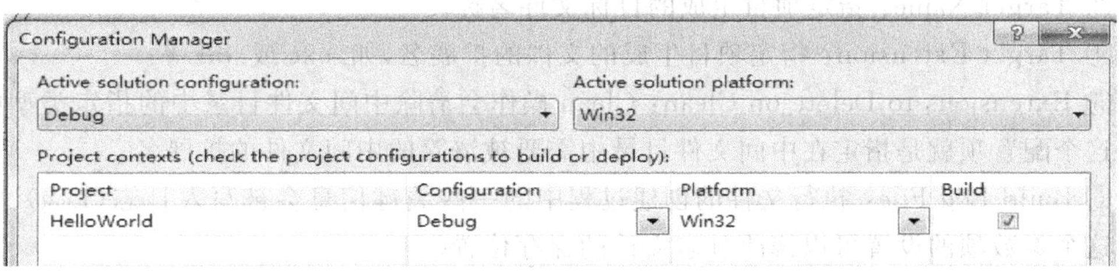

图 10-8　设置调试执行版本

也可以在 Build 菜单中选择 Configuration Manager 命令，以查看当前的配置，看是否有必要将它更改为调试版本。Win32 Debug 配置的改变是针对每个 Project 设置的。

3. 环境参数设置

由于种种原因，代码在开发的各个阶段都可能产生应用程序错误，即由于某些可控参数或条件设置不当，使得函数或者进程不能顺利完成指定的任务。其中运行环境参数决定了程序的编译和运行环境条件。

运行环境参数设定主要包括构建过程环境参数、各种文件的保存位置以及构建和运行方式等。了解参数的设置有利于在调试出错时更准确地判断问题原因并改正。这里对主要用到的参数做简单说明。

在主菜单中选择 Project 中当前活动的项目，或者利用快捷键 Alt＋F7，弹出项目配置窗口。在窗口左侧树形结构中选择需要修改的设置项，右侧相应地显示该对应项当前的设置，在该窗口中可以完成相应的修改。其中几个主要的参数，包括 General、Debugging、VC++ Directories、C/C++和 Linking 等子树，其设置影响到构造的结果，可以为进一步追踪调试问题提供方便。

这里对这几个参数配置做一个说明。如果没有特别需要，都可以采用默认设置。

(1) General 子树。General 子树主要决定了整个项目的常用参数的设置，如图 10-9 所示。

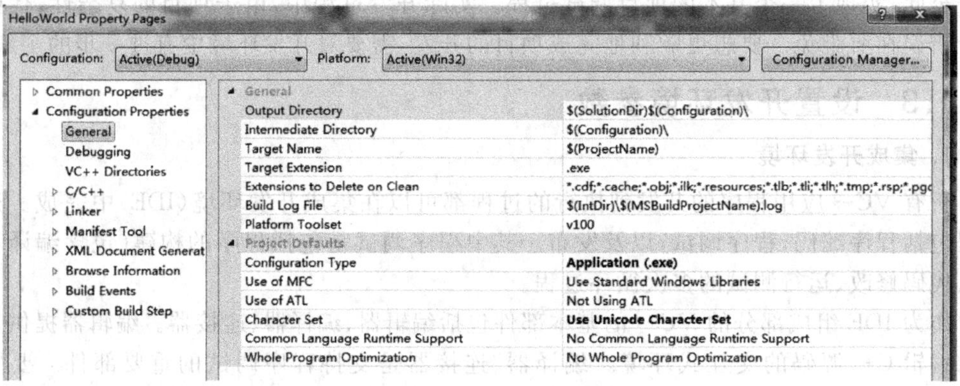

图 10-9　General 选项设置

配置中主要的参数和说明如下。

① Output Directory：指定编译后的所有输出文件存放的目录。

② Intermediate Directory：指定编译器等在编译过程中产生的中间文件存放的目录。

③ Target Name：指定项目生成的目标文件名称。

④ Target Extension：指定项目生成的文件的扩展名，如. exe 或. dll 等。

⑤ Extensions to Delete on Clean：Clean 操作会清除中间文件目录中的指定类型的文件。这个配置项就是指定在中间文件目录中需要被清除的中间文件的扩展名。

⑥ Build Log File：执行文件的创建过程中的一些关键信息会被写入日志(Log)文件，通过这个参数项的设置可以修改日志文件的保存位置。

⑦ Platform Toolset：通过这个参数的选择，可以指定编译过程采用更低版本的编译器和 VC++的库函数，使产生的可执行文件可以在低版本的操作系统(如 Windows XP)上运行。

(2) Debugging。Debugging 子树用来配置调试过程中生成的中间文件以及调试结果保存的位置，如图 10-10 所示。

① Command：表示调试要运行的. exe 文件。一般就是 Debug 版本的. exe 文件，可以用＄(TargetPath)表示。

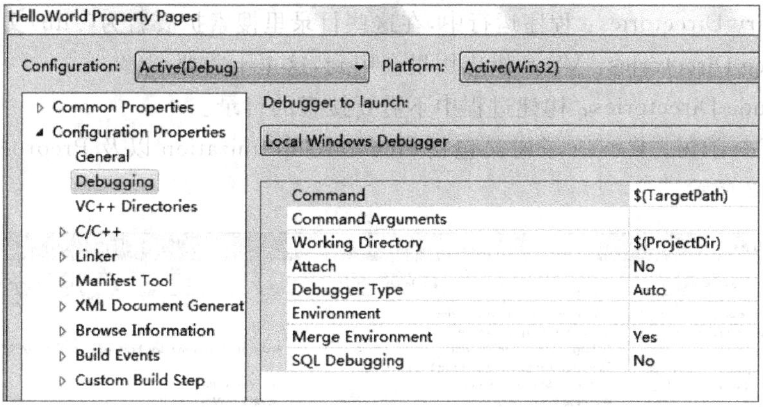

图 10-10　Debugging 选项设置

② Command Arguments：调试时的命令行输入，对应"int _tmain(intargc, _TCHAR * argv[])"中的参数。

③ Working Directory：调试时的工作目录。默认选项是 $ (ProjectDir)，即和所在项目在同一目录。

④ Attach：进程的附加调试选项，默认是无附加。

⑤ Debugger Type：编译类型选择，可选项包括 Native Only、Managed Only、Mixed、Auto(默认)和 Script。

⑥ Environment：添加环境变量的地方。如果生成的.exe 需要调用某个 dll，可以把 dll 的路径添加到这里。假设程序需要 D 盘 mydll 目录下的 mydll.dll，可以做如下更改："Path=%Path%;D:\mydll\mydll.dll"，注意增加的内容需要用"；"与之前的设置分开。

⑦ Merge Environment：这一选择主要是确定是否项目环境参数内需要和操作系统环境参数合并使用，默认是 Yes。

⑧ SQL Debugging：是否允许 SQL 编译的选择，默认是 No。

(3) VC++目录。VC++Directories 子树用来配置 VC++运行时不同文件保存的位置。在构造执行的过程中会根据这里的设置搜索源文件和库函数等，如图 10-11 所示。

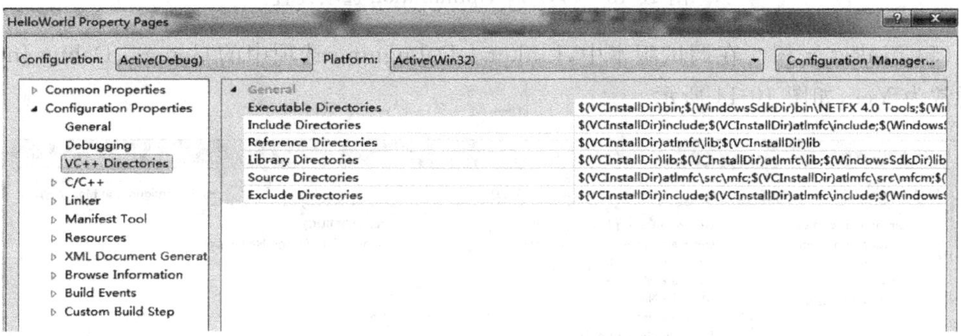

图 10-11　VC++目录选项设置

① Executable Directories：可执行文件所保存的目录，对应于之前的路径设置。

② Include Directories：源码中引用的文件及参照文件的搜索目录。

③ Reference Directories：在这些目录里，搜索源码中使用"#"引入的文件。

④ Library Directories：程序运行中，在这些目录里搜索扩展名为(.lib)文件。

⑤ Source Directories：VS 高级应用里会用到，这里不需要了解。

⑥ Exclude Directories：构建过程中不需要搜索的目录。

(4) C/C++子树。C/C++子树又包括 General、Optimization 以及 Preprocessor 三个子树，如图 10-12 所示。

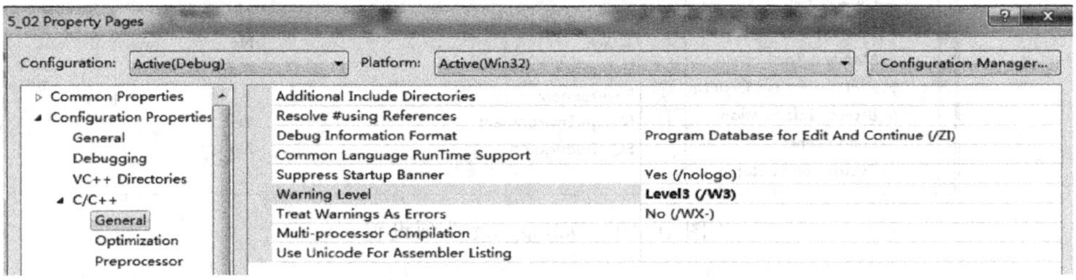

图 10-12　C/C++｜General 选项设置

General 子树中的 Warning Level 选项可以设定构建过程中需要提示怎样的警告信息，默认为 Level3。当程序规模较大，构建过程出现的警告信息过多，影响了对错误代码位置的判断时，可以选择 Turn off All Warning(/W0)屏蔽所有的警告提示。一般不建议这样做。

Optimization 子树中的 Optimization 在构建调试版本时通常选 Disable，如图 10-13 所示。

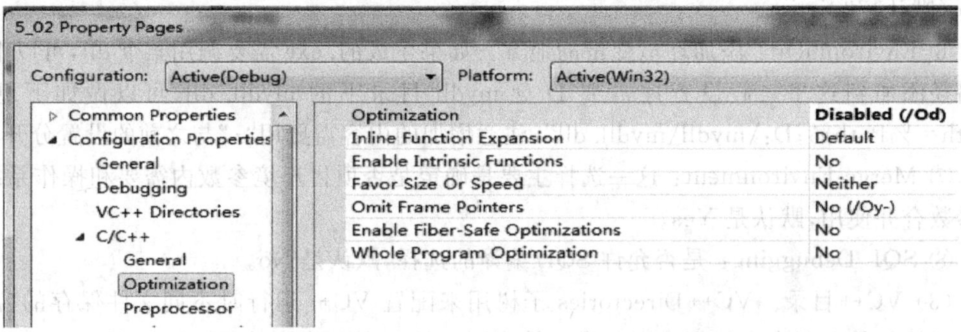

图 10-13　C/C++｜Optimization 选项设置

(5) Linker 子树。在调试版本中，Linker｜Debugging 选项中的 General Debug Info 设置通常为 Yes，如图 10-14 所示。

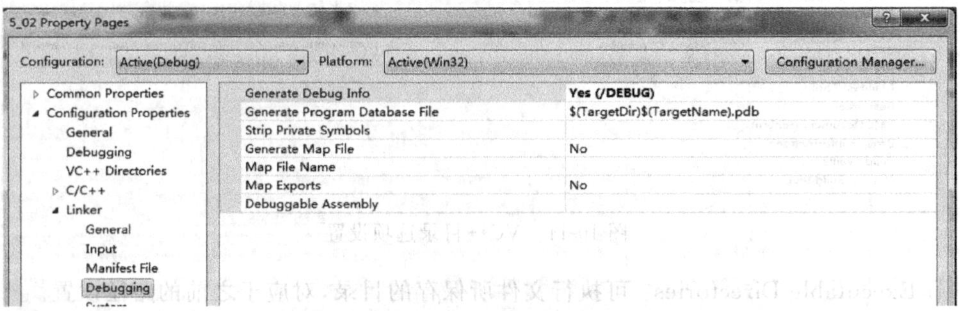

图 10-14　Link 选项设置

有了这些设置，就可以顺利地建立项目了，其结果是一个针对调试器含有符号信息的程序调试版本。

IDE 针对调试过程提供了 Build、Debug 两个菜单，下面分别对这两个菜单的选项和设置进行说明。

4. Build 设置

Build 菜单包含项目构建相关处理，内容如图 10-15 所示。

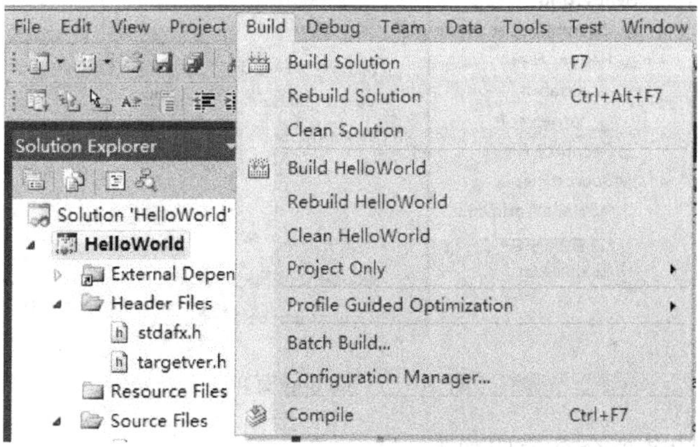

图 10-15　Build 菜单

创建应用程序项目文件后，Build 菜单各项命令将根据程序的属性发生变化，在有些命令后会带上具体应用程序的名称，而且包含的内容也比没有创建项目时多。

下面详细介绍如图 10-15 所示的 Build 菜单中的各项命令。

(1) Build Solution：命令用于编译当前项目中所有的 C、C++源代码文件或资源文件。通常 Windows 应用程序都是由多个文件组成的，这些文件可以来自编译器，也可以来自操作系统或者是第三方厂商，这就使得整个应用程序变得很复杂。假若应用程序又是由多个开发组分别开发的，其组成结构就更加复杂。因此，在编译、连接整个应用程序时，必然要花费很多精力和时间。Build 命令是解决这一问题的有力工具。使用 Build 命令可查看项目中的所有文件，并对最近修改过的文件(其标志日期比可执行文件日期要新)进行编译和连接，以生成可执行文件。如果在编译过程中检测出某些语法错误，有关的错误信息就会显示在集成开发环境的输出窗口中。在图 10-1 所示的例子中，Build HelloWorld 表示对 HelloWorld 项目中最近更改过的文件重新编译，生成可执行文件 HelloWorld.exe 文件。

(2) Rebuild Solution：重新编译和连接整个项目文件。

(3) Clean Solution：清除当前项目的所有中间文件和输出文件。

(4) Project Only：仅重新编译当前活动项目。

(5) Profile Guided Optimization：从 Visual Studio 2005 版本后提出的配置文件导引优化，旨在提高应用程序性能。

(6) Batch Build：成批编译和连接，即一次编译和连接多个项目文件。

(7) Compile：用来编译当前的源代码文件。

5. Debug 设置

从图 10-16 中可以看出，Debug 提供了更为详细的代码调试方法选择。

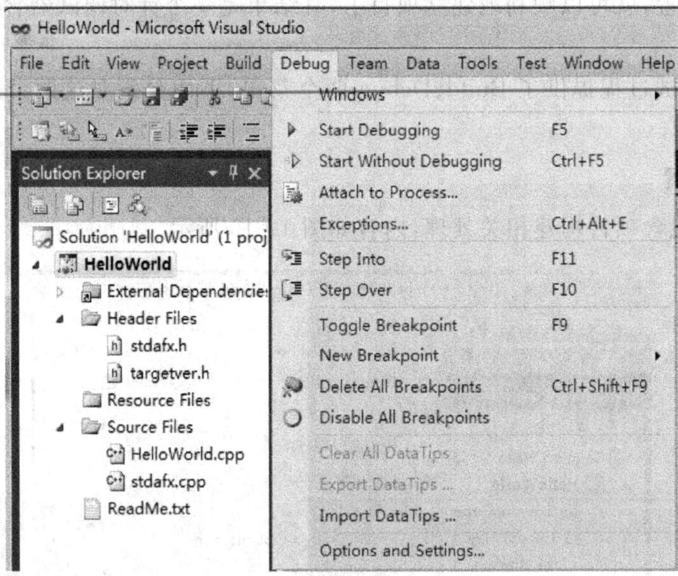

图 10-16　Debug 菜单

Debug 菜单中的各项命令说明如下。

(1) Windows：状态窗口选择。

(2) Start Debugging：以调试模式编译运行程序。

(3) Start Without Debugging：程序以非调试方式执行。

(4) Attach to Process：在调试过程中直接进入到正在运行的进程中。

(5) Exceptions：设置异常处理的一些参数。

(6) Step Into：控制程序单步执行，并在遇到函数调用时进入函数内部。

(7) Step Over：也是逐步调试程序，遇到调用函数时，并不进入函数内部执行。

(8) Toggle Breakpoint：为当前行设置/取消断点。

(9) New Breakpoint：设置新的断点。

(10) Delete All Breakpoints：删除所有的断点。

(11) Disable All Breakpoints：设置所有断点为失效，则代码运行到该行时不会暂停。

(12) Clear All Data Tips：清除所有数据提示。

(13) Export DataTips：导出数据提示。

(14) Import DataTips：导入数据提示。

(15) Options and Settings：其他调试选项的设置。

启动调试器后，可以通过 Debug 工具栏控制调试过程，后面会有详细的说明。

10.2　基于 IDE 的调试

在了解了 IDE 的主要参数设置后，就可以开始代码的调试了。程序的错误可以分为构建期错误和运行时错误。应用程序的调试过程就是发现并解决各种错误的过程，是程序开发过程中至关重要的步骤。

如前面所述，IDE 把整个屏幕分成了解决方案管理器(Solution Explorer)窗口、代码调试窗口、输出(Output)窗口以及属性(Properties)窗口等几部分。在调试过程中最主要的是代码调试窗口和输出窗口。

10.2.1 使用调试窗口

1. 代码调试窗口

修改代码和变量的值调试过程最重要的窗口是代码调试窗口。由于可以在窗口中设置断点和单步调试，因此该窗口几乎成了所有调试的基础。在图 10-17 中可以看到当前的执行点和执行状态。

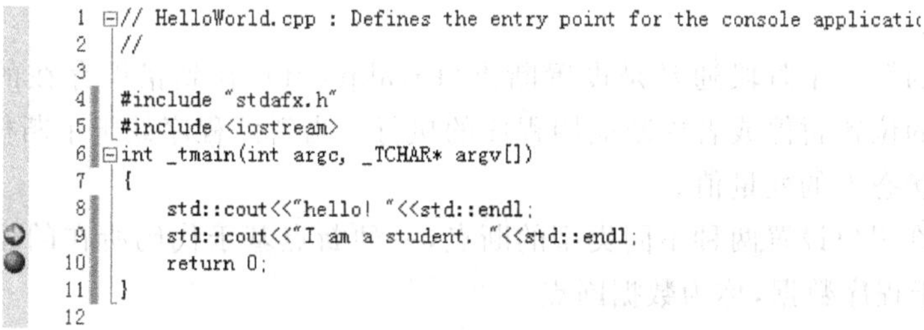

图 10-17 代码调试窗口

2. 输出窗口

构建期出现的问题主要是由代码中的语法错误或者引用了错误的库造成的，所有错误消息都能够在文档中查找到错误编号，如图 10-18 所示。

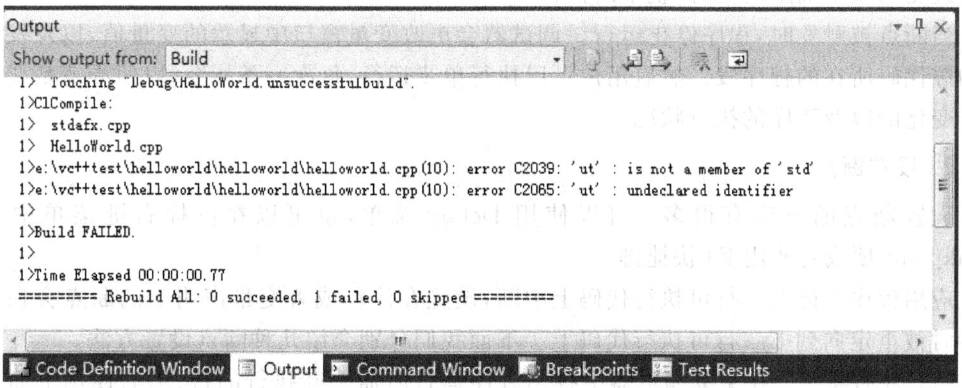

图 10-18 构建期错误提示

这类错误比较容易修改，系统会在输出窗口中输出错误提示信息。错误提示信息包括错误出现在哪个 cpp 文件的第几行，错误编号及错误说明。例如图 10-18 说明编译错误出现在 helloworld. cpp 程序的第 10 行，错误代码 C2039，错误原因是变量 ut 没有定义。

10.2.2 断点调试

运行时错误需要使用 VC++调试工具纠正。一个典型的调试操作由以下几步组成。

(1) 确定出现问题的那一段程序，然后给这段程序的第一个指令加上标记。

(2) 启动调试器运行程序,直到用户事先在程序段中设置标记的地方。

(3) 当调试器停止程序的执行时,可通过单步操作指令,以检查每步的运行结果。

那么,调试器怎样知道什么时候中断程序呢?当程序运行到用户先前设置的标志时便进行中断,这种标记为断点。

VC++程序调试功能包括如下几个方面。

(1) 设置断点;

(2) 逐步调试代码;

(3) 监视变量、注册表和内存;

(4) 查看代码和调用堆栈。

1. 断点

调试程序的第一个阶段通常是设置断点(Breakpoint),找到错误存在的代码区域。断点可以在指定的位置暂停或者中断应用程序的执行。当暂停程序处于中断模式(Break)时,可以查看当前状态下的变量值。

调试器允许用户设置两种不同类型的断点,一种断点基于代码所在的位置称为位置断点;另一种基于程序数据,称为数据断点。

位置断点是一种与源代码相联系的特殊指令的标志,类似于文本编辑器中的书签。在所有可能含有错误代码的程序段中,用户设置一个位置断点。当执行程序试图运行所标记的指令时,它就会停止或者“中断”。

数据断点取决于数据,而不是代码。当用户怀疑某一变量在程序中的某一地方被错误地改变但又不知道在什么位置时,就可以使用数据断点。数据断点可以告诉调试器,当变量改变或变为某不确定的值时,就中断执行。

当断点被触发时,程序停止运行。调试器会更改变量窗口中显示的变量值,以及发生中断的源代码所在的程序段。然后用户可以执行单步运行,每次一条指令,以便弄清楚变量是怎样变化的以及程序的执行状况。

2. 设置断点

设置断点的方法有很多。可以使用 Debug 菜单,也可以在鼠标右键菜单中选择 Breakpoint 项或者使用 F9 快捷键。

应用程序只能在一行可执行代码上中断,设置在注释或者变量声明上的断点会在程序执行时被重定向到下一行可执行代码上。下面我们分别介绍几种断点设置方法。

(1) 普通断点。在文本编辑器中找出程序运行时需中断执行的行,然后使用下面几种方法的任一种。

① 按 F9 设置。此时在行号左侧会出现一个实心红点,表示在该行设置了断点。如果要消除该断点,可重新按 F9,这时左边的红色圆点将消失。

② 单击鼠标右键,如图 10-19 所示,在弹出的上下文菜单中选择 Breakpoint→Insert Breakpoint 命令。如果要禁用该断点或消除断点,可再次单击鼠标右键,选择 Breakpoint→Disable Breakpoint 或者 Breakpoint→Delete Breakpoint 即可。

③ 在代码调试窗口的左边界单击。

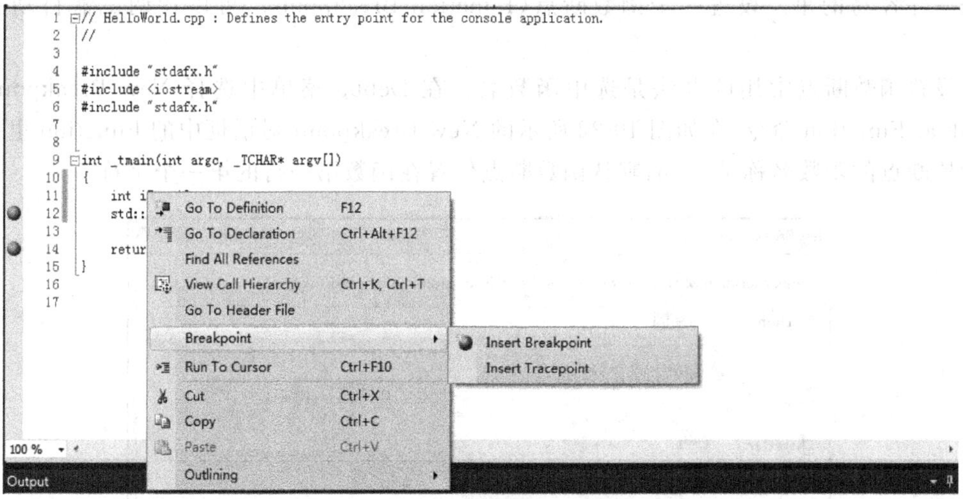

图 10-19 用鼠标设置断点

④ 在设置了断点的代码上单击鼠标右键，从如图 10-20 所示的上下文菜单中选择 Location 选项，可以打开 File Breakpoint 对话框，说明设定断点的文件的名称，在第几行设定了断点。如果一行代码中存在多条语句，则可以进一步使用 Character 进行定位，如图 10-21 所示。

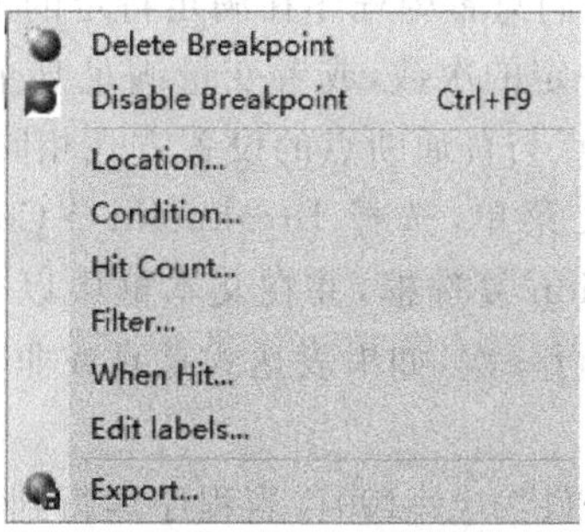

图 10-20 设置或清除断点的快捷菜单

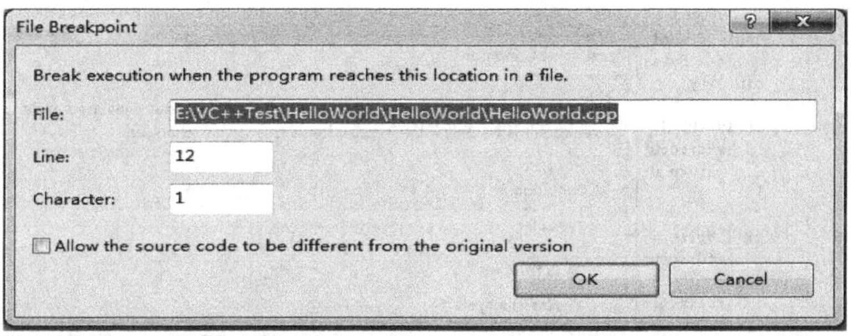

图 10-21 File Breakpoint 对话框

(2) 函数断点。如果程序已经中断了，要做的第一件事是找到程序的源文件，设置断点。如果源文件比较多，特别是在有多个版本源文件同时存在的情况下，找到正确的源文件不是一件容易的事。设置一个函数断点(Function Breakpoint),可以让调试器自动找源代码。

设置函数断点常用的办法是选中函数名。在 Debug 菜单中选择 New Breakpoint→Break at Function 命令,在如图 10-22 所示的 New Breakpoint 对话框中的 Function 里指定要设置断点的函数名称是 num,默认函数断点位置在函数第一行的第一个字符。

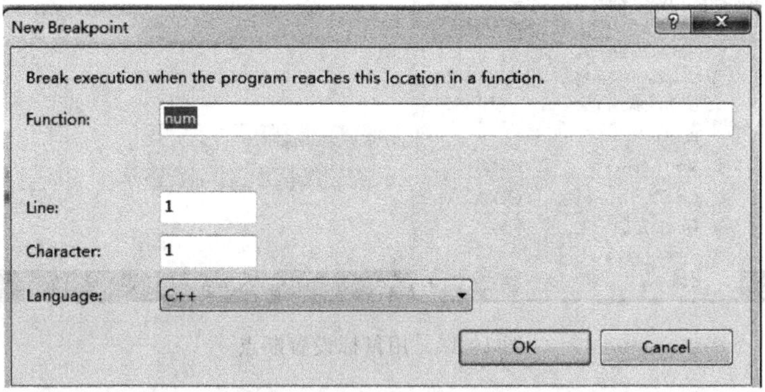

图 10-22　函数断点设置

如果为类的方法函数设置断点,函数名前必须加上类名和作用域分辨符。例如,需要对类 CMyView 的 OnDraw()方法设置函数断点,则需要指定函数是 CMyView::OnDraw。

(3) 条件断点。有时候,我们只希望程序在满足特定的条件时中断运行,暂停在特定的位置上。例如,循环迭代达到一定的次数,或者变量满足某个条件等。为此,可以配置条件断点。在源代码中设置条件断点与普通断点的设置方式相同,接着设置中断的条件。

单击鼠标右键弹出上下文菜单,选择 Breakpoint→Condition 命令,弹出 Breakpoint Condition 对话框,选中 Condition 复选框,并在文本框中以 C/C++条件表达式的形式输入断点条件。所标记的指令每运行一次,如果表达式是真或非零,调试器就会对表达式进行一次求值。

例如,在图 10-23 中指定条件为 y=100。当程序运行到所标记指令位置时,检查变量 y 的值,如果表达式的值为 true,即 y 的当前值是 100,程序暂停,否则程序会跳过断点继续执行。

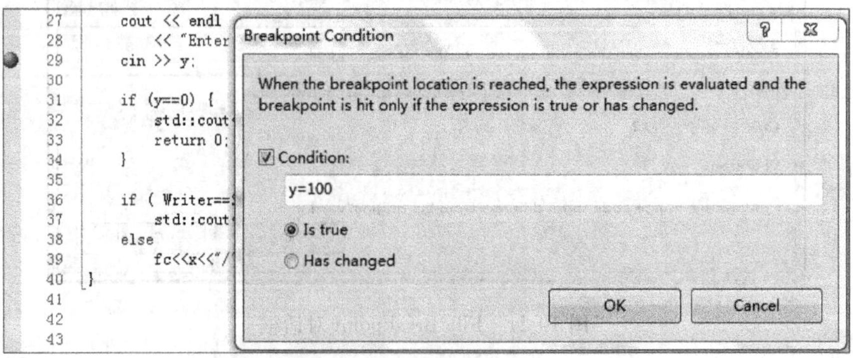

图 10-23　条件断点设置

在断点上设置了条件或者计数器后，可以看到断点的外观发生了变化，原来的实心红点显示为中心带有白色十字的红点。把光标停留在该标记上，会显示有关的断点条件信息。

(4) 计数断点。对于多次迭代的程序，我们希望断点在经过一定数量的迭代后再启用，可采用计数断点。

单击鼠标右键弹出上下文菜单，选择 Breakpoint→Hit Counts 命令，弹出 Breakpoint Hit Counts 对话框，指定断点启动条件。

循环计数器会在每次应用程序运行开始时置 0，也可以使用 Reset 按钮手动重置。计数器断点的条件有以下几种。

① Always：忽略计数器，到此代码始终中断。

② Is Equal to：计数器等于特定值时中断。

③ Multiple of：计数器值是指定值倍数时中断。

④ Is greater than or equal to：计数器值大于/等于指定值时中断。

例如，在图 10-24 中设定的中断条件是循环次数大于或等于 20 次，每次循环到此中断。

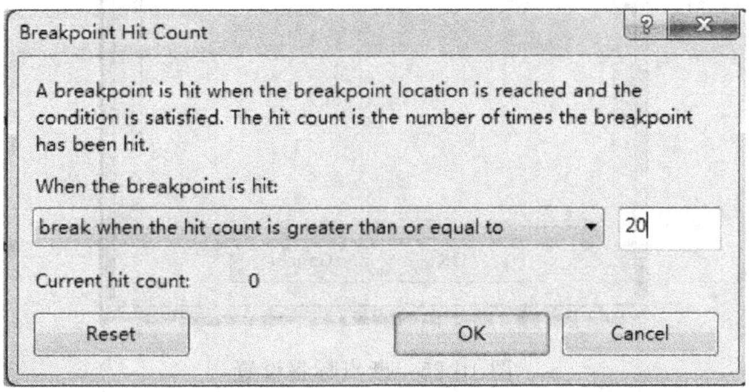

图 10-24 计数断点设置

(5) 消息断点和地址断点。消息断点与窗口过程紧密相关，当窗口过程接收到一条定义的信息时，例如 WM_SIZE 或 WM_COMMAND，便执行中断。

地址断点通过 Call Stack 窗口。当应用程序处于中断模式时，调用堆栈会显示当前的函数调用列表。在调用堆栈中选择要设置断点的行以后，可以采用前面描述的方法设置断点。

消息断点和地址断点较为复杂，在这里不作详细说明。

3. 断点操作

断点的设置是根据代码调试需要设定的。针对每次调试的侧重点不同，可以选择调整断点设置，禁用一部分当前调试不需要的断点以加快程序的运行速度，删除已经不再需要的断点，或者调整断点位置等。

(1) 断点禁用。禁用断点在设置断点条件或跟踪计数器时非常有效。单击鼠标右键，在上下文菜单选择 Breakpoint→Disable Breakpoint 命令，或者采用组合快捷键 Ctrl+F9 也可以禁用断点。

(2) 断点删除。删除不再需要的断点，只需在上下文菜单选择 Breakpoint→Delete Breakpoint 命令，或者在 Breakpoints 窗口选择 Delete Breakpoint。

(3) 断点移动。要修改断点位置，在上下文菜单选择 Breakpoint→Location 命令，对话框中的显示与设置的断点类型有关。如果是普通断点或函数断点，显示的是行号和字符号；如果是程序集，则显示的是地址。可以根据需要做相应调整。

(4) 给断点加标签。如果希望把一组相关断点组合起来统一管理，可以考虑给断点加上标签，这样就可以对带有特定标签的所有断点执行搜索和批处理操作。加标签的方法如下：

在需要增加标签的断点上单击鼠标右键，选择 Edit Label，如图 10-25 所示，打开 Edit breakpoint labels 对话框，在其中把一个或多个标签关联到断点。

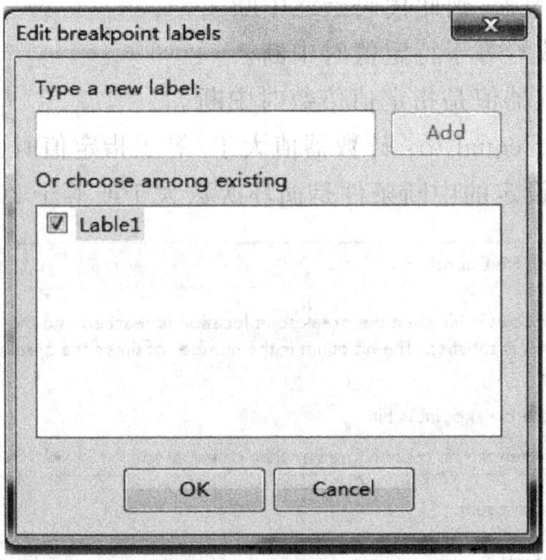

图 10-25　断点标签设置

给断点加好标签后，利用 Breakpoints 窗口执行批处理操作。如图 10-26 所示，在 Search 框中输入标签名称，过滤出所有同名的断点，利用工具栏设置对这些断点共同的操作，例如 enable or disable all breakpoints matching the current search criteria。

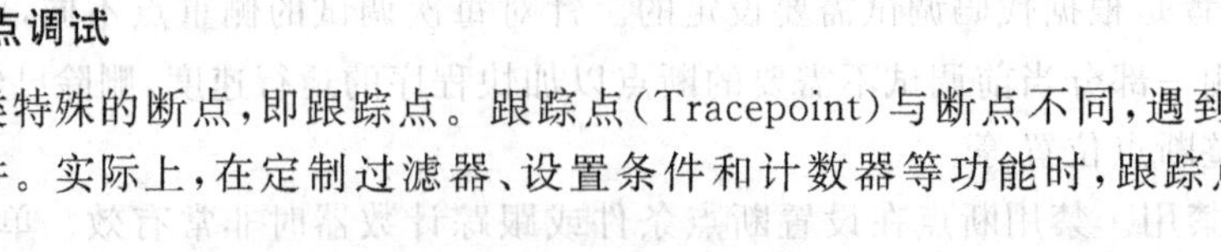

图 10-26　同标签组的断点批处理

4. 跟踪点调试

还有一类特殊的断点，即跟踪点。跟踪点(Tracepoint)与断点不同，遇到跟踪点时，会触发附加事件。实际上，在定制过滤器、设置条件和计数器等功能时，跟踪点都可以看作断点。

可以从现有断点创建跟踪点，也可以建立新的跟踪点。在需要创建跟踪点的代码行单击鼠标右键，在弹出的上下文菜单中选择 Breakpoint→When Hit 命令，在弹出窗口中设置跟踪点信息。可以向控制台窗口打印消息，也可以运行宏命令。如果两种操作都没选，则跟踪点自动退化为一个断点。

10.2.3　运行调试器

一旦确定了程序断点的位置和条件，就做好了运行调试的准备。执行程序的调试版本，只要启动调试器，运行程序即可。

在 Debug 菜单中选择调试运行方式，分别是 Start Debugging、Start Without Debugging、Step Into 和 Attach to Process。各子菜单项的功能前面已介绍过，这里就不再赘述。

如果在源代码中设置了至少一个断点，即可以使用 Start Debugging 命令。调试器运行程序时，当程序中的执行到达位置断点或触发数据断点时，就会停下。利用 Attach to Process 命令，可启动调试器，并且可将它与目前运行的程序联系起来。

一种更方便的无须设置断点的方法是把鼠标指向希望程序中断的代码行，单击鼠标右键，在出现的上下文菜单中选择 Run to Cursor 命令，则程序在鼠标指向的源代码行处暂停执行。

如果程序在到达插入标记之前触发了断点，执行程序就会停在断点处，而不是在带有插入记号的行处停下。为了继续运行程序，在目标行处重新设置插入标记，再次单击 Run to Cursor。

10.2.4　调试器窗口

调试的程序在某一断点处停止时，调试器更新带有目前程序运行状态消息的窗口，也是调试器窗口中最重要的源程序窗口，如图 10-27 所示。

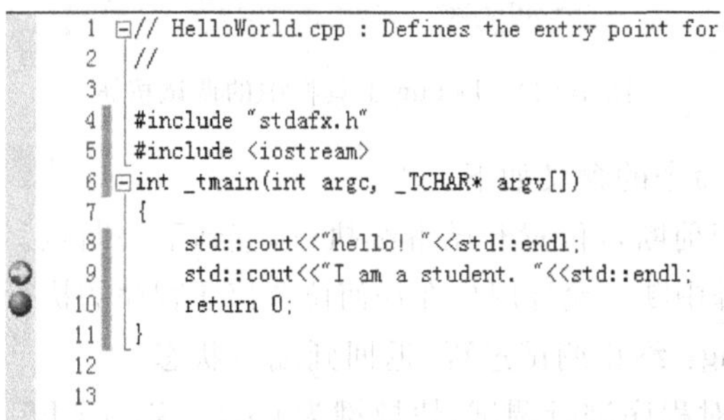

图 10-27　程序运行在断点处暂停

源程序窗口能显示程序所停之处的源代码。称为指令指针的小黄色箭头出现在中断指令左边的选择边界处，如果选择边界禁用，整行将会以黄色高亮显示。这种标志表明程序恢复运行时，将要执行而还没有执行的下一行。

使用 Debug 工具栏按钮可以控制程序的执行。单击右侧的窗口图样的按钮可选择调试过程中使用哪个窗口观察调试数据。

10.2.5　使用调试器

1. 调试器菜单说明

Debug 工具栏如图 10-28 所示，通过单击工具栏最右侧的向下箭头，弹出调试工具栏选项并进行选择。

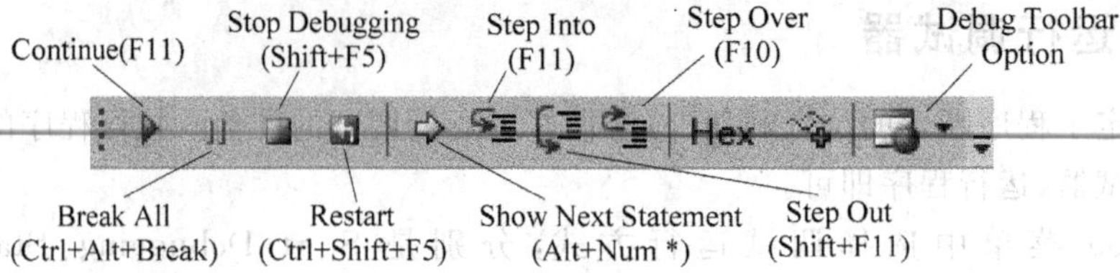

图 10-28 Debug 工具栏

使用调试器调试程序可以直接选择调试工具栏按钮，还可以单击工具栏最右侧的向下箭头，弹出调试工具栏选项并进行选择。如图 10-29 所示为调试工具栏。

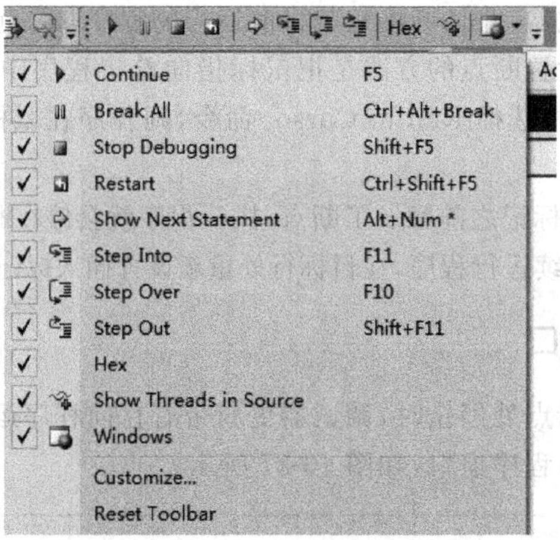

图 10-29 Debug 工具栏中的调试按钮

Debug 工具栏选项命令的含义如下。

(1) Continue：从当前断点位置开始继续执行，直到下一断点。

(2) Break All：全部中断。允许用户在任何位置停止程序的执行，并从调试器获取信息。

(3) Stop Debugging：终止调试过程，返回到编辑状态。

(4) Restart：重新对程序进行调试，快捷键为 Ctrl＋Shift＋F5。

(5) Show Next Statement：回到下一个命令。

(6) Step Into：控制程序单步执行，并在遇到函数调用时进入函数内部。

(7) Step Over：逐步调试程序，遇到调用函数时，并不进入函数内容执行。

(8) Step Out：跳出当前运行函数，返回调用函数的上一级函数。

利用 Step Into 和 Step Over 命令，或者按快捷键 F11 和 F10，可以单步调试程序。选择 Step Into 或 Step Over 命令时，调试器可以让程序恢复运行，但仅仅执行一条指令。当指令完成时，调试器重新将执行程序挂起。Step Into 或 Step Over 命令执行当前的源程序窗口中的 C/C++指令，处理由一组机器码构成的指令。

其中单击 Debug 工具栏右侧的窗口图样可选择调试过程中使用哪个窗口观察调试数据，单击该按钮后弹出"发起调试"窗口，如图 10-30 所示。

下面说明调试窗口中的消息类型。

(1) Breakpoints：在调试会话中打开 Breakpoints 窗口。

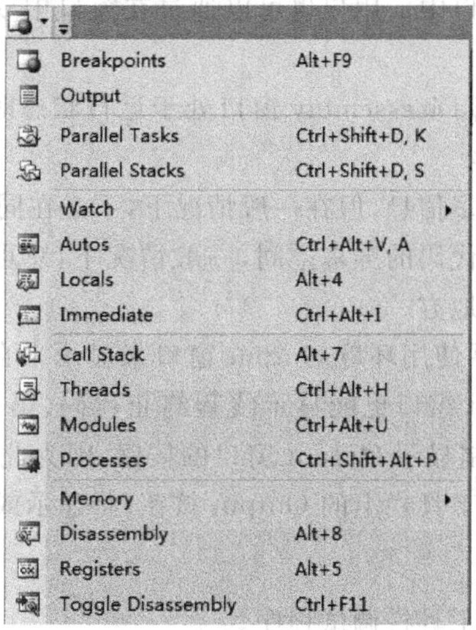

图 10-30　Debug 工具栏中的触发调试器窗口按钮

(2) Output：在活动的调试会话中打开 Output 窗口，读取编译器和调试器发送的输出信息。

(3) Parallel Tasks：多线程运行时，并行任务调试。

(4) Parallel Stacks：调试多线程并行程序时，查看代码执行。

(5) Watch：通过调试器跟踪目前变量和表达式的值。在 Watch 窗口中指定当程序被挂起时，要了解哪些变量的当前值。

(6) Autos：打开 Autos 窗口。这个窗口显示代码的当前行和上一行的变量和值。

(7) Locals：打开 Locals 窗口。显示当前函数的局部变量。

(8) Immediate：打开 Immediate 窗口执行命令。

(9) Call Stack：没有返回的被调用函数的列表，Call Stack 显示通过嵌套函数调用断点位置的执行路径

(10) Threads：显示线程窗口。

(11) Modules：这个窗口列出了应用程序所使用的 DLL 和 EXE。

(12) Processes：这个窗口列出了调试会话中所附加的所有进程。

(13) Memory：特定地址的内存转储。

(14) Disassembly：在屏幕上，为了补充源程序窗口，其中显示编译代码的汇编语言转换，Disassembly 意味着将程序中的机器码转化为相应的汇编指令。

(15) Registers ：CPU 寄存器的当前内容。

(16) Toggle Disassembly：在汇编语言和用户代码之间转换。

Watch 窗口提供了特定变量的概况，显示出当程序挂起时这些变量的当前值。Watch 窗口的变量与中断程序流没有关系，因此不要将观察到的变量与数据断点中所设置的变量混淆。为了在 Watch 窗口增加一个变量，需在窗口中双击带点的新项目框，并输入变量名。

在 Watch 窗口中，可以看到作用域中的变量，而不管它们是在程序中的什么地方获取的。Autos 和 Locals 窗口将集中在运行的中断点上。在程序挂起之前，最终运行的指令所

引用的所有变量将出现在窗口中。用户也可以通过在窗口中双击变量,并输入新值来改变它的值。

Registers 窗口一般仅当 Disassembly 窗口处于运行状态时使用。当程序被挂起时,它显示处理器寄存器的状态。

调试器窗口能够存储许多信息,但在一般情况下,不必在同一时间内查看它们。窗口还具有显示源程序窗口中的源代码的屏幕空间,一般情况下,总可以看到它们,以便使用户知道当时正处于程序中的什么地方。

如前面所提到的,调试器使用环境 Output 窗口来显示来自 Output Debug String 函数或 afxDump 的数据。Output 窗口也能显示线程终止代码、第一次异常通知,并调出信息。在 Debug 工具栏中,没有控制显示 Output 窗口的按钮,因为此窗口属于 Develop Studio 环境而不是调试器。单击标准工具栏上的 Output 按钮,将显示或隐藏 Output 窗口。

2. 调试方法说明

下面说明如何利用调试工具栏调试程序。

(1) 单步调试程序。当利用调试器跟踪一个程序的错误时,应当首先确定用户认为有问题的代码段,并在此段或刚好在此段之前设置一个位置断点。当调试器在断点处将程序挂起时,用户可以单步调试程序,每次执行一条指令,检查变化时的变量状况。

(2) 终止和重新启动调试器。Restart 按钮可以取消执行命令,并从头开始重新运行程序,废弃诸如系统资源或内存之类的分配。这可以结束以前的状态,而无须退出并重新启动调试器。单击 Break All 按钮,可立即退出调试器,一步取消调试器和程序,并将控制权返回给调试器。

Show Next Statement 可以很好地解决以前的问题。当程序被挂起时跟踪错误,经常要求查询其他部分的文档,并且会使用户进入别的源文件中。单击 Debug 工具栏中的 Show Next Statement 箭头,会马上带用户返回到源程序窗口中的终止指令处。

(3) 随机校正。在调试程序时发现了错误,VC++在许多情况下允许用户不停止调试器而继续进行校正。例如,一个变量含有一个错误的值,在 Local 窗口中,输入正确的值,就可以继续执行程序,如图 10-31 所示。

图 10-31 随机校正

如果喜欢从一条新指令中恢复运行程序,在代码调试窗口中需要的行上单击鼠标右键,从快捷菜单中选择 Set Next Statement 命令,指令指针会重新指向单击过的行,允许用户重做或跳过程序中的指令。重复赋值指令一般比较安全,如果是重新执行一条 new 指令或分配资源的其他代码,使用恢复运行操作一定要当心。

在调试会话中输入一个新值,用户将退出调试器,使用文本编辑器修整错误的源代码并重新编译,最终得到正确的结果。这是比较好的临时处理办法。

VC++提供了一种更方便的方法，可以在调试过程中随时对代码进行调整，这种修改是永久性的。对于已经运行过的代码，用户可以在代码窗口修改出现的问题。在编辑完源程序后，重新恢复运行程序时，VC++首先编译已修改过的代码，并用正确的版本替代被影响的机器指令。

Edit and Continue 特征在调试程序时会经常使用。默认情况下，当用户选择 Go 或 Step 命令中的一条命令，或者在修正源代码后，以及继续执行被中断的程序时，它们都会自动处于激活状态。如果希望取消此选择，可以在 Debug 菜单中选择 Stop Applying Code Changes 命令。

要想由人工来控制调试过程中修改的代码是否重新编译，可以在菜单中选择 Debug→Options and Setting→Debugging→Edit and Continue 命令，取消选中 Invoked by debug commands 复选框，如图 10-32 所示。

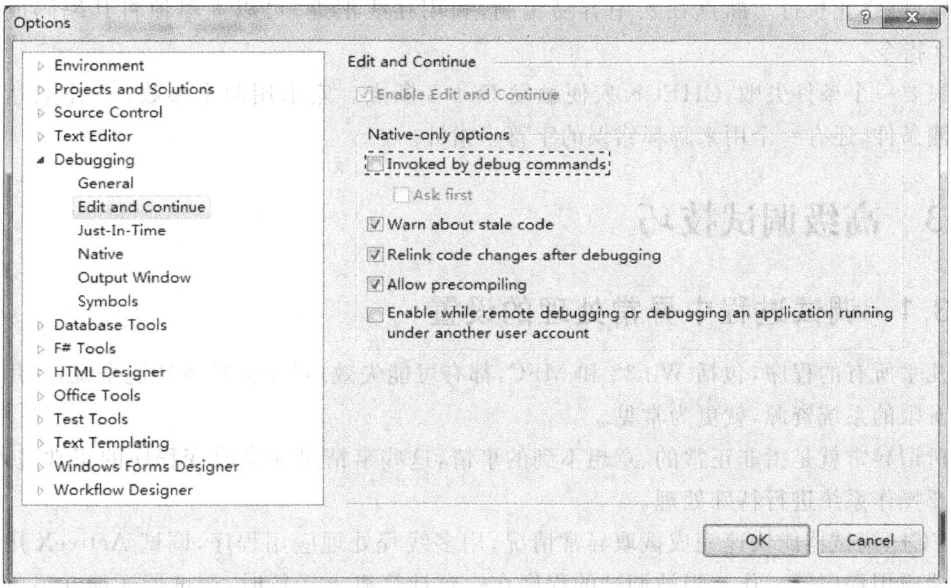

图 10-32 调试中是否重新编译变换代码设置

这样可以保证调试器在用户没有允许时不会去调用它们。

重新编译代码后，执行点有时会有所改变，在这种情况下，调试器会用消息来通知用户。如果指令指针不在它应在的地方，应该用 Set Next Statement 命令重新进行设置。

IDE 对于 Edit and Continue 命令有一些限制。这一特性使得编译器无法识别源程序中不可能、不切实际的源代码更改，也不能识别在调试时进行编译不安全的代码更改，例如：

① 某些异常处理程序的改变。

② 函数被大量删除。

③ 类和函数定义的变化。

④ 静态函数的变化。

⑤ 项目文档中的源程序数据的变化。

因此，在完成上述任何改动后，要通过 Edit and Continue 命令来恢复程序运行，调试器会在状态栏中显示一条错误消息来解释发生了怎样的问题。用户有权选择是使用以前的代码继续调试，还是关闭调试器，并重新编译校正后的代码。

有时候，可以利用 Edit and Continue 命令的这一特性来延迟对一个函数的更改，直到所调用的堆栈完全"展开"。如果用户编辑在执行时被冻结的函数，并且如果函数已被另一个函数调用，调试器在用户试着恢复运行时，会显示一个对话框，提醒用户，函数将要利用其初始代码来完成运行，并且，直到下一次函数执行相同的调用时，用户的校正才会起任何作用。单击 Yes 按钮继续运行，单击 No 按钮取消 Edit and Continue 命令，并返回调试器。

(4) 断点编程。有时，做一些小的确认测验来验证程序，比在不同的位置设置断点要容易方便得多。例如，可以利用 ASSERT 宏来实现这样的目的。如果产生错误，即终止运行，通过创建一个简单的名为 CHECK 的测试宏来编制自己的断点，以显示一条消息。如果测试失败，则终止执行。断点在宏中容易编制，利用在线汇编，可以简单地将其编码成一条 INT 3 指令。

只要一个条件失败，CHECK 宏便触发 INT 3 断点。宏采用两个参数：一个表达式用来检测条件，还有一个用来解释错误的字符串指针。

10.3 高级调试技巧

10.3.1 调试过程中异常处理的设置

几乎所有的程序，包括 Win32 和 MFC，都有可能失效，对于多任务环境来说，应用程序共享有限的系统资源，就更为常见。

所谓异常就是指非正常的、意想不到的事情，这些事情可能会改变程序的正常进程，往往需要操作系统进行特殊处理。

VC++调试器能快速完成截取异常情况，用多线程处理应用程序，调试 ActiveX 用户和服务器应用程序等工作。当被调试的程序在一台计算机上运行时，调试器还能在另一台计算机上运行。

利用 C++异常处理机制，当意想不到的错误发生时，程序可以保留控制权。当函数检测到一个错误时，它通过调用 throw 关键字来通知异常处理程序，异常处理程序利用 catch 关键字来获得通知。如果没有捕获到异常情况的处理程序，调试器会通知用户没有捕获异常。C 程序也能执行结构化异常处理，它用 try 和 except 语句，而不是 throw 和 catch 语句。

默认情况下，所有的异常都会被调试器捕获。如果用户希望在调试过程中，调试器能够忽略某些特定类型的异常，如无效的用户输入等，则需要对异常捕获做进一步的设置。通过选择 Debug→Exceptions 命令，弹出如图 10-34 的异常设置选项窗口，可以指定调试器是否需要抛出这些异常情况。用户可以在希望被抛出的异常右侧的复选框内打钩。这里包括抛出一类全部的异常，例如 Common Language Runtime Exceptions，或者进一步细化，例如只选择抛出一类异常中的某些异常，如仅对 Win32 Exceptions 下的几种异常选择抛出，如图 10-33 所示。

对于每种异常都有两个调试操作。调试器可以设置为抛出异常时，无论异常是否被处

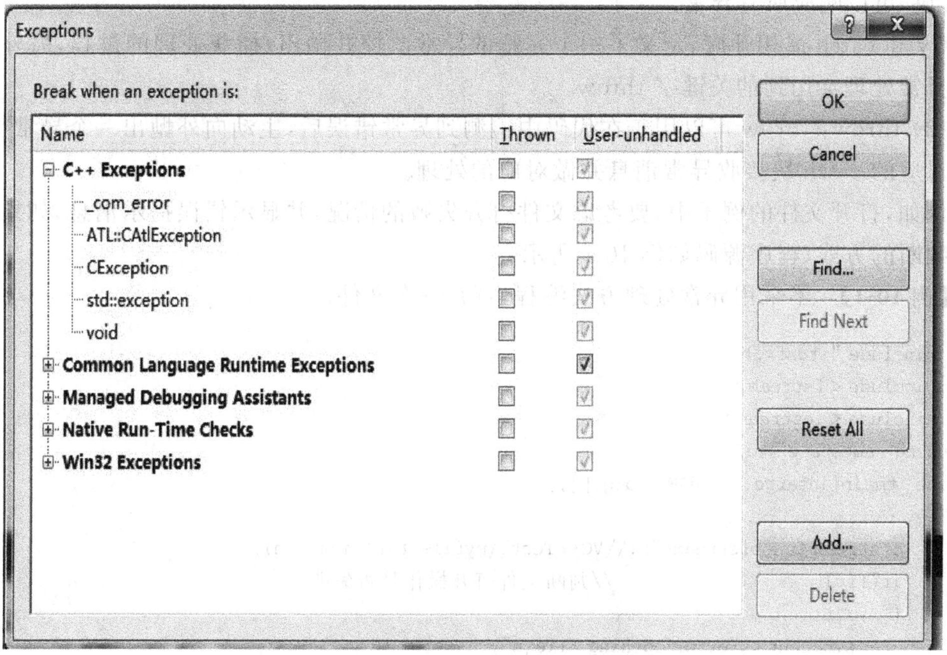

图 10-33 Exceptions 选项

理都自动中断。选中 User_unhandled 框会导致调试器在遇到没有被用户代码区域处理的异常时自动中断。

此外，对于用户创建的自定义异常类型，还可以通过窗口右下角的 Add 按钮手动添加。添加时必须提供包含名称空间的完整类名，否则调试器无法在已经处理的异常处中断。

10.3.2 异常处理编程

C++程序在运行过程中，一旦发生异常得不到及时处理，可能造成意想不到甚至灾难性的后果，如系统崩溃。以往为了避免错误隐患，在程序编写过程中总是需要不断地加入各种 if 判断条件。这不仅仅会降低代码的可读性、加大编程负担，而且随着程序规模的不断扩大，对异常的预测无法做到面面俱到，如果程序中没有一个可靠的异常处理机制，将是十分糟糕的事情。

C++包含结构化异常处理的语法，用三个关键字(try、catch、throw)标记出能处理异常的代码和指令。异常处理代码仍然是程序运行的一部分，因此在对异常做有效的处理后，甚至可以让程序从当前发生异常的位置继续执行。三个关键字各有一个关联的代码块，必须在连续的代码行中使用。

三个代码块的用法如下。

(1) try：包含抛出异常的代码。受监控的代码可以是某个函数中的一段代码，也可以包含整个函数执行的全部代码。当受监控的代码出现异常时，转入错误处理的程序模块，也就是 catch 块。

(2) catch：包含抛出异常时要执行的代码。每个 catch 代码块都带有一个参数，指定了这个 catch 块响应的特定异常的类型。一般提供多个 catch 块，其中 catch(…)是特殊的

catch 块,可以响应所有异常。

try 和 catch 遥相呼应,定义了一个完整的异常监控并抛出/捕获处理的过程,另外还有一个异常处理会用到的关键字 throw。

(3) throw: throw 可以用于在代码中检测到异常错误后,主动向外抛出一个异常事件,通知对应的 catch 块接收异常消息并做对应的处理。

例如,打开文件的例子中,要考虑文件打开失败的情况,并显示错误提示消息,如果采用条件判断的方式,程序源码如例 10-1 所示。

【例 10-1】 不采用异常处理方法编程,打开一个文件。

```
#include "stdafx.h"
#include <fstream>
#include <iostream>
using namespace std;
int _tmain(intargc, _TCHAR * argv[])
{
    ofstream fc = ofstream("E:\\VC++Test\\myfile.txt",ios::in);
    if(!fc)                         //判断文件打开操作是否失败
    {
        std:cout <<"error opening file\n";
        return 0;
}
fc <<"…";
}
```

If 条件判断和处理代码与程序的功能执行代码混合在一起,不仅会影响程序的可读性,对于不可遇见的异常,也无法处理。如果采用异常处理编程方法,修改后的代码如例 10-2 所示。

【例 10-2】 采用异常处理方法编程,打开一个文件。

```
#include "StdAfx.h"
#include <fstream>
#include <iostream>
using namespace std;
int _tmain(intargc, _TCHAR * argv[])
{
  try
    {        //try 块包含了函数的整个执行过程
    ofstream fc = ofstream("E:\\VC++Test\\myfile.txt",ios::in);
            //如果文件打开失败,这里将抛出一个异常
            //由于 try 块中的代码受到监控,所以程序的控制流便转到
              //随后的 catch 块中,而之后的代码将不被执行
        fc <<"…";
    }
    catch(...)                  //不分异常类型地接受所有异常,执行块内代码
    {
        std:cout <<"error opening file\n";
    }
return 0;
}
```

可以看出，try 块内的代码是程序的功能执行部分，当发生异常后，抛出异常，由紧跟其后的 catch 块进行异常处理。

而 throw 则是在检测到异常错误后，主动向 catch 块抛出一个异常事件，如例 10-3 所示。

【例 10-3】 使用 throw 主动抛出异常。

```
#include "stdafx.h"
#include < iostream >
int _tmain(intargc, _TCHAR * argv[])
{
    int x = 5, y = 0;
    double x1 = 5.5, y1 = 0.0;
    try{
        if (y == 0) throw 1;
        std::cout << x <<"/"<< y <<" = "<< x/y << std::endl;
    }
    catch(double){
        std::cout <<"抛出 double 型数据异常"<< std::endl;
        return 0;
    }
    catch(int&double){
        std::cout <<"抛出 int 型数据异常"<< std::endl;
        return 0;
    }
    catch(...){
        std::cout <<"其他运行异常"<< std::endl;
    }
}
```

当检测到发生 int 型或者 double 型的除数为 0 错误时，抛出异常。根据抛出异常的类型，会由不同的 catch 块进行相应的处理。

使用 throw 抛出异常的好处是，对于一些不符合程序逻辑设计规则的情况，如登记学生考试成绩，而出现了 0～100 以外的数据时，程序可以正常执行，但是会产生不正确的结果。这时候，主动检查并采用 throw 的方法抛出异常，可以有效避免问题的发生。

由例 10-3 可知，一个 try 块可以对应一个或多个 catch 块，每个 catch 关键字只能定义一个参数，对应所发生的异常。参数可以定义一类特定异常条件，也可以定义多类条件。采用多 catch 块的异常编程规则便于更详细地分析并解决编程过程中的问题。当 try 块没有发生异常时，catch 块并不会被执行。

在多 catch 块的情况下，由哪个 catch 块来处理异常，选择的规则如下。

(1) 从上向下，检查第一个 catch 块，如果它的参数与所发生的异常类型不匹配，就向下继续检查下一个 catch 块。

(2) 找到第一个参数符合异常情况的 catch 块，执行块中的代码。后面的其他 catch 块不再执行，即使存在多个 catch 块符合参数条件。

(3) 如果所有的 catch 块的异常参数都不匹配，则把异常交给系统，由系统发出报警直至中断。

由以上说明可知，在设计多 catch 块排布顺序的时候，应该将异常条件更详细的 catch 块放在前面。

此外，要考虑其他无法预测的异常。C++提供了特殊的 catch 块，就是 catch(…)块。所有的异常都可以统一由 catch(…)块处理。因此，常常把 catch(…)放在所有 catch 块后。

带异常处理的编程方法相比以前的编码方式，有如下诸多优势。

(1) 把程序的功能性执行代码和异常处理代码分成两个逻辑块，把错误处理和真正的事务处理分开；

(2) 代码组织逻辑更清晰，对于复杂的工作流程更容易控制，可读性更强；

(3) 安全性更高，对于绝大多数可预见和不可预见的错误都可以经由异常处理捕获并在程序中处理，不会由于一些细小的疏忽而崩溃。

C++中，try-catch 还可以分层嵌套，当内层的 try 抛出的异常其对应的 catch 块中不能匹配到相同类型的 catch 块时，就会将该异常继续向外一层抛出。在下一层中寻找匹配的 catch 块，以此类推。当匹配到合适的 catch 块后，执行块内处理，接着跳过这一层所有的 catch，继续执行后续代码。

例 10-4 是一个嵌套的例子，打开一个文件，并计算一个除法算式。如果文件打开成功，计算结果写入文件中，否则只在屏幕上显示出计算结果。在计算前检查除数是否为 0。

【例 10-4】 采用嵌套式 try-catch 方法编程。

```
#include "stdafx.h"
#include <fstream>
#include <iostream>
using namespace std;
#define SCREEN 1
#define FILE 2
int _tmain(intargc, _TCHAR * argv[]){
    int x = 5, y = 1;
    int Writer = SCREEN;
    ofstream fc;
    try{
        try{
            fc = ofstream("E:\\VC++Test\\myfile.txt", ios::in);
            //文件打开
            Writer = FILE;
        }    //嵌套的内部异常处理,检查文件打开是否成功
        catch(...){
        std:cout <<"error opening file\n";          }
        if (y == 0) throw 1;
        if ( Writer == SCREEN)
            std::cout << x <<"/"<< y <<" = "<< x/y << std::endl;
        else
            fc << x <<"/"<< y <<" = "<< x/y;
    }
    catch(int){                    //外部异常处理,检查除数合法性
```

```
        std::cout <<"除数为 0 错误"<< std::endl;
        return 0;
    }
    catch(...){
        std::cout <<"运行错误统一处理"<< std::endl;
    }
}
```

10.4　小结与知识扩展

10.4.1　小结

VC++应用程序的开发过程包括项目创建、程序的设计和编码、程序调试(编译及运行),以及发布 4 个阶段,其中应用程序的调试过程是程序开发过程中至关重要的步骤。调试过程通过跟踪检查运行状态参数发现并解决问题。程序最终产生调试版本(Debug)或发行版本(Release)的可执行程序。

VC++集成开发环境提供了一个交互式的,可以创建、编码、编译、连接和运行测试 VC++编码的完全独立的环境。在 IDE 下设定环境参数,主要包括环境参数、各种文件的保存位置以及构建和运行方式等。环境参数的人工设定提供了更加灵活的程序处理运行方式选择。

基于 IDE 的调试环境提供了详细的程序运行状态信息。灵活多样的断点设置和跟踪调试方法在方便跟踪发现错误(包括程序的语法错误以及设计逻辑错误)的同时,大大提高了调试阶段的问题捕获和错误处理效率。

此外,利用 C++异常处理机制,可以在程序运行过程中,发生意想不到的错误时,仍能保证程序对运行的控制权,确保程序不至于出现无法预测的运行状态甚至崩溃。异常处理程序主要通过由 try、throw 和 catch 三个代码块构成。

IDE 也提供了多线程程序调试环境,主要是方便用户在程序断点观察当前各个线程的执行状态。这在本章的最后做了简单的说明。

10.4.2　调试线程

线程是操作系统向其分配处理器时间的指令序列。在操作系统中运行的每个进程都包含至少一个线程,即主线程或根线程。包含多个线程的进程称为多线程。当调试具有多个线程的程序时,用户可以选择要调试哪个线程,并按照其执行流进行调试。

只有在调试器开始执行后,才可以选择一个要调试的线程。当执行程序在断点处停下来时,通过断点的所有线程均被挂起。选择 Debug→Thread 命令,调出线程列表,选出所需要的线程,并单击 Set Focus 按钮。当用户继续单步调试程序时,调试器沿着具有焦点的线程进行调试。在多线程程序中,每个线程都有自己的调用堆栈。"线程"窗口提供了一种查看和调试堆栈的简便方法,如图 10-34 所示。

还可以对线程分组,按分组对线程排序管理。为了防止别的线程运行同样的代码,在 Threads 对话框中将其他线程挂起。后面,用户可以恢复被挂起的程序,方法是在同样的对话框中选择它,并单击 Resume 按钮。

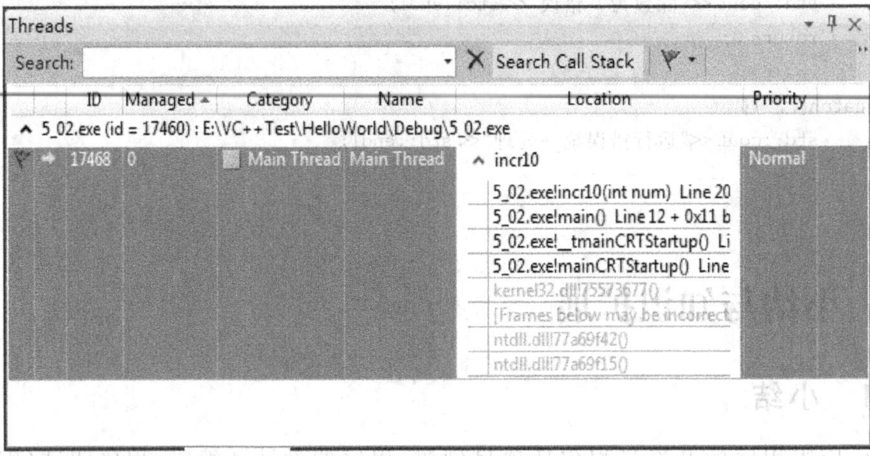

图 10-34　调试过程中线程选择窗口

习题

10-1　简答题

(1) 如何建立应用程序的调试版本？

(2) 如何设置普通、函数、条件、计数、消息和地址等类型的断点？

(3) 怎样开始调试器的运行？怎样采用单步调试观察当前的参数值？

(4) 采用异常处理编程有哪些方法？

10-2　编程题

建立一个新项目，名称是 MyPrograme，输入以下代码，调整增加异常处理编码并执行，得到执行结果。

```
#include "stdafx.h"
#include <fstream>
#include <iostream>
#include <iomanip>

using namespace std;
usingstd::setw;
#define SCREEN 0
#define FILE 1
int _tmain(intargc, _TCHAR * argv[])
{
    int x = 0, y = 0;
    ofstream fc;
    int Writer = SCREEN;
    fc = ofstream("E:\\myfile.txt", ios::in);

    if (fc)                          //文件打开成功
        Writer == FILE;
    cout << endl << "Enter the number of x ";
```

```
    cin >> x;

    cout << endl << "Enter the number of y";
    cin >> y;

    if (y == 0) {
        std::cout <<"除 y 数 y 为 0 错误"<< std::endl;
        return 0;
    }
    if ( Writer == SCREEN)          //在屏幕显示
        std::cout << x <<"/"<< y <<" = "<< x/y << std::endl;
    else
        fc << x <<"/"<< y <<" = "<< x/y;
}
```

参考文献

[1] Stephen Prata. C++Primer Plus(第 6 版)中文版[M]. 北京：人民邮电出版社，2013.

[2] [美]Deitel，P J Deitel 著. C++大学基础教程(第五版)[M]. 张引译. 北京：电子工业出版社，2011.

[3] 郭炜. 新标准 C++程序设计教程[M]. 北京：清华大学出版社，2012.

[4] 周霭如，林伟健. C++程序设计基础(第 4 版)[M]. 北京：电子工业出版社，2013.

[5] 罗建军. C/C++语言程序设计案例教程[M]. 北京：清华大学出版社，2010.